JN205216

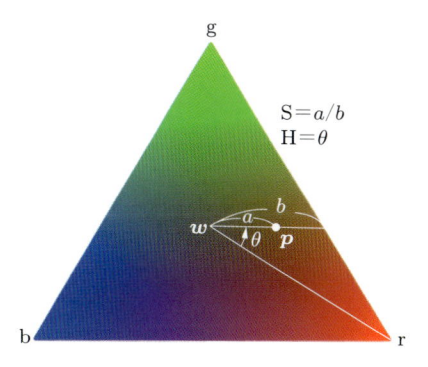

口絵 1 HSI 色空間の断面の抜き出し（図 1.2(c)）

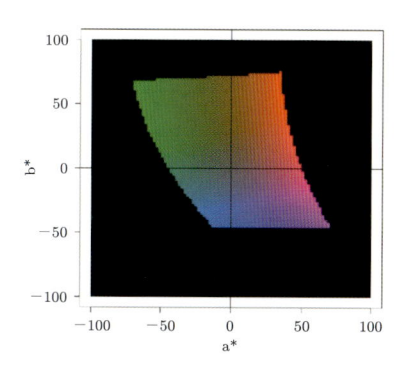

口絵 2 L*a*b*色空間（L*=70 の a*-b* 平面）（図 1.3(c)）

口絵 3 couple 画像（図 1.4(c), 1.9, 2.14）

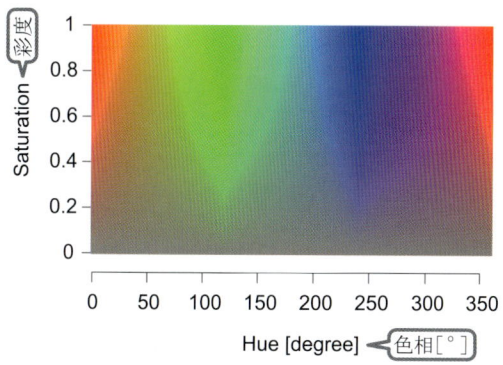

口絵 4 HSI カラーパレット：I = 0.5 における H-S 平面（図 1.14）

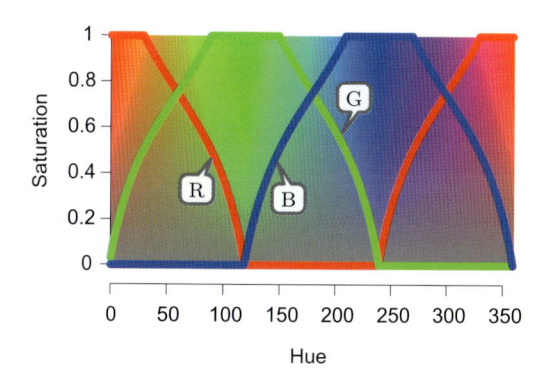

口絵 5 HSI カラーパレット：S = 1，H = 0〜360° の色に関する R，G，B の含有量（図 1.15）

口絵 6　明度強調処理（図 2.15）

口絵 7　彩度減少処理（図 2.16）

口絵 8　色相変更処理（赤に密集した色相を広げる）（図 2.17(b)）

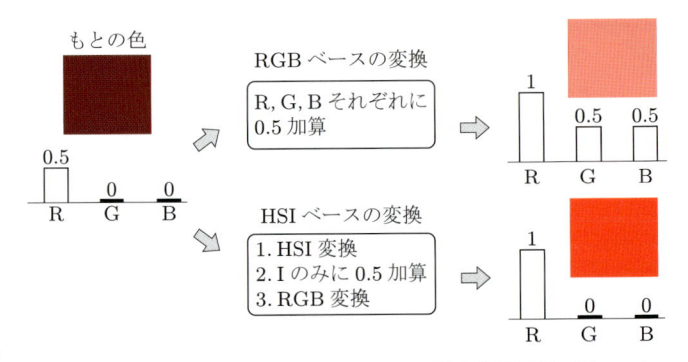

口絵 9　RGB ベースおよび HSI ベースの明度上昇処理（図 2.19）

（a）原画像　　　　　　　（b）鮮鋭画像

口絵 10　アンシャープマスキングによる画像処理（カラー版）（図 3.9）

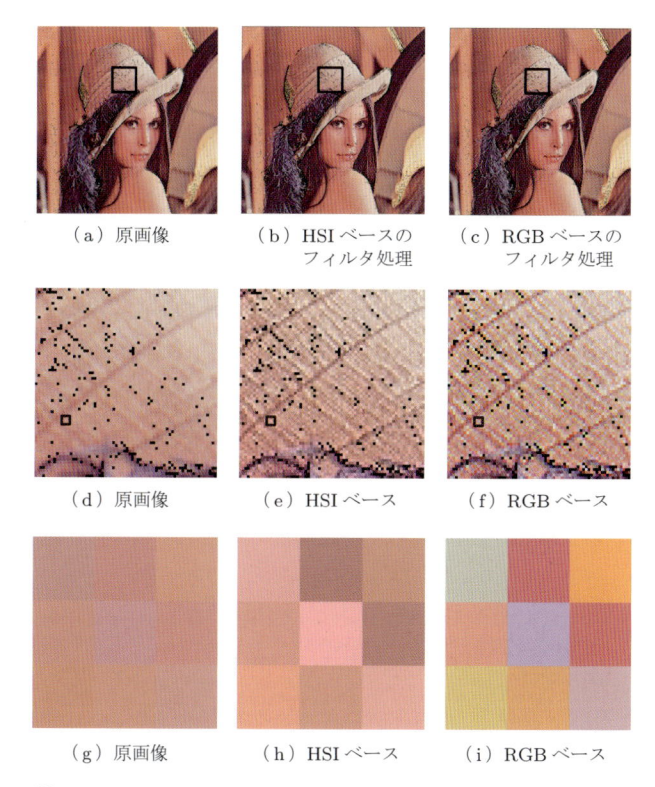

（a）原画像　　　　（b）HSI ベースの　　　（c）RGB ベースの
　　　　　　　　　　　　フィルタ処理　　　　　　フィルタ処理

（d）原画像　　　　（e）HSI ベース　　　（f）RGB ベース

（g）原画像　　　　（h）HSI ベース　　　（i）RGB ベース

口絵 11　HSI ベースおよび RGB ベースのエッジ強調処理（図 3.10）

RGB ベースの処理

R, G, B それぞれで
エッジ強調

偽像

口絵 12　RGB ベースのエッジ強調（図 3.11 より一部抜粋）

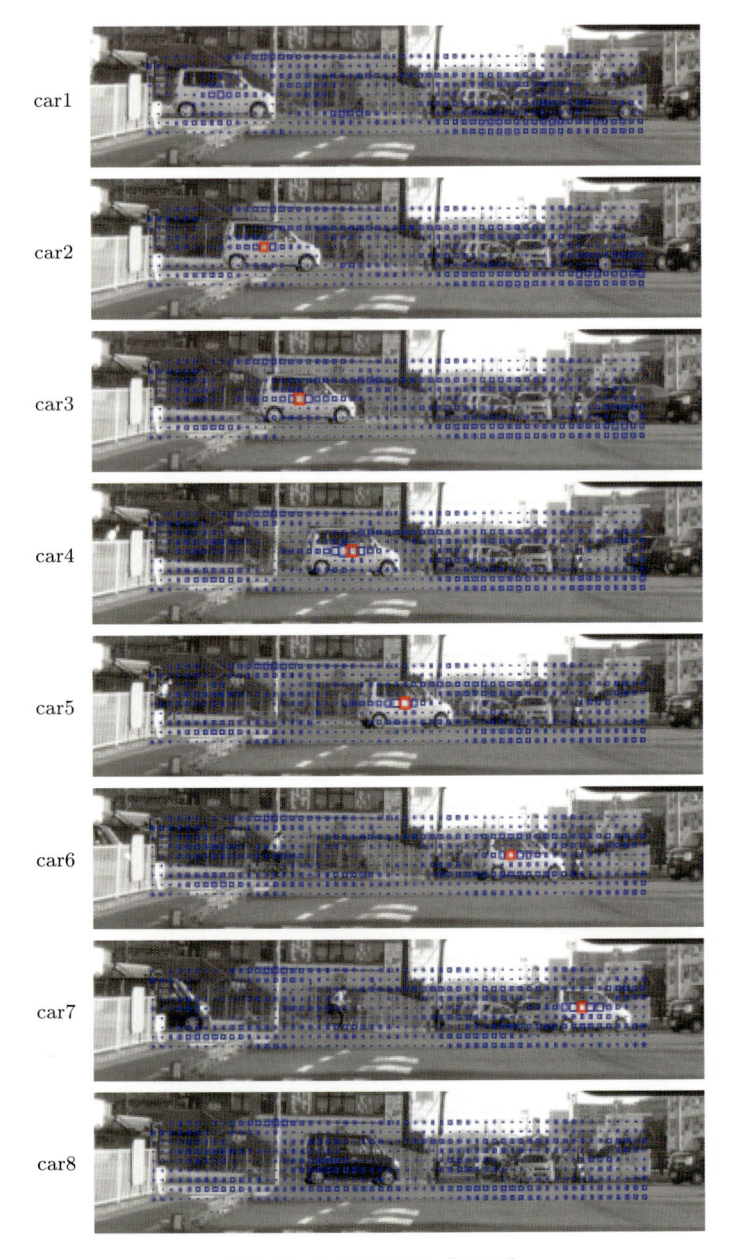

口絵 13 物体検出結果（図 6.5）

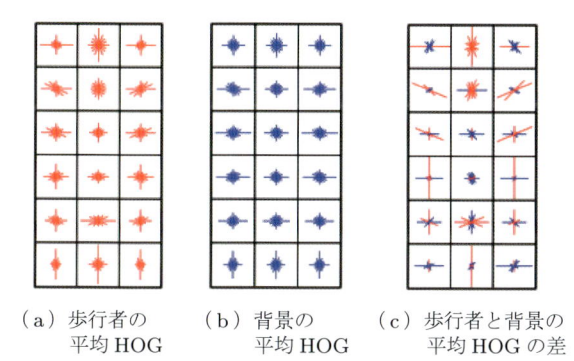

（a）歩行者の 　（b）背景の 　（c）歩行者と背景の
平均 HOG　　　　平均 HOG　　　　平均 HOG の差

口絵 14　平均 HOG 特徴量の比較（図 8.14）

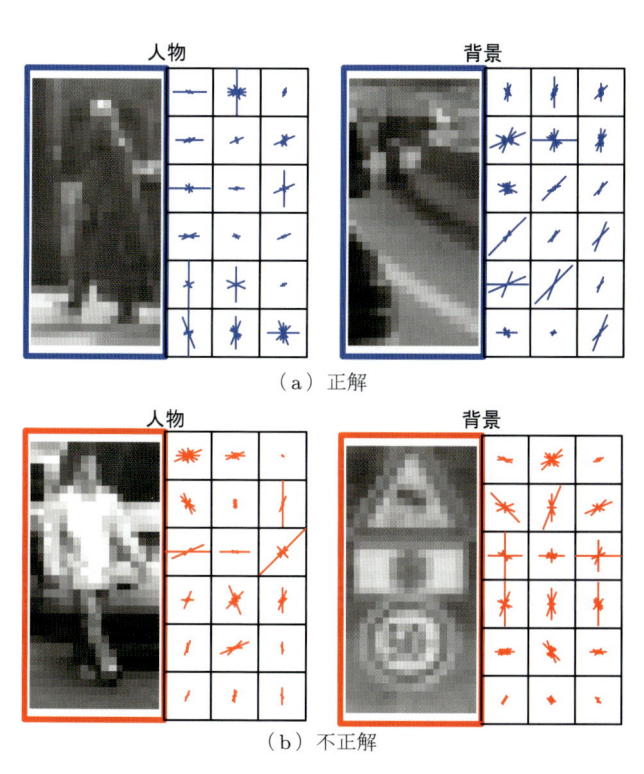

人物　　　　　　　　　　背景

（a）正解

人物　　　　　　　　　　背景

（b）不正解

口絵 15　HOG 特徴量と SVM による判別の正誤（図 8.18）

検索対象　　　1 位　　　　2 位　　　　3 位　　　　4 位　　　　5 位

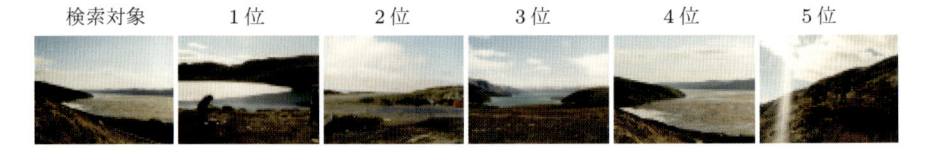

口絵 16　類似画像の表示（図 9.4）

（a）原画像　　　　　（b）単純な減色　　　　（c）クラスタリング
　　　　　　　　　　　　　　　　　　　　　　　　　　による減色

口絵 17　減色の方法による画質の違い（図 9.6）

クラスタ
リング

単純

口絵 18　減色のカラーパレット（図 9.8）

重なりが少ない

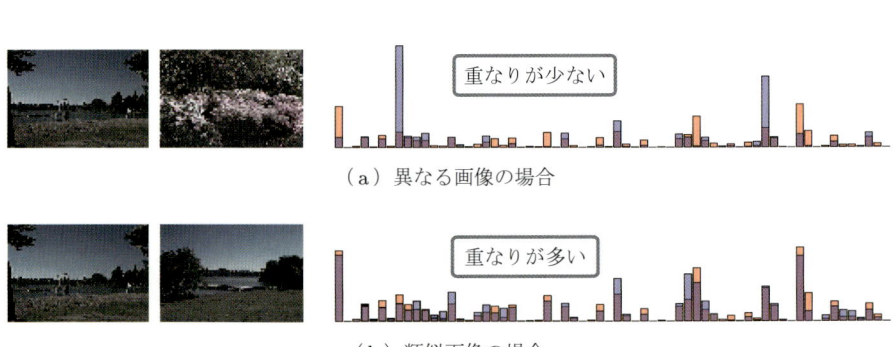

（a）異なる画像の場合

重なりが多い

（b）類似画像の場合

口絵 19　二つの画像とカラーヒストグラム（図 9.12）

検索画像

類似度
1位

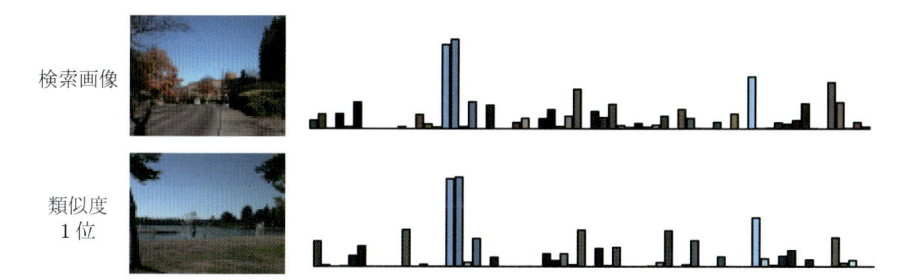

口絵 20 検索画像とそれに対する類似度 1 位の画像のカラーヒストグラム（図 9.13）

（a）town8.jpg: 昼間　　　　　　　　（b）town16.jpg: 夕方

口絵 21 別の時間帯に撮影した同じ場所の風景画像（図 10.2）

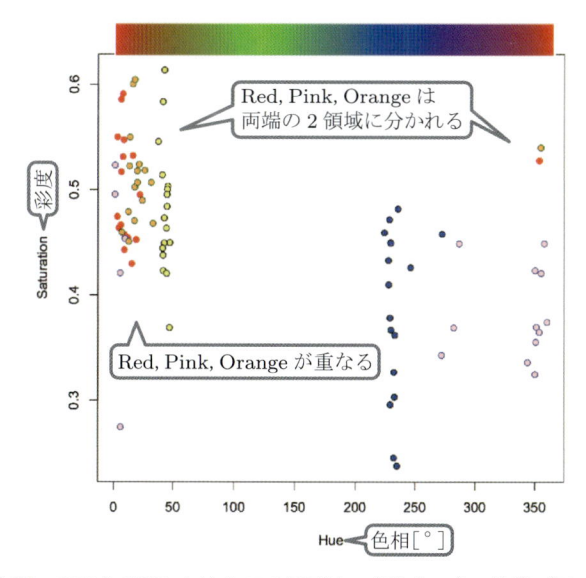

口絵 23 HSI 色空間における H-S 平面上の各物体の色の位置（図 10.8）

口絵 22　town1.jpg～town17.jpg の 5 箇所の色の違い（図 10.5）

Rによる
画像処理と
画像認識

動かしながら
しくみを理解する

梅村 祥之 著

森北出版株式会社

▶▶▶ まえがき

画像がみやすくなるように加工や変形を行うことを，画像処理という．また，画像から顔や文字を読み取るなど，画像の内容をコンピュータに理解させることを，画像認識という．これらの技術は，さまざまな製品で頻繁に活用されている．以下にその一例を挙げよう．

- テレビの色彩強調処理
- 画像ファイルのデータ量を 1/10 に減少させる画像圧縮機能
- 身振り手振りで家電製品などを操作するためのジェスチャー認識機能
- 自動車に取り付けられたカメラの映像を上空からみたような映像に変換して，ナビ画面に表示し，駐車を支援する機能
- 製造された製品に傷がないかを判別する装置
- 高速道路で数 km おきに設置され，自動車のナンバープレートの文字を認識して個々の自動車の速度を求めることにより，次のインターチェンジまでの到着予想時間を推定する装置

本書では，画像処理の基本的な手法を網羅的に説明し，さらに，画像認識の代表的な手法を実践例をもとに解説する．処理対象の画像は，なるべく実用的なものになるよう努めた．画像認識では，大量の画像データを用いて画像の特性を計測し，大量のテスト画像で認識性能を評価することが必要である．そのため，画像処理技術の発展を図る目的で公開されているベンチマーク用の大規模な画像データベースを利用する．

画像処理技術は，説明文や数式などで理論を理解するだけでなく，実際の画像処理プログラムを動かし，処理パラメータを変えて処理結果への影響を確認したり，画像処理アルゴリズムの各ステップで中間結果を調べてみることが，知識を身につけるうえで重要である．そのような観点から，本書で扱うほとんどすべての画像処理・画像認識処理は，R 言語による実装を行い，スクリプト（プログラム）も掲載する．

本書では，まず第 1 章で画像処理と画像認識の概要を述べた後，第 2 章から第 5 章で画像処理手法を扱う．

まず，第 2 章で，画像を明るくしたり，明暗をはっきりさせるといった，階調変換・色調変換という処理を解説する．

　各画素について，周囲の画素との関係性を計算し，ノイズ（汚れ）を除去したり，輪郭線を強調するといった処理を，空間フィルタという．第3章ではこれについて解説する．

　画像全体に対して，拡大や回転といった変形をさせる処理が，第4章で述べる幾何学変換である．

　大きなデータ量をもつ画像をデータ圧縮する方法については，第5章で解説する．1.2節でも述べるように，データ形式や圧縮方式には種類がある．本書では，その中でも代表的なJPEG圧縮について詳しく解説する．

　第6章以降では，画像認識の手法を実践例とともに紹介する．まず，第6章で，テンプレートマッチングの手法の基本を解説する．

　特徴量に基づく機械学習と判別については，第7章と第8章で扱う．第7章では手書き文字の判別の問題を扱い，第8章では人の判別の問題を扱う．対象の違いに起因して，用いる特徴量も異なる．そこで，それぞれの特徴量について，算出方法や性質を詳しく解説する．なお，パターン識別の処理については，その技術をそのまま使うにとどめ，メカニズムの詳細には立ち入らない．また，ニューラルネットワークを用いた画像認識は，第8章で使用例を紹介するにとどめる．

　カラー画像について，画像間の類似度をカラーヒストグラム（画像にどの色が何画素含まれるかの頻度分布）を使って求め，与えられた画像の類似画像を画像データベースから検索する画像検索技術について，第9章で扱う．

　画像認識のために色情報を使う際に押さえておくべきことがある．たとえば，ポストを画像認識するのに赤いという色情報を使おうとして，赤を表す色の数値を使って判別してもうまくいかない．それは，人間が感じる色味と色の数値との関係が単純ではないからである．第10章では，この点に関する色彩工学の基礎を説明する．

　プログラムを用いて画像処理の理論を説明する書籍は多く出版されているが，その多くはC言語を用いたものである．後述するように，C言語には処理速度が速いという特徴があり，画像処理に適した言語ではあるが，ソースコードのステップ数が多く必要となるため，可読性が悪い．

　一方Rは，統計処理に便利なグラフ表示や，数値計算，統計計算などの機能が本体に付属されたスクリプト言語であり，高度な処理を，短いステップ数で記述できるという特徴をもつ．Rの特徴を列挙すると，次のようになる．

- 一般公衆ライセンス（GPL）をもつフリーソフトウェアである．
- インタプリタ，対話型，スクリプト言語なので，開発がしやすく学習しやすい．
- ベクトルや配列計算を容易にできる．

- グラフ作成，統計処理などのデータ解析機能が標準装備されている．
- ライブラリが充実している（公式サイト CRAN には，12000 強のライブラリがある）．
- マルチプラットホームであり，UNIX，Windows，Mac にかかわらず，同じように開発できる．

R はスクリプト言語のため，C 言語に比べて処理速度が遅いという問題点がある．静止画像の画像処理であれば問題のないスピードで処理できるが，大量の学習データから統計量を計算する画像認識や，動画像処理では，大規模な演算が必要となる．したがって，処理の高速化が求められる．

本書では，R を高速化するための手法として，R から C++ 言語をよび，スクリプトの中に C++ 言語の処理を組み込む方法を付録で紹介する．また，これに付随して，広く普及している画像処理ライブラリである OpenCV の使い方にも触れる．OpenCV が使えると，カメラからの画像の取り込みや，ビデオファイルの読み書きなど，さまざまな機能を R から使えるようになり，一挙に応用範囲が広がる．

スクリプトと関連データは，下記の URL からダウンロードできるようにした．

http://www.morikita.co.jp/books/mid/088501

本書内の各スクリプトの右上に，対応するファイル名を示している．また，本書の中では省略されている部分も，サンプルスクリプトがあるので参考にしてほしい．また，R 本体や使用するパッケージのバージョンアップなどに伴うスクリプトのバージョンアップ情報についても，同 Web ページで提供する予定である．

最後に，本書の執筆に際し大変お世話になった森北出版の太田陽喬氏に深謝いたします．

2018 年 5 月

梅村　祥之

▶▶▶ 目　次

画像処理と画像認識の概要

　この章では，画像処理と画像認識の全体像を俯瞰する．また，デジタル画像を構成する要素や，その特徴について解説する．

　本書では，R 言語による実装を行いながら解説をしていく．R で画像処理を行うには，もとになる画像を画像ファイルから読み出して，R で扱える形式にしなければならない．また，処理した画像を表示して確認することも必要である．本章では，画像ファイルの読み込みから画像表示までの一連の処理方法についても述べる．

1.1　画像処理・画像認識とは

1.1.1 ▶ 画像処理

　デジタル画像は，**画素**とよばれる，明るさや色が決まった小さな領域の集まりによって構成される．

　入力された画像に対し，加工や変形をして別の画像を出力することを**画像処理**という．画像処理にはさまざまな目的や処理方法がある．おもな画像処理の種類について目的別に項目分けした一覧を，表 1.1 に示す．どの処理も，入力・出力されるのは画像である．

　なお，物体の 3 次元座標データをもとに，さまざまな方向からみた画像を生成するコンピュータグラフィックスは，入力に使用するものが画像ではないため，本書では画像処理には含めない．

1.1.2 ▶ 画像認識

　画像から顔や文字を読み取ったり，与えられた画像が人物の写真か風景の写真かを判別するといった，画像の内容をコンピュータに理解させることを**画像認識**という．前項でみた基本的な画像処理に対し，応用的な画像処理ともいえる．

　画像認識には，位置検出や画像認識，画像検索など，さまざまな種類がある．これらの例を表 1.2 に示す．画像処理では，入力されるものも出力されるものも画像であった．これに対し，画像認識では，物体が検出されたという判別結果や，人や背景などの分類

表 1.1 画像処理の種類

目的	処理の名称	処理の例
みやすくする わかりやすくする ・明暗の変更 ・コントラストの変更	階調変換 色調変換 ⇒ 第 2 章	原画像　明るくする　明暗をはっきりさせる
・滑らかにする ・はっきりさせる	空間フィルタ ⇒ 第 3 章	原画像　滑らかにする　くっきりさせる
・形を変える ・向きや視点を変える	幾何学変換 ⇒ 第 4 章	斜め上からみた画像　真上からみた画像
工業計測 ・部品や製品の形状や寸法を計測する	空間フィルタの応用 ⇒ 第 3 章	原画像　輪郭の抽出　直径の計測
データ量削減 ・記憶容量や通信容量を削減する	画像圧縮 ⇒ 第 5 章	見分けがつかないのが望ましい 原画像　圧縮した後に展開した画像

すべき種類を表すカテゴリデータなど，画像以外の情報が一般に出力される．

▶▶ 手法の分類

画像認識を手法で分類すると，以下のようになる．

・ テンプレートマッチング

みつけたい対象を画像として与え（これをテンプレートという），対象物が画面のどこにあるのか，あるいはないのかを求める手法がテンプレートマッチングである．対象物は，テンプレートと完全に同じではなく，濃淡や形状が多少異なっている．そのため，テンプレートと対象画像の類似の程度を，**類似度**という指標で評価し，類似度が最大となる位置に対象物があるとして検出する．

表 1.2　画像認識の種類

目的	処理の例
位置検出 みつけたいものを画像として与え，画面中での位置を求める．	テンプレートマッチング 検出 テンプレート ⇒ 第 6 章
画像認識 ・文字認識：郵便番号の自動読み取り ・顔認識：デジカメの焦点，露出調整 ・人認識：監視カメラ ・歩行者認識，車両認識，道路認識： 　　　自動運転，運転支援	文字認識 7 判別⇒ 7　　2 判別⇒ 2 ⇒ 第 7 章 人認識 判別⇒ 歩行者　　判別⇒ 背景 ⇒ 第 8 章
画像検索 ・類似画像検索 ・画像分類	検索対象　　類似画像 1 位　　2 位　　3 位　　… 検索⇒ ⇒ 第 9 章

- **特徴量に基づく機械学習と判別**

　　この処理は，画像から**特徴量**を抽出する処理と，特徴量をもとにパターン識別する処理の二つの部分からなる．特徴量というのは，エンジニアが認識対象の性質を考えて，定義した数量のことである．また，パターン識別は，統計学の 1 分野である多変量解析，あるいは機械学習とよばれる分野の技術である．

- **ニューラルネットワークに基づく機械学習と判別**

　　古くから**ニューラルネットワーク**を用いた画像認識の試みがなされていたが，2006 年にディープラーニングとよばれるネットワークの階層（段数）を深くして動作する手法が開発され，画像認識性能が飛躍的に向上した．ニューラルネットワークに基づく判別手法が特徴量に基づく判別と大きく異なる点は，エンジニアが認識対象の性質を考えて，特徴量を定義する必要がないことである．ニューラルネットワークに学習データを与えるだけで，特徴量を計算するネットワーク構造が自動的にできあがる．また，特徴量の算出と判別を一体として行うという特徴ももつ．

1.2 画像のファイル形式

画像のファイル形式は数十種類存在する．それぞれに特徴があり，用途に応じた使い方がなされる．ファイル形式のおもな違いは，データ圧縮の種類や扱える色の種類である．

データ圧縮の有無と圧縮の種類には，非圧縮，可逆圧縮，非可逆圧縮がある．非圧縮は圧縮しないためデータ量が大きくなるが，画像の劣化がなく，完全復元が可能であるという利点をもつ．可逆圧縮は，符号化とよばれる技術により，完全復元が可能なまま，データ量を 1/2 程度に圧縮できる．非可逆圧縮は，データ量を 1/10 程度に縮小できるものの，圧縮前と圧縮後で画像の劣化が生じ，完全復元不能という欠点をもつ．

扱える色の種類は，モノクロとカラーの二つに大別される．また，カラー画像は，何ビットで表現された色を扱えるかによって種類がある．

代表的なファイル形式を表 1.3 に示す．本書では，おもに PGM 形式を用いて，一部，PPM 形式と JPEG 形式を用いる．PGM と PPM はそれぞれ Portable GrayMap format と Portable PixMap format の略で，扱える色の種類が名称の由来になっている．また，PGM 形式と PPM 形式を総称して，PNM 形式という．

表 1.3 代表的なファイル形式

形式	拡張子	データ圧縮	色	特徴
PGM	.pgm	非圧縮	モノクロ	構造が単純
PPM	.ppm	非圧縮	フルカラー	構造が単純
JPEG	.jpg, .jpeg	非可逆圧縮	フルカラー	インターネットの中でもっとも普及
BMP	.bmp	非圧縮（標準では）	フルカラー	Windows の標準画像形式
GIF	.gif	可逆圧縮	256 色まで	イラストなどの用途
JPEG 2000	.jp2	非可逆圧縮	フルカラー	高圧縮率であるが演算量が多い

1.3 階調数・画素数と画質

本節では，モノクロ画像を対象とした説明を行う．

画素の明るさや色を表す値を**画素値**という．また，画素値がとれる値の段階数を**階調数**という．通常，階調は 256 段階をとることが多く，これを 256 階調の画像という．

モノクロ画像では，黒から白までの単色の色が各画素に対して割り当てられる．たとえば，256 階調の PGM 形式のモノクロ画像ファイルには，各画素の画素値が 0 から 255 の整数値で保存されている．0 が黒に対応し，255 が白に対応する．

階調数は，濃淡を表す段階数であるため，その大きさを**濃度分解能**とよぶ．同様に，

画素数は，画像を点の集まりに分解したときの点の個数であるため，その大きさを**空間分解能**とよぶ．この階調数（濃度分解能）や画素数（空間分解能）は，**画質**と深くかかわっている（図1.1）．

（a）階調数：大　　　　（b）階調数：小

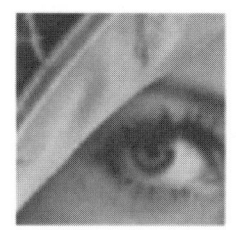
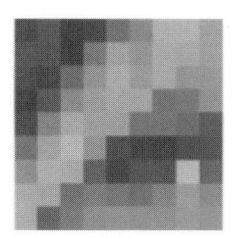

（c）画素数：大　　　　（d）画素数：小

図 1.1　階調数・画素数と画質

　画像全体の平均的な明るさを**ブライトネス**といい，明るい箇所と暗い箇所の明暗の差の大きさを**コントラスト**という．ブライトネスが高すぎる（低すぎる）と画像が極端に明るく（暗く）なり，みえづらくなる．また，コントラストが強すぎると明暗差が不自然に激しくなり，弱すぎるとぼやけた画像になってしまう．どちらも適度な状態をとるのが望ましい．

　画素値を変更することを**階調変換**という．この階調変換によってブライトネスやコントラストを調整することで，画像をみやすいものに修正できる．その詳細については第2章で解説する．

1.4　カラー画像と色空間

　本節では，カラー画像を解説する．

　色の表現にはさまざまな形式があり，これを**色空間**という．ここでは，代表的な色空間である RGB 色空間，HSI 色空間，L*a*b*色空間を解説する．

1.4.1 ▶ RGB 色空間

もっとも一般的な色空間は，赤色（R），緑色（G），青色（B）の濃淡の組み合わせで色を指定する，**RGB 色空間**である．

カラー画像は，この R，G，B の濃淡の組み合わせで各画素の色を指定することが多い．たとえば，画像ファイルから画素値を読み込むと，R，G，B 値が返される．また，カメラのデータを読み込む関数から出力される画素値も R，G，B 値の場合が多い．さらに，カラー画像を表示するソフトウェアライブラリの関数に画素値の色を与える際にも，R，G，B それぞれの値を与える仕様の関数を使うのが通例である．

一般に，R，G，B 値は 256 段階で扱うことが多い．その場合，画素がとることのできる色の種類は，$256 \times 256 \times 256 = 16777216$ 個になる．

1.4.2 ▶ HSI 色空間

カラー画像を表すのには R，G，B 値の組み合わせを用いるのが一般的だが，画像処理を行う際には，この組み合わせによる表現は必ずしも扱いやすいものではない．

画像処理の際によく使われる形式として，**HSI 色空間**がある．H は色合いを表す**色相** (Hue)，S は色の鮮やかさ・ぎらつき度合いを表す**彩度** (Saturation)，I は明暗の強さを表す**明度** (Intensity) である．

H，S，I の定義を考えよう．まず，図 1.2(a) のように，RGB 色空間における色 p を考える．この p に対し，図 (b) のように，r（赤），g（緑），b（青）を頂点とした正三角形 rgb に平行な，点 p を通る断面を考える（この図の例では，簡単のため，色 p がちょうど三角形 rgb 上にある場合を考えているので，三角形 rgb と，これに平行な点 p を通る断面は一致している）．原点から $(R, G, B) = (1, 1, 1)$ に引いた立方体の対角線と断面の交点，つまり断面の三角形の重心を色 w とする．この w は，断面が原点から遠い場合から近づくに従って白から黒のモノクロの色をとる．この断面を抜き出したものを図 (c) に示す．

このとき，H，S，I は，以下のように定義される．

- **色相 H**

    図 (c) の角度 θ が色相 H である．これは，赤色 r を基準に色合いの違いを示す指標である．単位は角度であり，[°]（度）で表される．数値の範囲は全周にあたる $0 \sim 360°$ である．

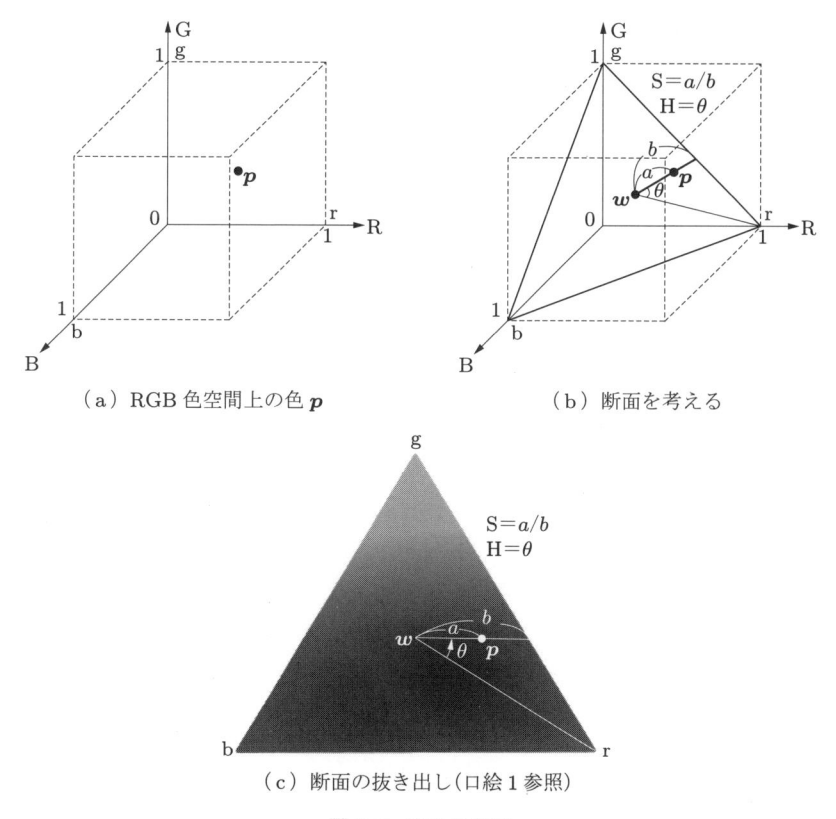

（a）RGB 色空間上の色 p　　　　（b）断面を考える

（c）断面の抜き出し（口絵 1 参照）

図 1.2　HSI 色空間

- **彩度 S**

  図 (c) のように，w と p の距離を a とし，p よりさらに線を伸ばした断面の境界までの距離を b とするときの比率 a/b が，彩度 S である．つまり，モノクロの色 w からの離れ具合を指標としている．S は比率で定義されるため，単位はない．数値の範囲は 0〜1 である．

- **明度 I**

  原点から w までの距離が明度 I である．これは，色 p の明度が p の R, G, B 値の平均値 (R+G+B)/3 であることを意味する．I は，モノクロ画像における画素値と同様に，0 以上の実数値をとる．ただし，R 言語では正規化した 0〜1 の数値で扱われる．

図 1.2 では断面は三角形だったが，p の位置によっては六角形や逆三角形になる．これらの場合でも，H, S, I は同様に定義できる．基本的には，図 1.2(c) のイメージをもっていればよい．

I, S は，モノクロ画像のブライトネスやコントラストにそれぞれ対応するような尺度であり，これが画像処理を HSI 色空間で行うことが好まれる理由である．

R，G，B 値で表されているカラー画像の画像処理を HSI 色空間で行うためには，以下の手順をとる．

1 　各画素の形式を RGB 色空間から HSI 色空間に変換する．
2 　HSI 色空間で画像処理を行う．
3 　再び画素値を R，G，B 値に変換して表示する．

具体的な色空間の変換方法については，1.7 節で解説する．

1.4.3 ▶ L*a*b*色空間

色空間上における色の距離を**色差**という．

RGB 色空間は，R，G，B の三つの成分からなる三次元空間なので，色差は点と点の距離を測れば求められる（図 1.3(a)）．色差は同じ大きさでも，たとえば，R 方向に離れているか，G 方向に離れているかでは，色の変化は大きく異なる．また，少しの色差でも，色相や色彩が大きく変わることも起こりうる．

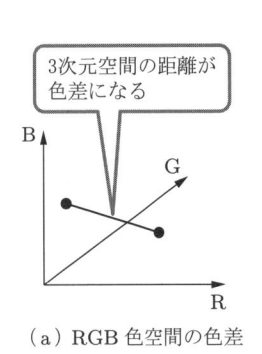

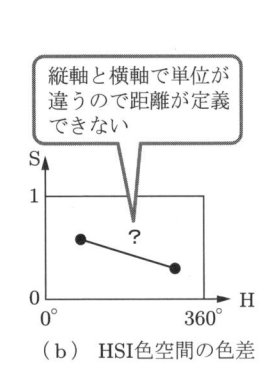

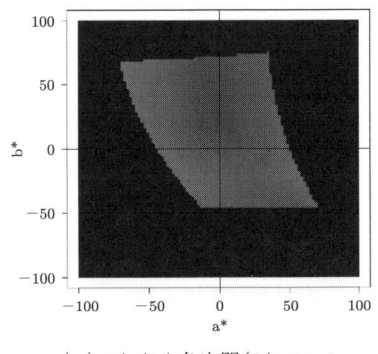

（a）RGB 色空間の色差　　　（b）　HSI色空間の色差　　　（c）L*a*b* 色空間（L*＝70 の
a*-b* 平面）（口絵 2 参照）

図 1.3　色差

HSI 色空間では H と S で単位系が異なるため，そもそも色差を測れない（図 1.3(b)）．さらに，色相は環状なので，本来色相が連続しているはずの 0° と 360° とで分断が起こってしまうという欠点もある．

色差を測れる色空間の中で，四つの色 a_1，a_2，b_1，b_2 について，a_1，a_2 の色の違いと b_1，b_2 の色の違いを人が同じ程度の違いと感じるとき，色空間上でも a_1，a_2 の色差

と b_1, b_2 の色差が等しくなるような空間を**均等色空間**という．そして，均等色空間の一つに，**L*a*b*色空間**がある．

L*a*b*色空間の L*は色の明度を表し，最小値が 0 で黒，最大値が 100 で白を表す．L*を一定として，色差が一定となるように平面状に色を配置したときの直交座標が，a*と b*である．a*-b*平面の構造や，RGB 色空間からの変換は複雑である．本書では，パッケージ colorspace を利用した RGB 色空間から L*a*b*色空間への変換を，1.7, 10.2 節で紹介するにとどめる．

明度 L*=70 に対する a*-b*平面上の色の配置を図 1.3(c) に示す．原点は無彩色（モノクロの色）で，周辺に向かって彩度が上昇し，もっとも原点から離れると，彩度が最大となる．このため，色相は分断されることはなく，色差の変化に対し，色相などの変化が滑らかである．

同じ物体でも，照明光の色の影響を受けて色が変わる．照明光の影響を受けにくくするのにも，この均等色空間である L*a*b*色空間が有用である．本書では，第 10 章でカラー画像を利用した画像認識を行う際に利用する．

1.5 Rによる画像の読み込みと表示

1.5.1 ▶ パッケージのインストール

本書では，R がすでにインストールされているとして解説を進める．R のインストール方法や起動方法などについては，数多く出版されている R の入門書を参照してほしい．

R の本体とともに，グラフ作成や統計解析などの数多くの関数がインストールされる．これらを使うとかなりのことはできるが，外部ライブラリが必要になることもある．外部ライブラリを R では**パッケージ**という．R のパッケージを集積したサイト CRAN には，12000 強のパッケージが収められており，それらを使ってさまざまな処理を行うことができる．本書でもいくつかのパッケージを使用する．まず，PGM 形式の画像ファイルを R に読み込むためのパッケージ pixmap をインストールしよう．R コンソールから次の操作をすることによってインストールできる．

```
> install.packages("pixmap")
 --- このセッションで使うために，CRAN のミラーサイトを選んでください ---
 URL 'http://cran.md.tsukuba.ac.jp/bin/macosx/contrib/3.0/
 pixmap_0.4-11.tgz' を試しています
 Content type 'application/x-gzip' length 99379 bytes (97 Kb)
 開かれた URL
 =================================================
```

```
downloaded 97 Kb

ダウンロードされたパッケージは、以下にあります
        /var/folders/xk/xl4mx90n52x2c1fqkcl271zr0000t7/T//
        RtmpAukK5m/downloaded_packages
>
```

　本書では pixmap 以外にもさまざまなパッケージを利用するが，同様の方法でインストールできる．

1.5.2 ▶ スクリプトの入手

　本書で説明に用いるすべての**スクリプト**（R はスクリプト言語のため，プログラムをスクリプトとよぶ）は，次の URL にアクセスすれば入手できる．

http://www.morikita.co.jp/books/mid/088501

　インストールするディレクトリは，ワーキングディレクトリの中のディレクトリ RImageProc とする．標準では，ワーキングディレクトリは R を起動したときのディレクトリである．変更するには setwd("ワーキングディレクトリ名") とすればよい．また，R の起動時にこの文を自動的に実行するためには，R を起動するディレクトリにファイル.Rprofile を作成して，その中にこのコマンドを入れればよい．

　上述の URL から ZIP ファイルをダウンロードして，ワーキングディレクトリ内に展開すると，画像処理を実行するに必要なディレクトリ構造が作られ，さらに，いくつかの画像ファイルが正しいディレクトリに格納される．

　ディレクトリ内に格納されるサンプルスクリプトは，本文内の各スクリプトの右上に，対応するファイル名を記載している．また，以下のサンプルスクリプトも収められている．

- 本書で使用するすべてのパッケージをインストールする install_packages.R
- 本書で定義するすべての関数を読み込む function.R

パッケージや関数の説明は，それを使う箇所でそれぞれ行うが，上記のサンプルスクリプトを実行し，所定のディレクトリに画像ファイルが置かれていれば，各サンプルスクリプトはそれ単体で実行できるようになっている．

1.5.3 ▶ 本書で使用する画像

　本書では，さまざまな画像を題材に画像処理や画像認識を行う．

　筆者自身が用意した画像については，前項で紹介した URL から，スクリプトとともにダウンロードすることができる．

　本書の多くの箇所で，図 1.4 のような，標準画像データベース SIDBA の画像を利用する．本文ではこれらを，lena 画像，girl 画像，couple 画像などとよぶことにする．本書ではおもに PGM や PPM 形式の画像を扱うが，SIDBA の画像は，基本的には BMP 形式で公開されている．適宜ダウンロードし，フリーソフトなどを用いてファイル形式を変換して欲しいが，前項の ZIP ファイルには，SIDBA の代用となる簡易画像も含めている．手っ取り早くスクリプトを実行したいときはこちらを利用されたい．

　（a）lena 画像（lena.pgm）　　　（b）girl 画像（girl.pgm）　　　（c）couple 画像（couple.ppm）
　　　　　　　　　　　　　　　　　　　　　　　　　　　　　　　　　　　　（口絵 3 参照）

図 1.4　SIDBA の画像

　第 6 章以降の画像認識では，大量の画像データベースを処理することを考えるが，本書では，ウェブ上で公開されているデータベースを利用する．データの入手方法は，それを利用する各章の冒頭でそれぞれ紹介する．

1.5.4 ▶ モノクロ画像の表示

　それでは，モノクロの PGM 形式画像を，R を使って実際に表示させてみよう．

　R およびパッケージ pixmap では，デジタル画像は，0 から 1 に正規化された画素値によって作られる行列として処理を行う．画像ファイルから画像データを読み込んで，モノクロの lena 画像を表示するのは，次のスクリプトで実行できる．結果は図 1.5 のようになる．

スクリプト 1.1　画像表示　　　　　　　　　　　　　　　　　　　▶ 1.1.R

```
1  library(pixmap)   # PGM 画像ファイルを読むライブラリを使用する宣言
2  dirName <- "RImageProc/Etc/"                  # 変数 dirName に文字列を入れる
3  im1 <- read.pnm(paste(dirName,'lena.pgm',sep=''))  # 画像データをim1 に入れる
4  im1 <- im1@grey                               # グレー成分を格納
5  cat('画像サイズ=',nrow(im1),ncol(im1),'\n')    # 行列の大きさ(行数,列数)を返す
6  dev.new()                                     # 新たにウィンドウを開く
7  plot(as.raster(im1))                          # 画像を表示する
```

図 1.5　表示結果

以下，個々の文について詳細に解説する．

- 行 1　library(pixmap)

 PGM 画像ファイルを読むパッケージ pixmap を使用する宣言である．

- 行 2　dirName <- "RImageProc/Etc/"

 変数 dirName に，画像の入っているディレクトリのパスとして，文字列
 "RImageProc/Etc/" を代入する†．

- 行 3　im1 <- read.pnm(paste(dirName,...

 この行では画像を読み込んで変数 im1 に入れている．なお，本書では，画像が入
 る変数を im1, im2, ... とする．

 関数 read.pnm はパッケージ pixmap が提供する関数である．PNM 形式の画像
 を読み込んで，pixmap クラスのオブジェクトを関数値として返す．pixmap クラ
 スはライブラリ pixmap で定義されたクラスであり，grey という名称の成分をも
 ち，その中に画素値が行列の形式で格納されている．

 関数 read.pnm によって返される関数値は，0 から 1 に正規化された画素値の行
 列を成分として含むオブジェクトである．行列の左上の成分 [1, 1] が画像の左上
 に対応し，行列の右下が画像の右下に対応するというように，行列と画像がそのま
 ま対応する．ただし，配列の次元数は，モノクロ画像では 2 次元配列，すなわち
 行列で与えられ，画像ファイル中のデータ 0（黒）が行列の成分 0 に対応し，255
 （白）が 1 に対応する．

 関数 paste は，引数で与えられる文字を結合する関数である．引数 sep は，
 文字列を結合するとき，文字列間に挟む文字列を指定し，'' は何も挟まないこ
 とを意味する．つまり，paste(dirName, 'lena.pgm', sep='') の関数値は，
 "RImageProc/Etc/lena.pgm" となり，読み込む画像のパス名（ファイル名にディ

---

† R の文法においてクォーテーションは，シングルの' でもダブルの" でもどちらでもよい．

レクトリ名も含めた名称）となる.

- 行 4　im1 <- im1@grey

「オブジェクト@成分」で，オブジェクトの成分を指定できる．つまり，im1@grey は，画像のグレー成分を抜き出したものである.

- 行 5　cat('画像サイズ=',nrow(im1),ncol(im1),'\n')

nrow(行列)，ncol(行列) はそれぞれ，行列の行数，列数を返す関数である.

- 行 6　dev.new()

新たにウィンドウを開く関数である．dev.new(width=幅(インチ単位)，height =高さ(インチ単位)) とすれば，図 1.6 のように，指定の大きさのウィンドウを開ける．ウィンドウを閉じるには，クローズボックスをクリックすればよい.

図 1.6　ウィンドウを開く

- 行 7　plot(as.raster(im1))

as.raster は，画像の入った行列を画像表示できる raster オブジェクトに変換する関数である[†]．raster オブジェクトを plot に渡すとウィンドウに画像が表示される．あらかじめ関数 dev.new でウィンドウを開いていなければ，plot を読んだ段階でウィンドウが開かれる．マウス操作によってウィンドウサイズを変更すると，それに応じて画像サイズも変化する.

dev.new を行ってから plot を行う前に，par(mai=c(下の余白，左の余白，上の余白，右の余白)) を行うと，画像表示の際の余白を設定できる．余白の長さの単位はインチである．par(mai=rep(0,4)) とすれば，すべての余白が 0，すなわち，ウィンドウいっぱいに画像表示される.

plot の引数に interpolate を追加して，その値を TRUE か FALSE に設定することができる．画像とウィンドウのサイズが一致しない場合に，補完して表

[†]　R のバージョンが 3.1.3 (2015-03-09) 以前の古いものだと，plot(as.raster(...)) が動作しない場合がある．関数は動作しない．R のバージョンを更新するか，古いバージョンでも動作する関数 rasterImage で代用してほしい.

示するか補完せずに表示するかを指示する論理値である．`interpolate` を省略するとデフォルト値として `TRUE` が指定されたとみなされる．補完しない場合は，`plot(as.raster(im1),interpolate=FALSE)` とすればよい．画像を拡大して `plot(as.raster(im1[200:300,200:300]),interpolate=...)` とすれば，補完の有無による違いがわかる．

◀ Column　read.pnm の警告メッセージを防ぐ方法 ▶

　`read.pnm` を使って画像ファイルを読み込む際に，処理の実行に支障はないものの，警告メッセージが表示される場合がある．`read.pnm` を次のように関数定義し直すと，警告メッセージが表示されなくなる．

```
read.pnm <- function (...) {
    w <- options()$warn
    options(warn = -1)
    require(pixmap)
    ret <- pixmap::read.pnm(...)
    options(warn = w)
    ret
}
```

▶▶ 複数画像の表示

　一つのウィンドウを小領域に分割して，それぞれに画像を表示させるには，`par(mfcol=c(`縦方向の分割数，横方向の分割数`))` を使えばよい．たとえば，`par(mfcol=c(2,2))` とすれば，一つのウィンドウを 2×2 の小領域に分割して画像表示できる．なお，`par(mfcol=c(2,2))` では表示順は縦方向となり，左上 [1,1] →左下 [2,1] →右上 [1,2] →右下 [2,2] の順となり，`par(mfrow=c(2,2))` では表示順が横方向となり，左上 [1,1] →右上 [1,2] →左下 [2,1] →右下 [2,2] の順となる（図 1.7 参照）．引数の名称 mfcol と mfrow の名称は，それぞれ <u>m</u>ulti <u>f</u>rames by <u>col</u>umns, <u>m</u>ulti <u>f</u>rames by <u>row</u>s に由来する．以下に，複数画像を表示するスクリプトを示す．

スクリプト 1.2　複数画像表示　　　　　　　　　　　　▶ 1.2.R

```
1  # 画像がim1~im4 に入っている
2  dev.new()
3  par(mfcol=c(2,2))      # 2行 2列の複数画像の領域をセットする
4  plot(as.raster(im1))   # 画像の表示
5  plot(as.raster(im2))
6  plot(as.raster(im3))
7  plot(as.raster(im4))
```

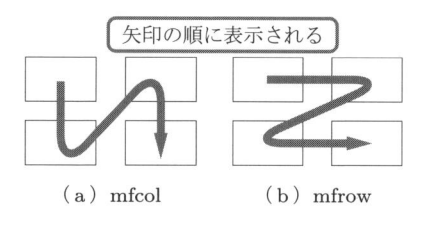

図 1.7　複数画像の表示順

（a）mfcol　　　（b）mfrow

1.5.5 ▶ 座標系と画素の表記

　前項でみたように，画像中の画素の位置を表すのに座標系が用いられる．平面には x 軸と y 軸の二つの座標軸があるが，軸の原点や正の方向は，数学上の定義と画像処理分野で一般に使われる定義に違いがある．さらに，画素値に付与される座標を表す添字の順序についても分野ごとに違いがあり，混乱しやすい．そこで，それらの関係を整理したものを図 1.8 に示す．本書全体を通じて，ここで示す表記を使用する．

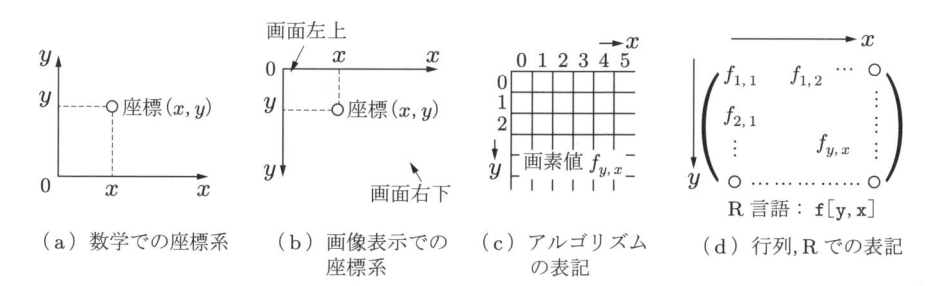

（a）数学での座標系　　　（b）画像表示での　　　（c）アルゴリズム　　　（d）行列，R での表記
　　　　　　　　　　　　　　　座標系　　　　　　　　の表記

図 1.8　座標系と画素の表記の関係

1.5.6 ▶ カラー画像の表示

　R 言語では，カラー画像を扱う際のデータ構造に，3 次元配列を使用する．カラー画像の入った変数 im1 は，各次元が im1[縦位置，横位置，色番号] で表される．色番号には，それぞれ R，G，B に対応する三つの数値 1，2，3 が入り，配列の値は 0～1 の範囲である．モノクロ画像を表示するのと同様に，この配列を関数 as.raster に渡し，さらにそれを plot に渡せばカラー画像表示される．カラー画像である couple 画像（couple.ppm）を変数 im1 に読み込んで画像表示するのは，次のスクリプトで実行できる．結果は図 1.9 のようになる．

スクリプト 1.3　カラー画像の読み込み，表示　　　　　　　　　　▶ 1.3.R

```
1  library(pixmap)
2  im1 <- read.pnm("RImageProc/Etc/couple.ppm")
3  im1 <- array(c(im1@red, im1@green, im1@blue), c(dim(im1@red), 3),
```

```
 4             dimnames=list(NULL,NULL,c('R','G','B')))
 5     # カラー画像の場合，3次元配列に格納する
 6     # 第1引数：各色成分 @red, @green, @blue をベクトルにまとめたデータ
 7     # 第2引数：各次元の大きさを成分とするベクトル（行数, 列数, 3）
 8     # 第3引数：配列の各次元のインデックスに名前をつける
 9     #          第1次元と第2次元はNULL として名前をつけない
10     #          第3次元にR, G, B と名前をつける．データを読むとき名前で指定できる
11  dev.new()
12  plot(as.raster(im1))
```

図 1.9 couple 画像（口絵 3 参照）

　ここで，行 4 の dimnames は，配列の成分の指定をインデックス番号で指定するか
わりに名称で指定できるようにするための名称の文字列を与えるリストである．リス
トの第 1 成分が配列の第 1 次元のインデックス名の文字列ベクトル，リストの第 2 成
分が配列の第 2 次元のインデックス名の文字列ベクトル，リストの第 3 成分が配列の
第 3 次元のインデックス名の文字列ベクトルに対応する．第 1，第 2 成分が NULL で
あれば，第 1，第 2 次元のインデックス名を設定しないことを意味する．第 3 次元に，
c('R','G','B') を設定しているので，色番号 1 を'R'，2 を'G'，3 を'B' で指定でき
る．具体的には w1[1,1,'R'] などである．

1.5.7 ▶ 画像の保存

　再びモノクロ画像の説明に戻る．関数 read.pnm と @grey によって PGM 形式の画
像を読み込んで画素値を行列に格納することができたが，逆に，関数 write.pnm を利
用して，

```
write.pnm(pixmapGrey(im1), file=paste(ディレクトリ, 'im2.pgm', sep=''),
    type='pgm')
```

と入力すれば，画像 im1 の画素値の行列から PGM 形式の画像ファイル im2.pgm を保

存することができる.

　引数の pixmapGrey(im1) は, 行列 im1 を pixmap クラスのオブジェクトに戻す操作である. file=paste(ディレクトリ, ファイル名, sep='') で, 保存するディレクトリ先とファイル名を指定する. 最後の type='' は, type='pgm' とすればグレー画像で保存され, type='ppm' とすればカラー画像で保存される.

1.6　画質の変更

　階調数や画素数を変更したとき, 画質にどのような影響が及ぼされるかを, スクリプトを実行することで確認しよう.

1.6.1 ▶ 階調数と画質

　まず, 階調数, つまり濃度分解能と, 画質との関係をみていこう.

　階調数を 256 から 128 に, つまり濃度分解能を 1/2 に変換する画像処理を考える. 以下の手順（アルゴリズム 1）によって, 処理を行う.

アルゴリズム 1

1　0 から 1 に規格化された画素値を 128 倍し, 0 から 128 までの実数値にする.
2　小数点以下を切り捨て, 0 から 128 までの整数値とする.
3　127 で割り, 0 から 1 までの実数値に戻す.
4　1 を超える値を 1 に置き換える（1 を超える値が生じるのは変換前の画素値が 1 の場合であり, $1 \times 128/127 = 1.007874$ である）.

この処理は, 次のアルゴリズム 2 でも同じ結果を得ることができる.

アルゴリズム 2

1　0 から 1 に規格化された画素値を 255 倍し, 正規化前の 0 から 255 までの値にする.
2　階調数を減らすため, 2 で割ってから小数点以下を切り捨てる.
3　127 で割り, 0 から 1 までの実数値に戻す.

　次のスクリプトを実行すれば, 実際に濃度分解能 1/2 の画像 im2 を生成できる. なお, この処理ではアルゴリズム 1 を使用している.

スクリプト 1.4　階調数を 256 階調から 128 階調に変換　　　　　　　▶ 1.4.R

```
1   # 画像がim1 に入っている. 処理結果を im2 に入れる
2   im1[nrow(im1):1,1:20] <- seq(0,1,length=nrow(im1)) # 画像の左にグレースケールを描く
3   w3 <- 128                    # 変更したい階調数 128を指定する
4   im2 <- floor(im1 * w3)/(w3-1)  # im1 の階調数を減らして im2 に収める
5   im2[im2>1] <- 1              # 画素値が 1を超える場合, 1に置き換える
```

　ここで, 行 2 によって, 画像の左に下から上にかけて黒から白に濃淡が変化する帯を表示していることに注意してほしい. このような帯のことを**グレースケール**といい, 階調数の変化をみるのに適している.

　64 階調, 32 階調, …への変換のアルゴリズムも同様で, R による実装も, スクリプト 1.4 の行 3 で w3 に入れる数値を 64, 32, …と変えればよい.

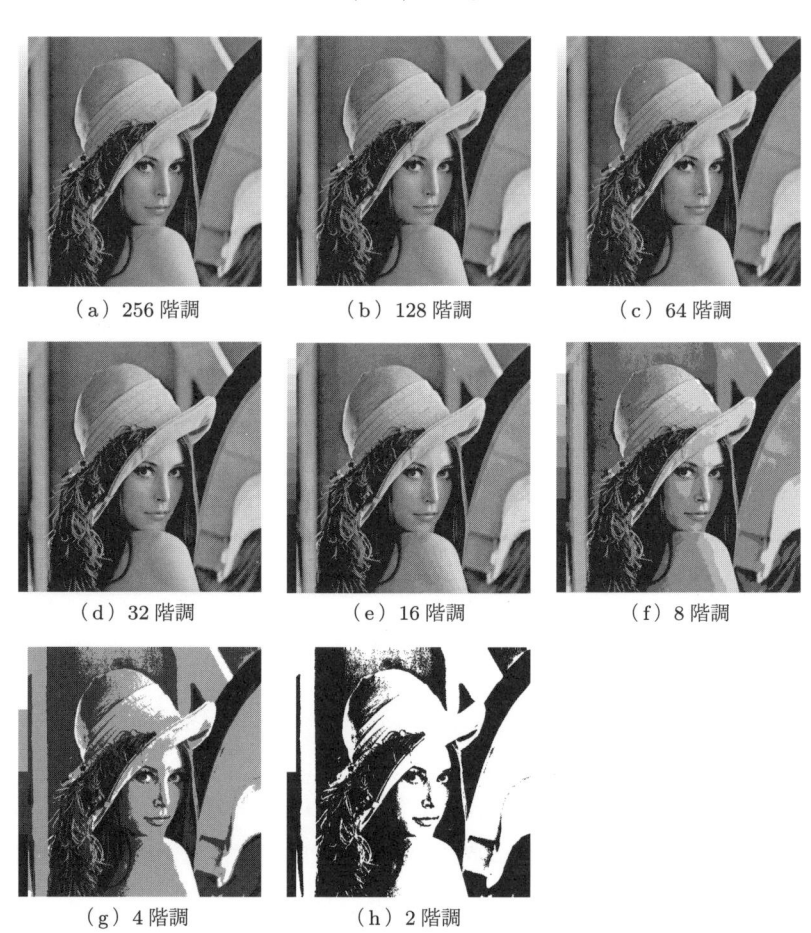

（a）256 階調　　　　　（b）128 階調　　　　　（c）64 階調

（d）32 階調　　　　　（e）16 階調　　　　　（f）8 階調

（g）4 階調　　　　　（h）2 階調

図 1.10　さまざまな階調数の画像

これらの画像を並べると，図 1.10 のようになる．階調数が少ないと画像は不鮮明になり，グレースケールも粗くなる．図 (h) の 2 階調の場合では，黒と白の 2 段階しかない．

1.6.2 ▶ 画素数と画質

この項では画素数，つまり空間分解能と，画質との関係をみていこう．

再び lena 画像を例に考えよう．なお，この画像は，512×512 の画素数（空間分解能）であるとする．画質の変化をわかりやすくするために，画像の中心部の画素数 64×64 の領域（目の部分）を座標指定して拡大表示する．次のスクリプトで実行できる．

```
# 512×512画素のlena画像が im1 に入っている
im1 <- im1[(256-32+1):(256+32),(256-32+1):(256+32)]
    # 中心部 64×64画素を抽出してim1 に入れ直す
plot(as.raster(im1), interpolate=FALSE)
```

ここで，関数 plot の引数を interpolate=FALSE としているのに注意してほしい．interpolate は，表示の分解能と画像の分解能が異なる場合，補間するかしないかを指定する引数である．ここでは生の状態を観察するため，補間しない指定（FALSE）にしている．表示される画像は図 1.11 のようになり，1 画素，1 画素が判別できる．

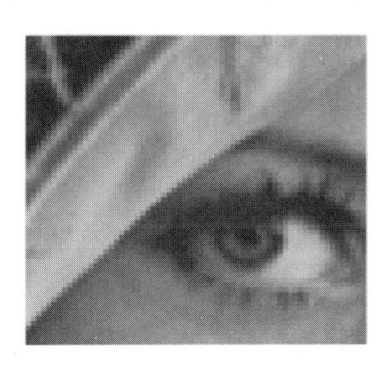

図 1.11 lena 画像の瞳部分の拡大画像

図 1.12(a) に示すように，以下の手順によって，空間分解能を 1/2 にすることができる．

---

1 2×2 画素からなる近傍 4 画素を考える．
2 近傍 4 画素の画素値の平均をとる．
3 近傍 4 画素を一つの画素とし，手順 2 で求めた平均値をその画素値にする．

次のスクリプトを実行すれば，実際に空間分解能 1/2 の画像 im2 を生成できる．

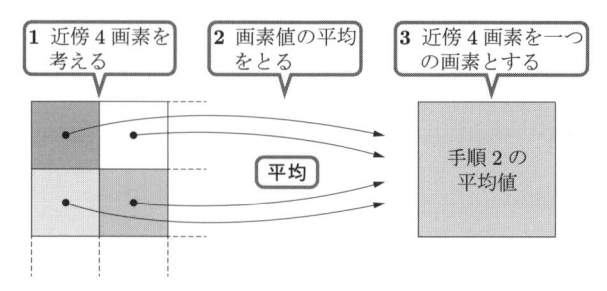

（a）空間分解能を 1/2 にする手順

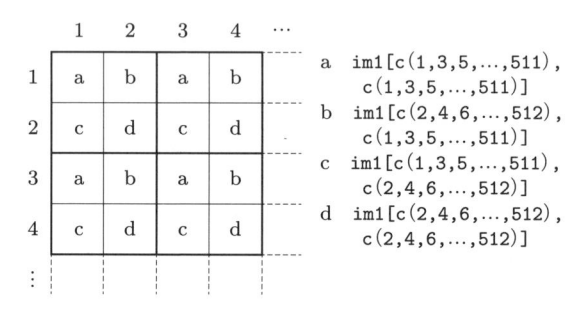

（b）画素に対応する行列の要素

図 1.12　空間分解能を 1/2 にする手順

スクリプト 1.5　分解能 1/2 の画像の作成　　　　　　　　　　　　▶ 1.5.R

```
1  # 画像がim1 に入っている，処理結果を im2 に入れる
2  im2 <-(im1[seq(1,nrow(im1),2),seq(1,ncol(im1),2)]+
3        im1[seq(2,nrow(im1),2),seq(1,ncol(im1),2)]+
4        im1[seq(1,nrow(im1),2),seq(2,ncol(im1),2)]+
5        im1[seq(2,nrow(im1),2),seq(2,ncol(im1),2)])/4
```

上記の手順 1〜3 を担うこのスクリプトの中心部分は，行 2〜5 の

```
im2 <-(im1[...]+...+im1[...])/4
```

である．第 1 項 im1[seq(1,...), seq(1,...)] のインデックス部は，行の指定が seq(1, nrow(im1), 2) = 1, 3, ..., 511 であり，列の指定が seq(1, ncol(im1), 2) = 1, 3, ..., 511 である．よって，この 2 行，2 列ごとの格子点の画素が抽出されて，256×256 の行列となる．同様に，第 2 項は，行が $2, 4, \ldots, 512$，列が $1, 3, \ldots, 511$ の格子点の画素からなる行列，第 3 項は，行が $1, 3, \ldots, 511$，列が $2, 4, \ldots, 512$ の格子点の画素からなる行列，第 4 項は，行が $2, 4, \ldots, 512$，列が $2, 4, \ldots, 512$ の格子点の画素からなる行列である．行列のインデックスをみれば，図 1.12(b) における近傍 4 画素について，左上，右上，左下，右下の画素がそれぞれ第 1

項，第 2 項，第 3 項，第 4 項に対応していることがわかる．

分解能 1/4, 1/8, ... の画像も，スクリプト 1.5 の行 2～5 を 2 回，3 回，…と繰り返し行えば作成できる．

分解能を 1/2, 1/4, 1/8 としていった画像を並べると図 1.13 のようになり，画質がどんどん不鮮明になる様子がみられる．

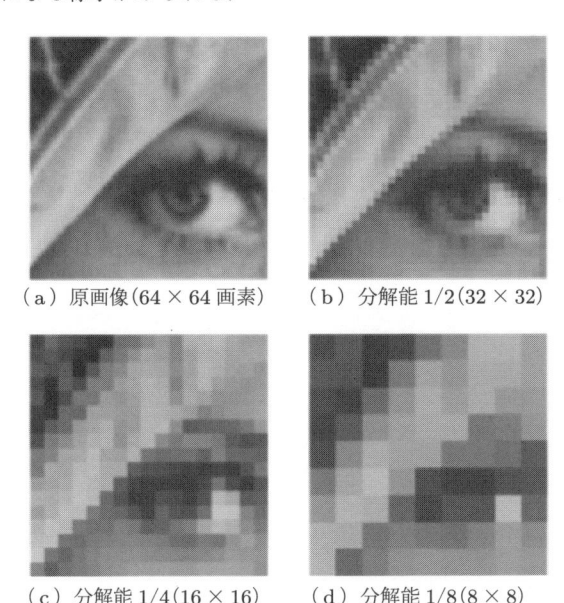

（a）原画像(64 × 64 画素)　　（b）分解能 1/2(32 × 32)

（c）分解能 1/4(16 × 16)　　（d）分解能 1/8(8 × 8)

図 1.13　さまざまな画素数の画像

1.7　色空間の変換

1.7.1 ▶ RGB 色空間と HSI 色空間との変換

RGB 色空間と HSI 色空間の変換の方法を述べる．RGB 色空間から HSI 色空間への変換式は次のようになる．

$$H = \cos^{-1} \frac{(R - G) + (R - B)}{2\sqrt{(R - G)^2 + (R - B)(R - B)}}$$

$$S = 1 - 3\frac{\min(R, G, B)}{R + G + B}$$

$$I = \frac{R + G + B}{3}$$

ここで，$\min(R, G, B)$ は R，G，B の最小値を返す関数である．この式の中で，I は R,

G，B の平均値によって求められる．H と S に関しては式の導出には複雑な計算が必要であり，本書では省略する．

逆に，HSI 色空間から RGB 色空間に戻す変換式は次である．

$\min(R, G, B) = B$ のとき

$$B = I(1 - S)$$

$$R = I\left\{1 + \frac{S\cos H}{\cos(60° - H)}\right\}$$

$$G = 3I - (R + B)$$

$\min(R, G, B) = R$ のとき

$$R = I(1 - S)$$

$$G = I\left\{1 + \frac{S\cos(H - 120°)}{\cos(180° - H)}\right\}$$

$$B = 3I - (R + B)$$

$\min(R, G, B) = G$ のとき

$$G = I(1 - S)$$

$$B = I\left\{1 + \frac{S\cos(H - 240°)}{\cos(300° - H)}\right\}$$

$$R = 3I - (R + B)$$

上記の変換式に基づけば，3 次元配列に入った画像の R，G，B 値を HSI 値に変換する関数 `rgb2hsi` と，HSI 値の 3 次元配列を R，G，B 値の 3 次元配列に変換する関数 `hsi2rgb` を作成することができる．ただし，実装には場合分けなどの細かな処理が必要であり，本書ではこれらの関数定義を行うサンプルスクリプト `rgb2hsi.R`, `hsi2rgb.R` を紹介するにとどめ，解説は省く（1.5.2 項の `function.R` を利用してもらってもよい）．

1.7.2 ▶ HSI 値の視覚化

R，G，B と異なり，H，S，I を変化させたときの色の変化は想像しにくい．そこで H，S，I を視覚化する方法をみていこう．

▶▶ H-S 平面のカラーパレット

まず，HSI 色空間で I を中間値の 0.5 としたときの H-S 平面のカラーパレットの表示，つまり，明るさ (I) を中間の値に固定して，色合いを一覧表示させることを考えよ

う．すべての画素の明度 I 値を 0.5 とし，画像の横方向について，左から右に色相 H を
0 から 360° に対応させ，縦方向について，下から上に彩度 S を 0 から 1 に対応させる．
この HSI 色空間の画像を，関数 hsi2rgb にて R，G，B 値に変換して画像表示するス
クリプトを次に示す†．出力画像は図 1.14 のようになる．

スクリプト 1.6　HSI のカラースケールを表示　　　　　　　　　　　　▶ 1.6.R

```
1   # 関数hsi2rgb が読み込まれている
2   im1 <- array(0,c(200,360,3),dimnames=list(NULL,NULL,c('H','S','I')))
3       # 200行 360列. 配列の第 3次元にH,S,I の 3 成分をもつ配列を初期化し, 変数 im1 とする
4   for(j in 1:360)  im1[,j,'S'] <- seq(1,0,len=200)
5       # im1 の S に行番号が増えるに従って, 1 から 0 まで減少する値を代入
6   for(j in 1:360)  im1[,j,'H'] <- rep(j,200)
7       # im1 の H に列番号が増えるに従って, 1 から 360 まで 1 ずつ増加する値を代入
8   im1[,,'I'] <- 1/2      # im1 の I をすべて 0.5に設定
9   im2 <- hsi2rgb(im1)    # im1(HSI 色空間)をRGB 色空間に変換し im2 に格納
10  dev.new(width=5,height=3.5); par(mai=c(0.8,0.8,0.1,0.2))
11  plot(as.raster(im2))  # im2 を画像表示
12  axis(1, at=seq(0,350,50))
13      # x 軸と目盛りを作成. at は目盛りの位置で 0 から 350 まで 50 刻みとする.
14      # 引数labels を省略しているので, at と同じ文字を設定される.
15  axis(2, at=seq(0,200,40), labels=seq(0,1,0.2),las=1)
16      # y 軸と目盛りを作成. 第 1 引数が 2 のため y 軸を作成. 0 から 40 刻みで 200 までの位置に,
17      # 0から 0.2刻みで 1までの数値を設定する.
18  title(xlab='Hue [degree]',ylab='Saturation')  # 軸の名称を書く
```

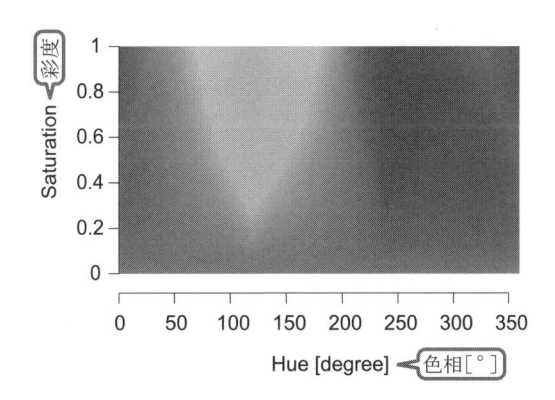

図 1.14　HSI カラーパレット：I = 0.5 における H-S 平面（口絵 4 参照）

次に，カラーパレットの上辺にあたる彩度 S = 1 で，色相 H が 0 から 360° の直線上
の画素について，R，G，B の含有量がどのようになっているのかを表示しよう．その
スクリプトを次に示す．

---

† RGB 色空間に変換しないと，as.raster で表示できない．

```
lines(0:359,200*im2[1,,'R'],ty='l',col='red',lwd=4)      # 赤線の描画
lines(0:359,200*im2[1,,'G'],ty='l',col='green',lwd=4)    # 緑線の描画
lines(0:359,200*im2[1,,'B'],ty='l',col='blue',lwd=4)     # 青線の描画
```

　関数 lines の第 1 引数 x は，第 1 点の x 座標，第 2 点の x 座標，…を表すベクトルであり，第 2 引数 y は，同様に y 座標を表すベクトルである．そして，このように与えられた点間を直線で結ぶ．このスクリプトの場合，x 座標は 0, 1, ..., 359 であり，y 座標は im2 の彩度 1 における R 値である．R 値は 0 から 1 の値をとりうる．グラフの縦軸の範囲が 0 から 200 であるため，R 値をこの範囲に合うように 200 倍する．引数 col で線の色を指定できる．引数 lwd は線の幅であり，4 を指定しているのは，線幅を標準の 4 倍にするという意味である．

　実行結果は図 1.15 のようになる．色相の変化に対して，R，G，B の含有量は連続的とはなっていない．どの色相も R，G，B の 3 成分のうちの 1 成分は 0 で，残りの 2 成分の含有割合の違いによって表現される．

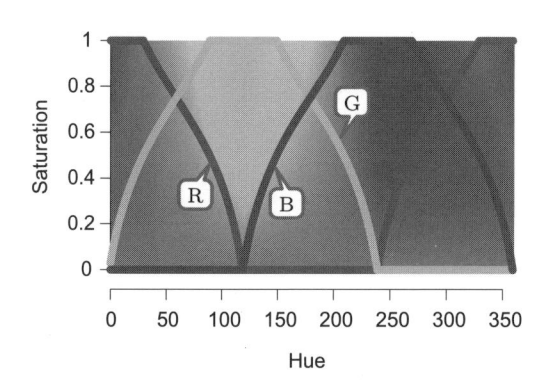

図 1.15　HSI カラーパレット：S ＝ 1，H ＝ 0〜360° の色に関する
R，G，B の含有量（口絵 5 参照）

　I の固定値はほかの値にすることもできるし，同様の方法で，S-I 平面や H-I 平面を表示することもできる．

▶▶▶ HSI 値を調整して色を表示する

　次のスクリプトで，パッケージ gWidgets2 を用いて，**GUI**(Graphical User Interface) 画面でスライダを調整することによって，HSI の値を変化させて色を表示できる．実行には，gWidgets2 が利用する下位パッケージとして，Windows では gWidgets2RGtk2，Mac では gWidgets2tcltk のインストールも必要である．サンプルスクリプト install_packages.R を実行するなどしてインストールされたい．インストール後は，以下のスクリプト 1.7 の行 1 のように，gWidgets を使用宣言するだけで自動

で呼び出される.

スクリプト 1.7　HSI 値をスライダーで調整して色を表示する GUI　　　　▶ 1.7.R

```
1   library(gWidgets2) # パッケージgWidgets2 の使用宣言
2
3   dispColor <- function(H, S, I){
4     ## HSI 色空間で色を指定して画像表示
5     ## H, S, I: 色相,彩度,明度の値
6     plot(as.raster(hsi2rgb(array(c(H,S,I), c(1,1,3),
7                                  dimnames=list(NULL,NULL,c('H','S','I'))))))
8     # H,S,I をもつ配列を色空間の変換関数 hsi2rgb に渡して RGB に変換し, 画像表示
9   } # end of dispColor-----------------------------------
10
11  w1 <- gwindow('HSI パレット', wid=250,height=150)   # ウィンドウを開き,w1 とする
12  w2 <- glayout(cont=w1)  # w1 の上に表形式で GUI 部品を配置する入れ物を作成する
13  ## 部品を配置する場所を w2[行番号, 列番号]と指定し表示する文字を入れる.
14  w2[1,1] <- "H";   w2[2,1] <- "S";   w2[3,1] <- "I"
15  w2[1,2] <- "0";   w2[2,2] <- "0.00";   w2[3,2] <- "0.00"
16
17  ## 色相調整用のスライダを作成
18  w3 <- gslider(from=0.0, to=360.0, by=1, value=0.0, cont=w2,
19                handler=function(...){   # スライダの値が変化したときに呼び出される関数
20                    w2[1,2]<-sprintf("%4.0f",svalue(w3))   # 数値表示の書き換え
21                    dispColor(svalue(w3), svalue(w4), svalue(w5))   # 色を画像表示
22                })
23  w2[1,3, expand=T] <- w3   # スライダを 1行 3列に配置
24
25  w4 <- gslider(from=0.0, to=1.0, by=0.01, value=0.5, cont=w2,
26                handler=function(...){
27                    w2[2,2]<-sprintf("%04.2f",svalue(w4))
28                    dispColor(svalue(w3), svalue(w4), svalue(w5))
29                })
30  w2[2,3, expand=T] <- w4   # スライダを 2行 3列に配置
31
32  w5 <- gslider(from=0.0, to=1.0, by=0.01, value=0.5, cont=w2,
33                handler=function(...){
34                    w2[3,2]<-sprintf("%04.2f",svalue(w5))
35                    dispColor(svalue(w3), svalue(w4), svalue(w5))
36                })
37  w2[3,3, expand=T] <- w5   # スライダを 3行 3列に配置
38  dev.new(width=1.5,height=1.5)
39  par(mai=rep(0,4))
40  dispColor(0,0.5,0.5)        # 初期状態を表示
```

実行すると図 1.16 のような GUI が表示される. 色を選ぶ際に, HSI 値によって指定することができる. このスクリプトでは, まず H, S, I 値が与えられたときにその色を表示する関数 dispColor を作成した後に, H, S, I をスライダによって指定できる

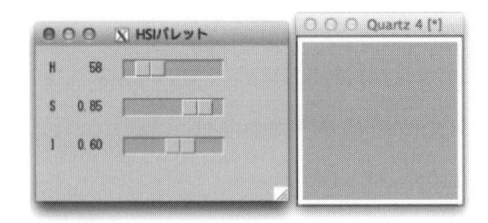

図 1.16　HSI 値をスライダで調整して色を表示する GUI の例

GUI を作成している.

1.7.3 ▶ L*a*b*の視覚化

最後に，1.4.3 項の図 1.3(c) でみた，L*a*b*色空間において，明るさを一定値 L* = 70 として a*-b*平面状の色の配置を行うスクリプトを示す．なお，このスクリプトにはパッケージ colorspace が使われているため，事前にインストールしておく必要がある.

スクリプトは以下のようになる．実行し，得られた画像 im2 を表示すれば，図 1.3(c) でみたとおりの図が表示される.

スクリプト 1.8　L*a*b*のカラースケール　　　　　　　　　　　▶ 1.8.R

```
1  # a*-b*平面の色の配置が im2 に入る
2  library(colorspace) # パッケージcolorspace の使用宣言
3  im1 <- array(0,c(100,100,3),dimnames=list(NULL,NULL,c('L*','a*','b*')))
4      # L*a*b*用の 100×100×3 の配列を生成してim1 とする．3 次元目を L*,a*,b*と命名
5  for(j in 1:100)  im1[,j,'a*'] <- seq(-100,100,len=100)[j]
6      # im1 の a*成分を列に沿って-100から 100,行に沿って同じ値にセット
7  for(j in 1:100)  im1[j,,'b*'] <- seq(-100,100,len=100)
8      # im1 の b*成分を行に沿って-100から 100,列に沿って同じ値にセット
9  im1[,,'L*'] <- 70  # im1 の L*成分はすべて 70にセット
10
11 ## colorspace を使って RGB 色空間の配列 im1 を L*a*b*色空間に変換し im2 に格納
12 im2 <- array(0,c(100,100,3),dimnames=list(NULL,NULL,c('R','G','B')))
13     # RGB 用の 100×100×3 の配列を生成してim2 とする．3 次元目を R, G, B と命名
14 for(j in 1:100){ # j:列番号 1から 100
15     w1 <- coords(as(LAB(L=im1[,j,'L*'], A=im1[,j,'a*'], B=im1[,j,'b*']), 'RGB'))
16         # im1 の j 列の 100 行分を RGB 色空間に変換し,
17         # 100行 3列 (R, G, B)の行列に変換し,w1 に格納
18     w1[which(w1[,'R']<0 | w1[,'R']>1 | w1[,'G']<0 | w1[,'G']>1 |
19             w1[,'B']<0 | w1[,'B']>1),]  <- c(0,0,0)
20         # w1 の R, G, B のいずれかが 0 から 1 に収まらない行を,黒を表すc(0,0,0)にする
21     im2[,j,] <- w1 # w1 を im2 の j 列に格納
22 }
```

階調変換と色調変換

　この章では，画像をみやすくする処理の仕方を解説する．第1章で，ブライトネスやコントラストを調整することで，モノクロ画像をみやすくする処理が階調変換であることを述べた．画像のみやすさや，どれだけ調整すればよいかを定量的に判断するには，ヒストグラムで階調を視覚化するのが有効である．そこで，画像をヒストグラムで表し，どうすればみやすくなるか検討した後，それを実現する階調変換を行う．

　階調変換に対して，カラー画像をみやすくする処理を色調変換という．この章の後半では，この色調変換後の方法を解説する．

　階調変換や色調変換は，「入力された画素値をある変換関数で別の数値に変換して画素値を書き換える画像処理」と表現できる（図 2.1 参照）．つまり，階調変換は一つひとつの画素値を個別に変換する処理であり，画素値どうしの相互関係を考える必要がない．したがって，画像処理の中では単純な処理の部類に入り，アルゴリズムやスクリプトも比較的簡単である．

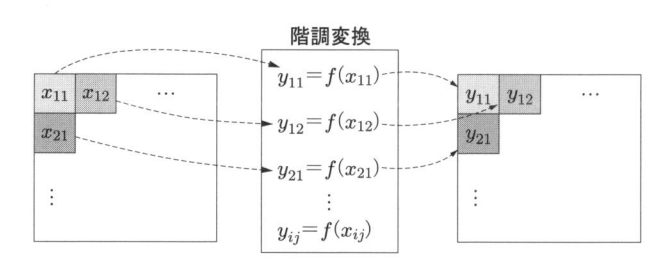

図 2.1　階調変換処理のイメージ

2.1　画素値のヒストグラム

　まずは，図 2.2(a) の mountain 画像（1.5.1 項の URL からダウンロードできる，mountain.pnm）をみてみよう．全体的に暗く平坦な感じを受けるこの画像は，ブライトネスとコントラストを調整したいという感想を抱くのではなかろうか．

　ブライトネスが低い（暗い），コントラストが弱い，といった印象を受ける画質特性

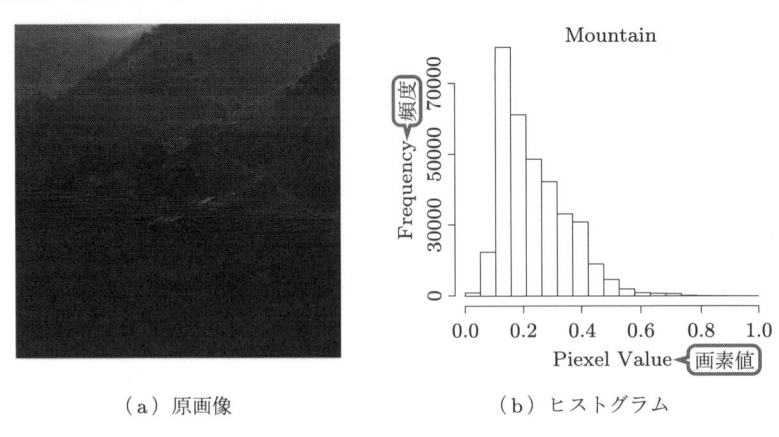

（a）原画像 　　　　　　　　　　（b）ヒストグラム

図2.2 画像とヒストグラム

を定量的に評価するには，図2.2(b) のような画素値の**ヒストグラム**（頻度分布）を調べるのが有効である．

　Rでは，関数 hist(行列) によってヒストグラムを表示できる．次のスクリプトは，mountain 画像に対してヒストグラムを求めるスクリプトである．実行すれば，図2.2(b) のようなヒストグラムが作られる．

　　スクリプト2.1　ヒストグラムの作成　　　　　　　　　　　　　▶2.1.R

```
1  # 画像がim1に入っている
2  dev.new(width=5,height=5)    # 5×5インチのウインドウを開く
3  hist(im1,main='mountain',xlab='Piexel Value',xlim=c(0,1))   # ヒストグラム表示
```

行3 hist の引数 xlim=c(0,1) で，ヒストグラムの横軸を0から1に固定している．この引数がないとオートスケールとなり，グラフの範囲に従ってスケールが自動で調整されてしまう．

　スクリプト2.1で作られるヒストグラムに，画素値の平均値と標準偏差を示したものを図2.3に示す．この図から，mountain 画像では，画素数の分布が0に近い0.2の付近に集中していることがわかる．

　ブライトネスが低くて暗いということは，画素値が0に近い画素が多いことを意味し，このため，画素値の平均も0に近い値になる．画素値を全体的に上げ，画素値の平均が大きくなるようにしていけば，画像は明るくなる．この処理をした画像例を図2.4(b) に示す．

　一方，コントラストが弱いのは，画素値がある値の近くに集中していることが原因である．ばらつきを増やす，すなわち，画素値の標準偏差が大きくなるように処理すれば，コントラストが強まる．この処理をした画像例を図2.4(c) に示す．

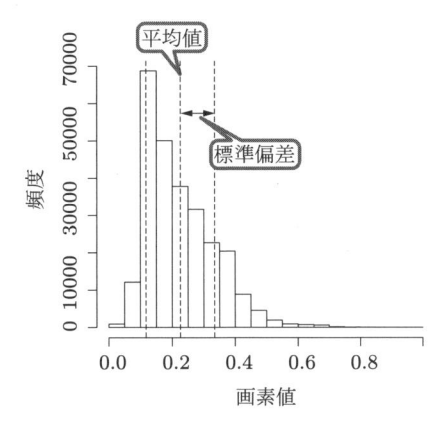

図 2.3 ヒストグラムと平均値・標準偏差

（a）原画像 （b）ブライトネスを （c）コントラストを
高くした画像 強めた画像

図 2.4 ブライトネスとコントラストの改善例

次節以降で，ブライトネスやコントラストの具体的な調整方法をみていく．

◀ Column ヒストグラムを求めるアルゴリズム ▶

関数 hist を使わずに，自前で図 2.3 のようなヒストグラムを求めるには，次のアルゴリズムを実行すればよい．

> 1 左端の柱状グラフの高さを求める．つまり，画素値が 0 から 0.05 までの値になる画素の数を画像中で数えて求める．
> 2 左端から 2 番目の柱状グラフの高さを求める．つまり，画素値が 0.05 から 0.1 の範囲になる画素の数を画像中で数えて求める．
> 3 以下，同様に，画素の上限値まで行う．

2.2 ブライトネスの変換

前節で考察したように，ブライトネスを高くするには各画素値を一定値上げればよい．それは次のスクリプトで実行できる．

スクリプト 2.2 ブライトネス増加 ▶2.2.R

```
1  # 画像がim1 に入っている. 処理結果を im2 に入れる
2  j <- 1              # ブライトネスを調整するパラメータ
3  im2 <- im1+0.1*j    # ブライトネス増加
4  im2[im2<0.0] <- 0.0 # 画素値を 0〜1に収める(0以上にする)
5  im2[im2>1.0] <- 1.0 # 画素値を 0〜1に収める(1以下にする)
```

スクリプト中, ブライトネスを増加させる処理の中心部分は, 行 3 の

```
im2 <- im1+0.1*j  # ブライトネス増加
```

である. なお, 行 4, 5 の処理では, 表示可能な数値範囲 (0〜1) に収まるように, 範囲を超えた値を限界値に置き換えている.

さて, このスクリプトの中のパラメータ j の値を大きくすれば, より明るい画像になる. 図 2.5 に, mountain 画像に対する j=0 (すなわち原画像), j=1, 2, 3 の 4 種類のブライトネス画像と, それぞれのヒストグラムを示す. ブライトネスが徐々に高くなり, それに対応してヒストグラムが右方向にシフトしていく様子がわかる.

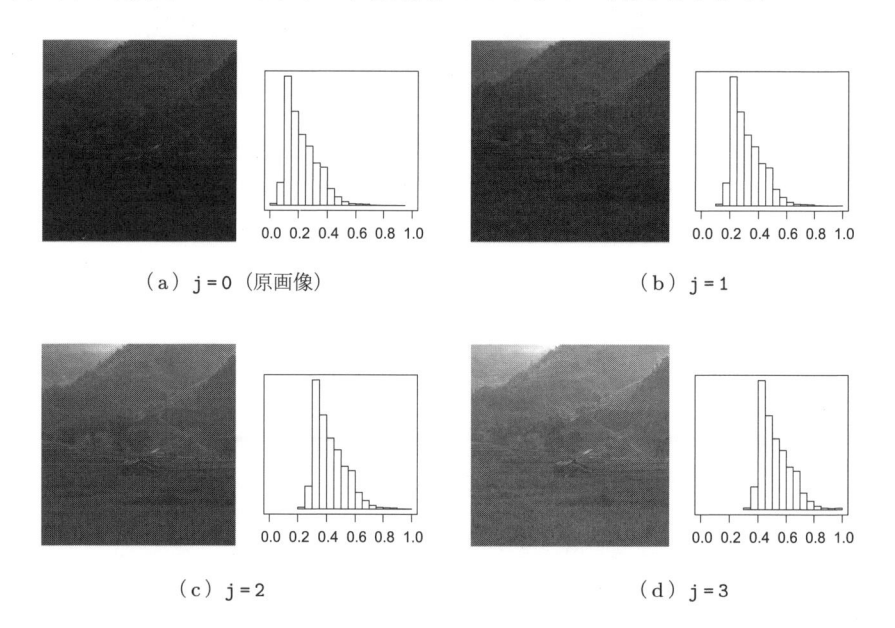

(a) j = 0 (原画像)　　　　　　　　　　　(b) j = 1

(c) j = 2　　　　　　　　　　　　(d) j = 3

図 2.5 原画像・ブライトネスを変換した画像とそれぞれのヒストグラム

2.3 コントラストの変換

コントラストの変換についても, 先にヒストグラムから考察したように, コントラス

トを強めるには，画素値の変化幅を広げる，すなわち，画素値の標準偏差を大きくすればよい．それを行うスクリプトは，ブライトネスを増加するスクリプト2.2を一部変更すればよい．変更点は，行3の

```
im2 <- im1+0.1*j  # ブライトネス増加
```

を，

```
im2 <- (im1-mean(im1))*(1.0+0.4*j)+mean(im1)
```

に変更するのみである（サンプルスクリプト2.s1.R参照）．ここで，関数meanは，Rにもともと備わっている，平均値を求める関数である．

このスクリプトの中のパラメータjの値を大きくすれば，よりコントラストの強い画像になる．図2.6に，mountain画像に対するj=0，1，2，3の4種類のコントラストの画像と，それぞれのヒストグラムを示す．コントラストが徐々に強くなり，それに対応してヒストグラムが広がっていく様子がわかる．

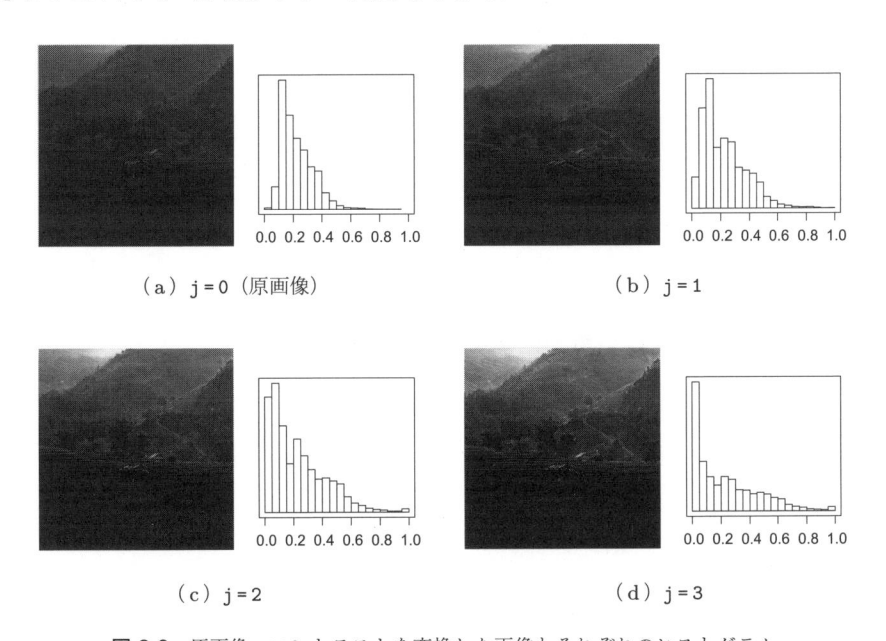

(a) j=0（原画像）　　　　　　　　　(b) j=1

(c) j=2　　　　　　　　　　　(d) j=3

図2.6 原画像・コントラストを変換した画像とそれぞれのヒストグラム

さて，コントラスト強調処理の中心である

```
im2 <- (im1-mean(im1))*(1.0+0.4*j)+mean(im1)
```

は，複雑な式になっている．この式の手順は，次のようになる．

> 1　各画素値から平均値を引き，平均が 0 になるようにする．
> 2　全体を定数倍する（前節のように足してしまうと，全体が明るくなるだけで意味が
> 　　ない．暗い画素はさらに暗くなるように，負の値は負の方向に大きくする必要が
> 　　ある）．
> 3　各画素値に平均値を足し，もとの平均値になるように戻す．
> 4　画素値を 0〜1 に収める．

　この手順を図示すると，図 2.7 のようになる．コントラスト強調の目的は，画素値の
ばらつきを大きくすることであり，平均値はなるべく変えたくない．この図から，その
目的が達成できていることがわかる．

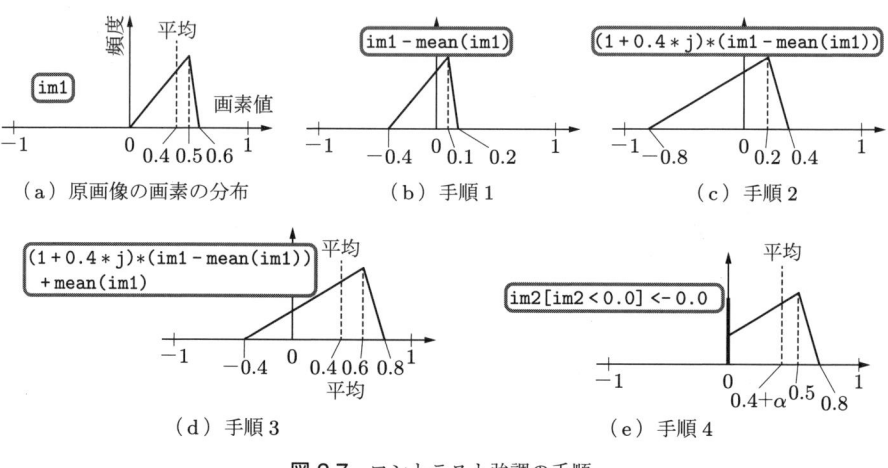

図 2.7　コントラスト強調の手順

◀　Column　コントラストを強調する式を簡略化してしまうと……　▶

　もしも，コントラスト強調処理の中心を簡略化し，以下のようにするとどうなるだろうか．

> 1　全体を定数倍する．
> 2　画素値を 0〜1 に収める．

　このとき，スクリプトは次のように置き換わる．

```
im2 <- im1*(1.0+0.4*j)
```

　処理のステップに沿ってヒストグラムが変化する様子を考えよう．簡単のため，ヒストグ
ラム（すなわち，画素値の出現頻度）の形状を図 2.8(a) のように三角形とし，定数倍の値を
j=2.5 とする．すると，

```
im2 <- im1*(1.0+0.4*j)
```

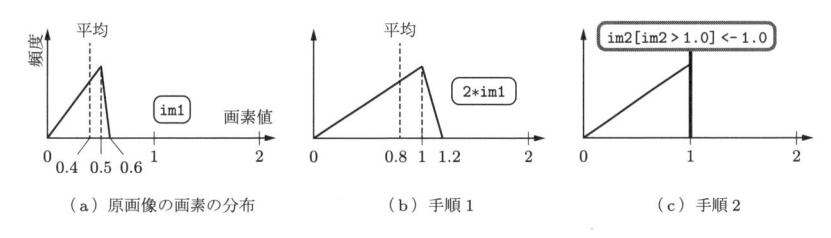

図 2.8　簡略化したコントラスト強調

は，

```
im2 <- 2*im1
```

となる．簡易版の処理とその結果は，図 2.8 のようになる．

　結果は，平均値が 1 よりやや小さい程度の値となる．これは飽和した状態（白く飛んだ状態）である．それに対して，本文で説明した処理は，画素値の平均値をほとんど変えないでコントラストを変化させる処理であることがわかる．

2.4　ブライトネスとコントラストの同時変換

　前節では，コントラストを強調する処理を行った．図 2.9 に図 2.6 を再掲し，改めて変換後の画像とヒストグラムをみてみよう．

　図 2.9(b) のようにコントラストを調整すると，**ダイナミックレンジ**[†]の中の明るい領域（0.8〜1.0）の画素が少なく，全体的に暗い印象がある．しかし，図 (c) や図 (d) のようにさらにコントラストを強める処理をすると，0 以下の画素の数が増え（それらは 0 に置き換えられる），うまくいかない．

　2.1 節の冒頭で述べたような理想的な変換は，ダイナミックレンジいっぱいに画素値を広げ，かつ，0 以下あるいは 1 以上の画素をなるべく少なくすることである．そのためには，コントラストとブライトネスの両方を変える必要がある．ブライトネスとコントラストの両方を変換する方法は，先のスクリプト 2.2 の行 3 を次のように修正すればよい（サンプルスクリプト **2.s2.R** 参照）．

```
im2 <- (im1-mean(im1))*j2+mean(im1)+j1
```

修正版の行 3 には，j1，j2 二つのパラメータが含まれる．j1 がブライトネスを調整するパラメータ，j2 がコントラストを調整するパラメータである．パラメータ j1，j2 を

[†]　表示装置や撮影装置などの画像機器において，表示ないし撮影できる明るさの範囲をダイナミックレンジという．R の画像表示関数 as.raster は，画素値 0 から 1 が表示可能な範囲であり，これがダイナミックレンジとなる．

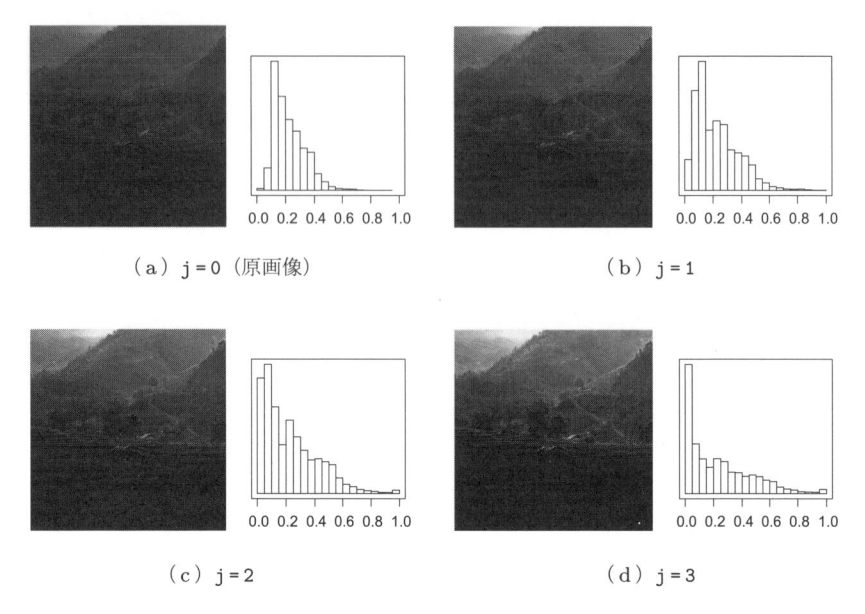

（a）j = 0（原画像）

（b）j = 1

（c）j = 2

（d）j = 3

図 2.9 原画像・コントラストを変換した画像とそれぞれのヒストグラム（図 2.6 を再掲）

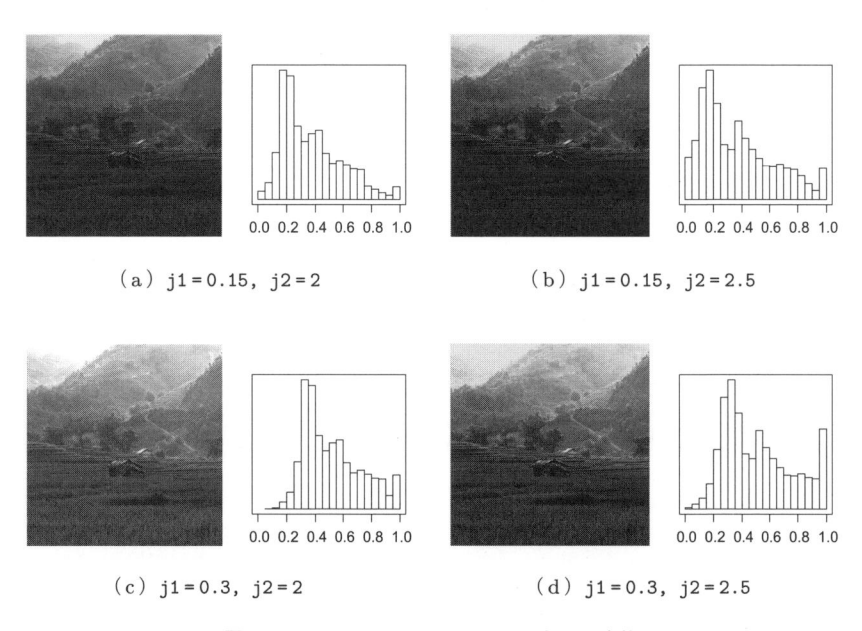

（a）j1 = 0.15, j2 = 2

（b）j1 = 0.15, j2 = 2.5

（c）j1 = 0.3, j2 = 2

（d）j1 = 0.3, j2 = 2.5

図 2.10 コントラストとブライトネスの変換

4種類に変更した画像とヒストグラムを図2.10に示す．j1とj2をうまく調整すれば，理想的な変換ができることがわかる．

2.5 画素値の分布に基づく階調変換の自動化

　前節までは，人間がヒストグラムと処理画像を観察してブライトネスとコントラストを手動で調整していた．本節では，画素値から計算した統計量に基づいて，自動的にブライトネスとコントラストを調整する方法を示す．

　ブライトネスとコントラストを調整する階調変換では，画素値がダイナミックレンジ（0〜1）の外になるべく出ないようにしつつ，画素値の偏差を大きくする必要がある．そこで，自動調整の目標を，次のように設定する．

- 画素値の平均が，ダイナミックレンジの中央にあたる0.5になるようにする．
- 画素値の標準偏差が，ダイナミックレンジの1/4の広さである0.25になるように変換する．

　この目標どおりに変換されると，図2.11のように，画素値のほとんどはダイナミックレンジの中に収まる．このため，ダイナミックレンジを超えた画素値は0や1に置き換えられるが，その数は少なくて済む．なお，正規分布する確率変数の場合には，理論的に，全データ中の約95%がこの範囲内に収まることが知られている．

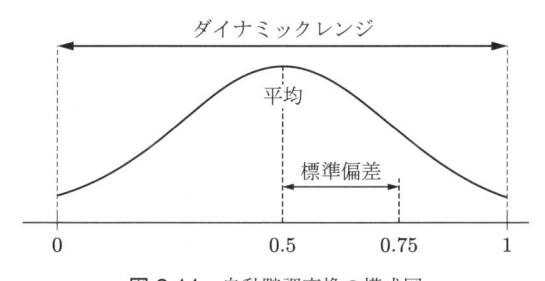

図2.11 自動階調変換の模式図

上記の目標は，以下の手順で計算することで達成できる．

1	各画素値から平均値を引き，平均値を0にする．
2	各画素値を (0.25/標準偏差) 倍することで，標準偏差を0.25にする．
3	各画素値に0.5を加え，平均値を0.5にする．
4	画素値を0〜1に収める．

　この処理を行うスクリプトは，スクリプト2.2の中心部分である行3を次のように変

更すればよい（サンプルスクリプト 2.s3.R 参照）．

```
im2 <- (im1-mean(im1))*0.25/sd(as.vector(im1))+0.5
```

ここで，関数 sd は，R に備わっている，標準偏差を求める関数である．
処理結果を図 2.12 に示す．

 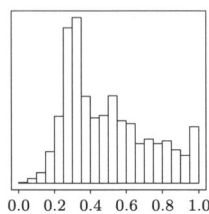

図 2.12　自動処理による変換

◀ Column　R のバージョンと関数 sd ▶

R のバージョンに関連する点について触れておく．プログラミング上の細かな点なので読み飛ばしても差し支えない．スクリプト中に sd(as.vector(im1)) という記述がある．画像 im1 に含まれる画素値の標準偏差を求める部分である．標準偏差を求める R の標準関数 sd を，sd(im1) ではなく sd(as.vector(im1)) にしている理由は，R のバージョンが 3.0.0 (2013-04-03) より前のものにおいて，関数 sd の引数に行列を与えると，列ごとの標準偏差が返された．そこで，as.vector(im1) によって，行列をベクトルに変換して sd に渡すことにより，行列全体の標準偏差を計算している．バージョン 3.0.0 以降であれば，sd(im1) としても正常に動作する．どちらのバージョンでも動作するように，sd(as.vector(im1)) とした．

◀ Column　標準偏差の復習 ▶

標準偏差とは，データのばらつきを表す統計量である．すべてのデータが平均値に等しければ，標準偏差は 0 となる．

データ x_i の標準偏差 σ を求める式は，次の式である．ここで，$\overline{x}$ はデータ x_i の平均を表す．

$$\sigma = \sqrt{\frac{1}{n-1}\sum_{i=1}^{n}(x_i - \overline{x})^2}$$

平均 0，標準偏差 1 で正規分布する確率変数のヒストグラム（確率密度）は，図 2.13 のようになり，確率変数の値が，$-\sigma$ から $+\sigma$ の範囲に入る確率は 0.68 である．-2σ から $+2\sigma$ の範囲に入る確率は 0.95 で，-3σ から $+3\sigma$ の範囲に入る確率は 0.997 である．

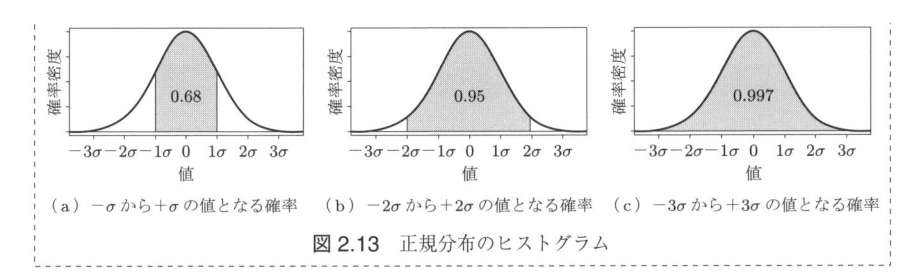

(a) $-\sigma$ から $+\sigma$ の値となる確率　　（b）-2σ から $+2\sigma$ の値となる確率　　（c）-3σ から $+3\sigma$ の値となる確率

図 2.13 正規分布のヒストグラム

2.6 色調変換

　これまでにみてきた，モノクロ画像をみやすくする処理である階調変換に対して，カラー画像をみやすくする処理を**色調変換**という．

　入力画像の1画素から対応する出力画像の1画素が得られることや，ヒストグラムによる視覚化の有効性という点では，階調変換と同じである．しかし，モノクロ画像では画像データを2次元の行列に格納するのに対し，カラー画像では画像データを3次元の配列に格納するので，その分，処理や視覚化は複雑になる．また，色調を変換する際はRGB色空間よりもHSI色空間で処理するべきなので，1.7節で解説した色空間の変換も行う必要がある．

　色調変換では，明度，彩度，色相の何を変更するかをまず決める．たとえば，明度を調整するのであれば，各画素に対してI成分を変更すればよく，この処理は，階調変換での画素値の変更とほぼ同じである．ただし，明度，彩度，色相の何をどれだけ調整すべきかは，主観によるところが大きい．本章では，第1章で定義したRGB色空間をHSI色空間に変換する関数 `rgb2hsi`, `hsi2rgb` が定義されていることを前提として，図2.14のcouple画像を用いた色調変換の実践例を述べる．

図 2.14 couple画像（口絵5参照）

　図 2.14 の原画像は全体的に暗いので，明度を調整したい．また，全体的に赤みがかっているので，色相を調整し，色成分の偏りをなくしたい．本節ではこれらの色調変換処理を順番に行っていく．

　なお，本節の説明するスクリプトは，サンプルスクリプト 2.s4.R にまとめている．

▶▶▶ 明度の変換

　まず，明度を上昇させる処理を行う．明度を上昇させるために，RGB 色空間から HSI 色空間に変換して，I 成分に対して定数を加算する．定数としてここでは 0.09 を用いる．

　3 次元配列 im1 に原画像の画素値が入っているとする．次のスクリプトにより，HSI 色空間で明度を上昇させた後に RGB 色空間に変換した，3 次元配列 im2 を得ることができる．結果は図 2.15 のようになる．

```
im2 <- rgb2hsi(im1)                # HSI 色空間に変換
im3 <- im2[,,'I'] + 0.09           # I 成分の全画素に 0.09 を加算し，行列を im3 に格納
im3[im3>1] <- 1; im3[im3<0] <- 0   # I 成分 0 から 1 の範囲に制限
im2[,,'I'] <- im3                  # I 成分を 3 次元配列 im2 に戻す
im2 <- hsi2rgb(im2)                # HSI から RGB に変換して im2 に格納
```

図 2.15　明度強調処理（口絵 6 参照）

▶▶▶ 彩度の変換

　明度を変換した画像をみると，明るくなってみやすくなったものの，彩度が強すぎて，ぎらぎらした感じが目立つ．そこで，彩度を弱める色調変換処理を行う．彩度を下げるには，HSI 色空間の S 成分を減少させればよい．そこで，先に明度を上昇させた画像の彩度を半分に減少させる．変換前の HSI 色空間の 3 次元配列が変数 im2 に入っているとして，彩度を変換してから RGB 色空間の 3 次元配列を得るには，次のスクリプトを実行すればよい．処理画像を図 2.16 に示す．

```
im2[,,'S'] <- im2[,,'S'] /2   # 彩度を半分にする
im2 <- hsi2rgb(im2)           # HSI から RGB に変換して im2 に格納
```

図 2.16 彩度減少処理（口絵 7 参照）

▶▶▶ 色相の変換

次は，色相を変換する処理である．HSI 色空間で，先の I, S 成分の変更に加えて，H
成分（色相成分）を変更する．原画像では赤成分が狭い範囲に密集しているため，色相
成分の範囲を広げる必要がある．具体的には，H 値が $0°$〜$80°$，$320°$〜$360°$ の赤色の
画素の H 値を 2 倍し，H 値の範囲を $0°$〜$160°$，$280°$〜$360°$ に広げる．逆に，もともと
$80°$〜$320°$ の H 値をとっていた画素は，H 値の範囲を $160°$〜$280°$ に狭める．変換の関
係をグラフで示すと，図 2.17(a) のようになる．以下にスクリプトを示す．処理画像は
図 (b) のようになる．ソファや花をみると，赤系統の色が緑系統の色に変化しているの
がわかる．

```
im3 <- im2  # HSI 画像 im2 をコピー
im3[,,'H'] <- ifelse(im3[,,'H']>=0 & im3[,,'H']<80,
                2 * im3[,,'H'],   # H が 80 未満のとき，H を 2 倍する
                ifelse(im3[,,'H']>=80 & im3[,,'H']<320,
                  (280-160)/(320-80) * (im3[,,'H']-80)+160,
       # H が 80 以上 320 未満のときの H の線形変換，H が 80 なら 160，320 なら 280 となる対応
                  (360-280)/(360-320) * (im3[,,'H']-320)+280))
       # H が 320 以上のときの H の変形変換，H が 320 なら 280，360 なら 360 となる対応
```

変換の前後で色相がどれだけ変わったか，以下のスクリプトを実行することで，ヒス
トグラムで確認できる．

```
dev.new(width=4,height=4); hist(im2[,'H'],ylim=c(0,12000),las=1)  # 変換前
dev.new(width=4,height=4); hist(im3[,'H'],ylim=c(0,12000),las=1)  # 変換後
```

結果は図 2.18 のようになり，変換前では色相 $0°$ と $360°$ 付近の赤色成分の画素数が

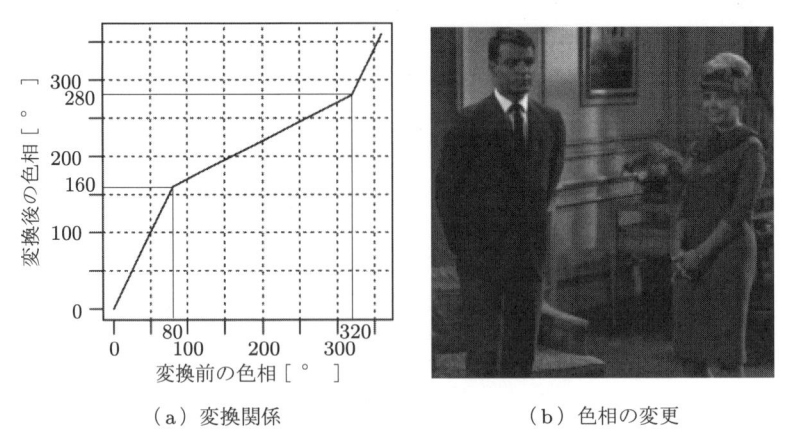

（a）変換関係　　　　　　　　　（b）色相の変更

図 2.17　色相変更処理（赤に密集した色相を広げる）（口絵 8 参照）

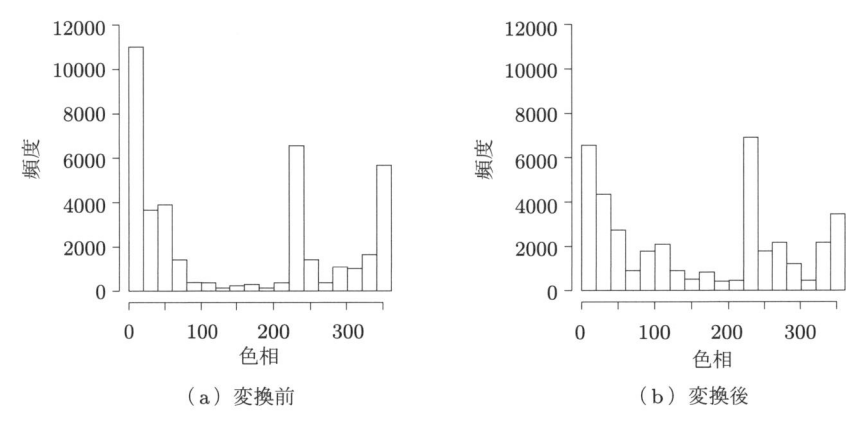

（a）変換前　　　　　　　　　（b）変換後

図 2.18　色相のヒストグラムの変化

多いのに対し，変換後にはそれが減少し，100° 付近の緑色成分の画素が増えているのが
わかる．

　ちなみに，図 2.17(a) で示した変換関数は，次のスクリプトで描画できる．

```
x<-0:79  # x 座標 0,1,...,79 を考える
dev.new(width=4,height=4); par(mai=c(0.4,0.4,0.1,0.1))
plot(x=x, y=2*x, ty='l', xlim=c(0,360),ylim=c(0,360),xlab='',ylab='')
  # y = 2x をプロット
abline(v=seq(50,350,50),h=seq(50,350,50),lty=3)   # グリッド線を描画
x<-80:319  # x 座標 80,81,...,319 を考える
lines(x=x, y=(280-160)/(320-80)*(x-80)+160,ty='l')
  # y = (280-160)/(320-80) (x-80) + 160 を先のグラフに重ねてプロット
x<-320:360  # x 座標 320,321,...,360 を考える
lines(x=x, y=(360-280)/(360-320)*(x-320)+280,ty='l')
  # y = (360-280)/(360-320) (x-320) + 280 を先のグラフに重ねてプロット
```

▶▶ RGB 色空間で色調変換してはいけない理由

通常，もとの画像は RGB 色空間で表現されている．このため色調変換は，RGB 色空間から HSI 色空間に変換して，明度成分である I 成分に対してのみ値を上昇させ（定数を加算する），H 成分と S 成分は変化させないようにすべきである．では，もし，HSI 色空間に変換せず，RGB の各成分に定数を加算するとどうなるだろうか．

図 2.19 に示すように，もとの色を暗い赤として R = 0.5，G = 0，B = 0 とする．階調変換では，ブライトネスを上昇させる際に画素値に定数を加算する．それにならって，カラー画像の RGB の各成分に定数 0.5 を加算する．すると，図のように R = 1.0，G = 0.5，B = 0.5 となり，明度は上昇するものの，副次作用として彩度が低下してしまう．それに対して，HSI ベースの処理においては I 成分のみ上昇させているため，図に示すように彩度が低下することなく明度が上昇する．両者の色を比べると，はっきりと違いがわかる．

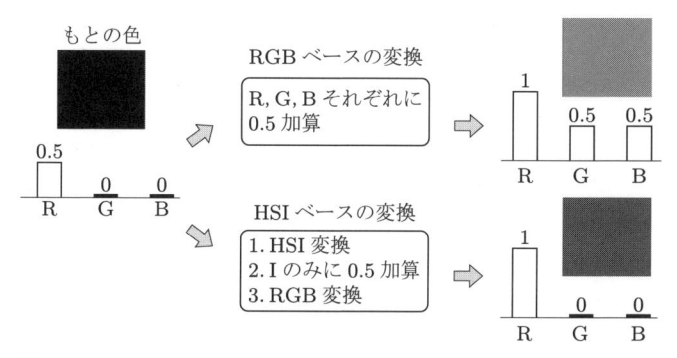

図 2.19 RGB ベースおよび HSI ベースの明度上昇処理（口絵 9 参照）

空間フィルタ

　空間フィルタとは，画像を滑らかにしたり，輪郭線を強調して画像をくっきりさせるといった，画像をみやすくする処理のことである．輪郭線を抽出して，物体の形状をコンピュータに認識させる際の前処理としても頻繁に使われる．

　処理のメカニズムを前章の階調処理と比較すると，階調処理では，出力画像の 1 画素を得るのに入力画像の対応する 1 画素のみから計算されるのに対して，空間フィルタでは，周辺の数画素を用いて計算する点が大きく異なる．

　本章では，空間フィルタの中で基本的な線形空間フィルタと，その発展型である非線形フィルタの中の代表的かつメカニズムが単純なものをいくつか扱う．

　応用面の観点でみれば，画像をみやすくするための処理であるスムージングや鮮鋭化，画像認識や画像計測の前処理である輪郭線の抽出を扱う．

3.1　空間フィルタの分類

　第 2 章でみた階調変換は，一つひとつの画素値を個別に変換する処理だった．これに対し，各画素値を変換するために，その周辺の画素も用いて計算するような処理を，**空間フィルタ**とよぶ．

　空間フィルタは，**線形空間フィルタ**と**非線形空間フィルタ**に大別される．

　線形空間フィルタは，横 $M \times$ 縦 N 画素の入力画像の画素値 $f_{y,x}$ $(y = 1, 2, ..., N,\ x = 1, 2, ..., M)$ と出力画像の画素値 $g_{y,x}$ $(y = 1, 2, ..., N,\ x = 1, 2, ..., M)$ に対して，

$$g_{y,x} = \sum_{t=-b}^{b} \sum_{s=-a}^{a} w_{t,s} f_{y+t,x+s} \tag{3.1}$$

という式が成り立つような処理のことである．ここで，$w_{t,s}$ $(t = -b, ..., b,\ s = -a, ..., a)$ は，フィルタの特性を決める**重み係数**である．出力画像のどの画素値を計算する際も，この重み係数は変化しない．

　式 (3.1) のように入力画像の画素に重み係数をかけて総和を求める演算は，数学的には線形結合とよばれる．このことが，線形空間フィルタという名前の由来にもなって

いる．また，この式のような計算によって出力画像を求めることを，**フィルタリング**という．

例として，w の大きさが 3 行 3 列，すなわち，$a = b = 1$ の場合の空間フィルタを，図 3.1 に示す．出力画像の 1 画素を求めるのに，入力画像の対応する画素とその周辺の画素を使っている様子がわかる．1 画素右側の出力画素を得るときは，入力画像内の使用される画素が，全体的に 1 画素右にずれる．このように，計算に使用する領域（画素）を移動させながら線形結合を行って出力を求める演算を，**畳み込み演算**という．

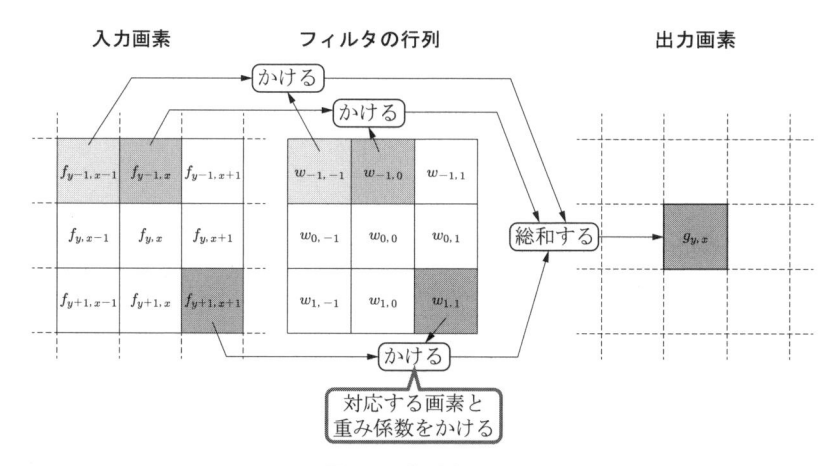

図 3.1 線形空間処理

通常，w を行列 W で表現する．上記の w の場合，次のように表現される．

$$
W = \begin{pmatrix}
w_{-1,-1} & w_{-1,0} & w_{-1,1} \\
w_{0,-1} & w_{0,0} & w_{0,1} \\
w_{1,-1} & w_{1,0} & w_{1,1}
\end{pmatrix}
$$

この行列の値によって，空間フィルタの性質が決まる．

上記の線形空間フィルタに対し，重み係数による線形結合として計算できないようなフィルタのことを，非線形空間フィルタとよぶ．

3.2 スムージングフィルタ

フィルタの重み係数の値がすべて等しく，$w_{t,s} = 1/9$ $(t = -1, 0, 1,\ s = -1, 0, 1)$ の場合，この線形空間フィルタは，画像を滑らかにする特性をもち，**スムージングフィルタ**とよばれる（図 3.2）．画素値が急激に変化する箇所を**エッジ**というが，スムージング

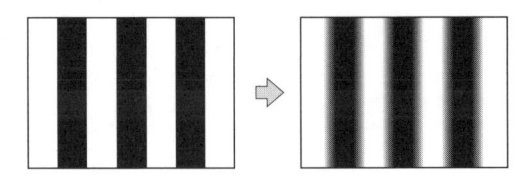

図 3.2　スムージングフィルタのイメージ

フィルタは，急峻なエッジをゆるやかにする処理ともいえる．

3.2.1 ▶ 動作を 1 次元波形で確認する

　スムージングフィルタの動作原理を理解するために，まず，山の形をした波形の 1 次元データ（図 3.3 の f）を用いて簡易的な計算を行おう．フィルタの重み係数を $(w_{-1}, w_0, w_1) = (1/3, 1/3, 1/3)$ とし，原波形である入力データ f を

$$(f_1, f_2, f_3, f_4, f_5, f_6, f_7, f_8, f_9) = (0, 0, 0, 1, 1, 1, 0, 0, 0)$$

とする．入力データには，0 から 1 に急激に上昇する箇所と，1 から 0 に急激に下降する箇所，つまりエッジがある．

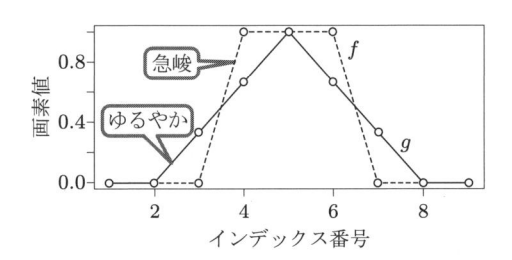

図 3.3　原波形とスムージング波形

　1 次元版のフィルタリング

$$g_x = \sum_{s=-1}^{1} w_s f_{x+s}$$

を行い，$g_x\ (x = 1, ..., 9)$ を手計算で求めよう．なお，g_1，g_9 は領域外の入力データを必要とするため計算できないので 0 とする．$g_2 \sim g_8$ は，以下のようになる．

$$g_2 = \frac{1}{3} \times 0 + \frac{1}{3} \times 0 + \frac{1}{3} \times 0 = 0, \qquad g_3 = \frac{1}{3} \times 0 + \frac{1}{3} \times 0 + \frac{1}{3} \times 1 = \frac{1}{3}$$

$$g_4 = \frac{1}{3} \times 0 + \frac{1}{3} \times 1 + \frac{1}{3} \times 1 = \frac{2}{3}, \qquad g_5 = \frac{1}{3} \times 1 + \frac{1}{3} \times 1 + \frac{1}{3} \times 1 = 1$$

$$g_6 = \frac{1}{3} \times 1 + \frac{1}{3} \times 1 + \frac{1}{3} \times 0 = \frac{2}{3}, \qquad g_7 = \frac{1}{3} \times 1 + \frac{1}{3} \times 0 + \frac{1}{3} \times 0 = \frac{1}{3}$$

$$g_8 = \frac{1}{3} \times 0 + \frac{1}{3} \times 0 + \frac{1}{3} \times 0 = 0$$

以上の結果をグラフにすると，図 3.3 の g のようになる．f でみられたエッジがなだらかな傾斜に変わったのがわかる．

3.2.2 ▶ 処理方法

次に，スムージングフィルタの実装を行う．スムージングフィルタは，各画素について，それ自身の画素値と周囲の画素値の総和を求め，1/9 する処理であるといえる．この処理をすべての画素で実行すれば，処理が完了する．この処理は次のスクリプトで実行できる．

スクリプト 3.1　画素ごとの演算（低速処理）　　　　　　　　　　▶ 3.1.R

```
1   # 画像がim1 に入っている. 処理結果を im2 に入れる
2   im2 <- matrix(0, nrow(im1), ncol(im1))   # im1 と同じ大きさの行列 im2 を作成して初期化
3   for(j in 2:(ncol(im1)-1)){        # 列について 2から (列数-1)までループ
4     for(jj in 2:(nrow(im1)-1)){   # 行についてループ
5       im2[j,jj] <-   # im2[j,jj]の周囲 3×3領域の画素を総和して 9で割り平均値を求める
6         (im1[j-1,jj-1]+im1[j,jj-1]+im1[(j+1),jj-1]+
7          im1[j-1,jj]  +im1[j,jj]  +im1[(j+1),jj]+
8          im1[j-1,jj+1]+im1[j,jj+1]+im1[(j+1),jj+1])/9
9     }
10  }
```

結果は図 3.4 のようになる．原画像と大きな違いはないが，拡大すると少し滑らかになっているのがわかる．

上記のスクリプトのように画素ごとに計算を行うと，非常に時間がかかる．しかし，図 3.5 のように，画像全体を縦横に 9 種類のパターンで移動させて，その後で画素ごとに総和を求めて 1/9 するという処理にすれば，行列演算を使えるため[†]，高速化させることができる．つまり，1.6.2 項のスクリプト 1.5 でしたような，行列の加算に基づいた計算を行うのである．

このスクリプトを以下に示す．結果はスクリプト 3.1 と同じだが，処理時間が短くなることが実感できるだろう．

---

† 行列演算やベクトル演算は，R 内部で C 言語を使って高速に実行されるように実装されている．for ループで 1 画素ごとに繰り返し演算を行うと，この高速な行列演算を利用できない．

（a）原画像　　　　　　　　　　　　（b）スムージング画像

図 3.4　スムージング画像と拡大画像

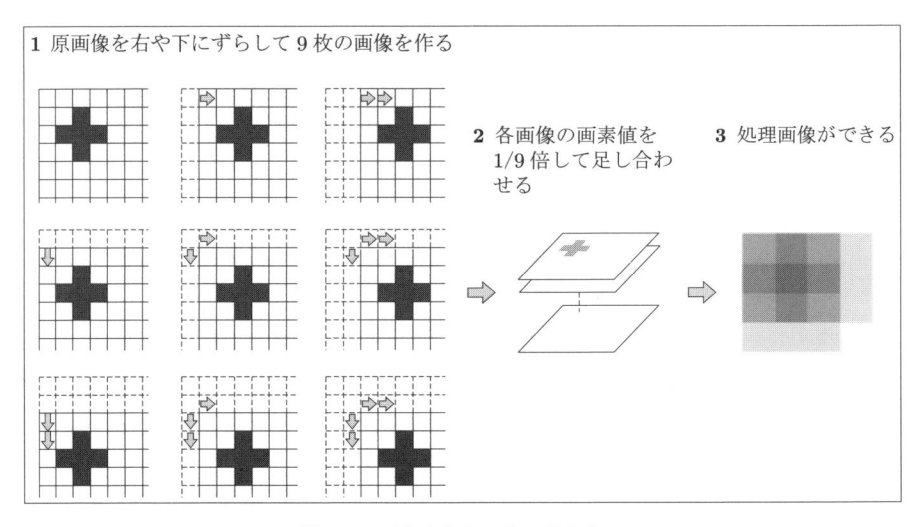

1 原画像を右や下にずらして9枚の画像を作る

2 各画像の画素値を 1/9 倍して足し合わせる

3 処理画像ができる

図 3.5　画像全体を一度に計算する

スクリプト 3.2　行列の加算に基づく高速処理　　　　　　　　　▶ 3.2.R

```
1  # 画像がim1に入っている．処理結果をim2に入れる
2  im2 <- matrix(0, nrow(im1), ncol(im1))
3  for(j in -1:1){
4    for(jj in -1:1){
5      # 画像を上下左右にずらして加算する
6      im2[2:(nrow(im1)-1),2:(nrow(im1)-1)] <-
7        im2[2:(nrow(im1)-1),2:(nrow(im1)-1)] +
8          im1[(2+jj):(nrow(im1)-1+jj),(2+j):(nrow(im1)-1+j)]
9    }
10  }
11  im2 <- im2/9
```

　次節以降のフィルタでも，行列加算による高速処理が可能な場合は，その処理に基づいたスクリプトを示す．

　スムージングフィルタ処理は，1 回しただけでは十分に滑らかにならない場合がある．このような場合は，フィルタ処理を繰り返し行うことで滑らかにできるが，毎回スクリプト 3.1 や 3.2 を実行するのは面倒である．そこで，高速処理版であるスクリプト 3.2 を関数化しよう．

```
filt(im1)
# im1 ： 画素値の入った行列
# 関数値 ： 処理結果の画像の入った行列（0 から 1 までの値）
```

という関数 filt を定義し，スムージングフィルタ処理を 1 回行った画像と，20 回繰り返し行った画像を作成するスクリプトを実装し，両者の違いをみてみよう．

　関数定義はスクリプトで実行できる．

スクリプト 3.3　関数定義 filt ▶ 3.3.R

```
1   ## 関数filtの定義
2   filt <- function(im1){
3     ## 高速処理で3×3のスムージングフィルタを実行する
4     ## im1: 画像の入った行列
5     ## 関数値: スムージングされた画像の行列
6     im2 <- matrix(0, nrow(im1), ncol(im1))
7     for(j in -1:1){
8       for(jj in -1:1){
9         # 画像を上下左右にずらして加算する
10        im2[2:(nrow(im1)-1),2:(nrow(im1)-1)] <-
11          im2[2:(nrow(im1)-1),2:(nrow(im1)-1)] +
12          im1[(2+jj):(nrow(im1)-1+jj),(2+j):(nrow(im1)-1+j)]
13      }
14    }
15    im2/9  # 9で割って平均値を得る.この行列を関数値として返す
16  }
```

関数 filt を読み込んだ後で

```
im2 <- filt(im1)
```

とすれば，スムージングを行った画像が im2 に入る．また，

```
im3 <- im1
for(j in 1:20) im3 <- filt(im3)
```

とすれば，スムージングを 20 回行った画像が im3 に入る．

　原画像，スムージングを 1 回行って得た処理画像，20 回行って得た処理画像の 3 画像を図 3.6 に示す．20 回スムージングを行うと，非常に滑らかな画像になることが一目

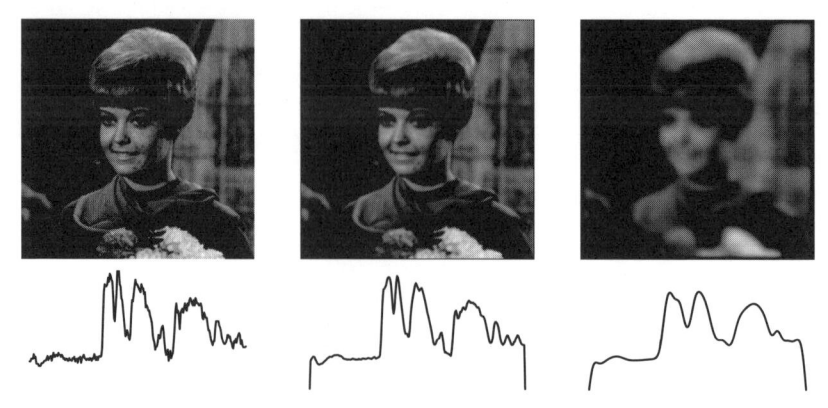

　（a）原画像　　　　　　（b）1回のスムージング画像　（c）20回のスムージング画像

図3.6　スムージング処理の繰り返しとプロファイル曲線

でわかるが，1回のスムージングでは，原画像との画質の違いがわかりにくい．このようなときは，ある直線に沿って，画素値の大きさをプロットしたカーブでグラフ化するとわかりやすい．このカーブを**プロファイル曲線**とよぶ．同図に，画像中央の水平線に沿ったプロファイル曲線をあわせて表示している．この曲線を表示するスクリプトは，単に行数を中央に指定して画素値をグラフ表示するだけでよく，

```
plot(im1[nrow(im1)/2,], ylim=c(0,1), ty='l', main='',
        xlab='',ylab='',xaxt='n',yaxt='n')
```

で実行できる．

3.3　スムージングフィルタの応用：アンシャープマスキングによるエッジ強調処理

　スムージングとは逆に，画像を鮮鋭化することを**エッジ強調**という．このエッジ強調処理には，**アンシャープマスキング**という方法がある．これは，原画像からアンシャープ，すなわち，ぼけた画像を作成し，原画像から差し引くことによって，鮮鋭な（シャープな）画像にする手法である．この原理を図3.7に示す．

　以下の手順沿って，画像処理を行う．

1　前節で作成した関数 filt を 20 回繰り返すことによって，ぼけた画像を作成する．
2　原画像からぼけた画像の定数倍を差し引く．
3　2.5 節でみた画素値の分布に基づく自動階調変換を用いて，コントラストとブライトネスをみやすく調整するための階調処理を行う．

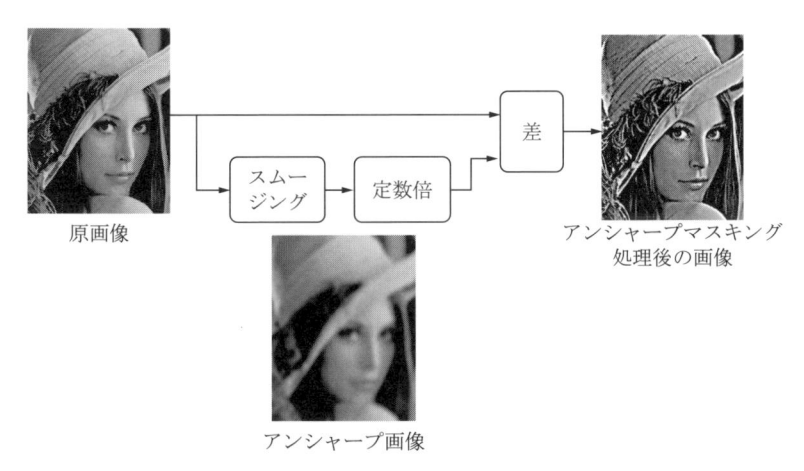

図 3.7　アンシャープマスキングの原理

　アンシャープマスキングは次のスクリプトで実行できる．手順 2 の定数として 0.4 倍，0.7 倍の 2 種類を試す．定数が大きいほど鮮鋭化の程度が大きい．結果は図 3.8 のようになる．鮮鋭な画像が得られ，みやすくなっている．

スクリプト 3.4　アンシャープマスキングによるエッジ強調処理　　　　　▶ 3.4.R

```
 1  # 関数filt が読み込まれている．画像が im1 に入っている．処理結果を im3, im4 に入れる
 2  im2 <- im1                        # im2 にコピー
 3  for(j in 1:20) im2 <- filt(im2)   # im2 を 20 回スムージングし，im2 に上書きする
 4
 5  ## 定数を 0.4倍に設定して，鮮鋭画像im3 作成
 6  im3 <- im1 - 0.4*im2   # 原画像 - 0.4× スムージング画像
 7  im3 <- (im3-mean(im3))/sd(as.vector(im3))/4+0.5
 8     # 自動階調変換 (2章のアルゴリズムに従って平均と標準偏差を自動調整)
 9  im3[im3<0] <- 0         # 0以下の画素を 0に制限
10  im3[im3>1] <- 1         # 1以上の画素を 1に制限
11
12  ## 定数 0.7倍に設定して，鮮鋭画像im4 作成
13  im4 <- im1 - 0.7*im2   # 原画像 - 0.7× スムージング画像
14  im4 <- (im4-mean(im4))/sd(as.vector(im4))/4+0.5
15  im4[im4<0] <- 0
16  im4[im4>1] <- 1
```

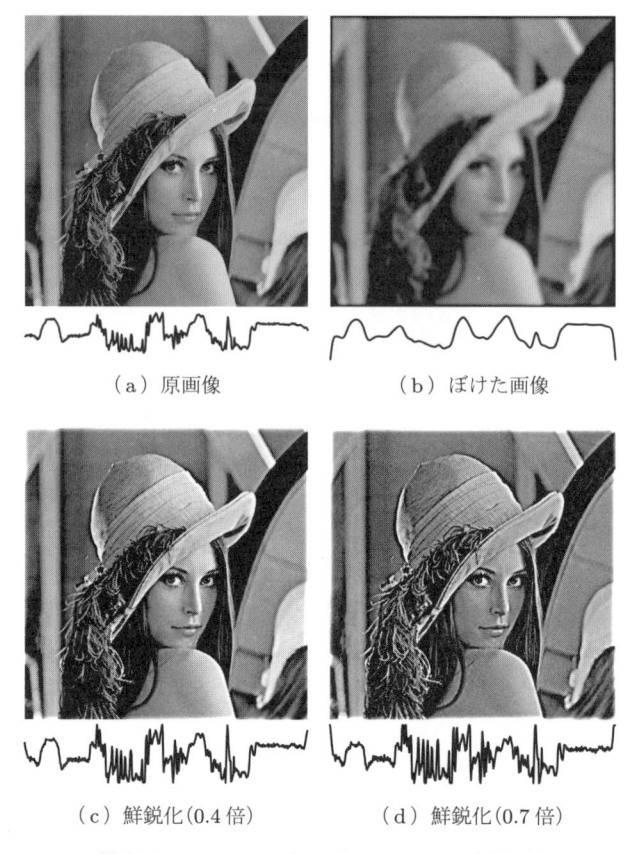

（a）原画像　　　　　　　　　　（b）ぼけた画像

（c）鮮鋭化(0.4倍)　　　　　　　（d）鮮鋭化(0.7倍)

図 3.8　アンシャープマスキングによる画像処理

▶▶ カラー画像のスムージングフィルタ

　次に，カラー画像のスムージングフィルタ処理を行おう．スムージングフィルタに限らず，画像を滑らかにしたりくっきりさせるような処理は明度に関する処理であり，色相と彩度で決まる色合いを変える処理ではない．このため，前章の色調変換と同様に，RGB 色空間から HSI 色空間に変換して処理する必要がある．

　実際の処理は，1.7 節で紹介した関数 rgb2hsi と hsi2rgb を利用して，次の手順で行う．

1　関数 rgb2hsi により RGB 色空間の画像を HSI 色空間に変換する．
2　明度 I 成分に対して，スクリプト 3.4 と同様のエッジ強調処理を行い，色相 H 成分と彩度 S 成分は何も変えない．
3　関数 hsi2rgb により HSI 色空間から RGB 色空間に再び戻す．

この処理は次のスクリプトで実行できる．なお，スクリプト 3.4 で行った，ぼけた画像を差し引く際の定数は，0.4 の 1 種類としている．結果は図 3.9 のようになる．

スクリプト 3.5　アンシャープマスキングによるエッジ強調処理（カラー版）　▶3.5.R

```
1   # 関数rgb2hsi, hsi2rgb を読み込んでいる
2   # カラー画像がim0 に入っている．処理結果を im4 に入れる
3   im4 <- rgb2hsi(im0)    # 色空間をRGB から HSI に変換する
4   im1 <- im4[,,'I']      # I 成分（明るさ）を im1 にコピーする
5   im2 <- im1             # 行 5～10はスクリプト 3.4と同様
6   for(j in 1:20) im2 <- filt(im2)
7   im3 <- im1 - 0.4*im2
8   im3 <- (im3-mean(im3))/sd(as.vector(im3))/4+0.5
9   im3[im3<0] <- 0
10  im3[im3>1] <- 1
11  im4[,,'I'] <- im3      # 鮮鋭画像をHSI 画像の I 成分に格納
12  im4 <- hsi2rgb(im4)    # 色空間をHSI から RGB に戻す
```

（a）原画像　　　　　　（b）鮮鋭画像

図 3.9　アンシャープマスキングによる画像処理（カラー版）（口絵 10 参照）

▶▶ RGB 色空間でエッジ強調処理を行ってはいけない理由

ところで，RGB 色空間のまま，R，G，B の各成分に対して空間フィルタ処理を行うとどうなるだろうか．カラー版の lena 画像を HSI ベースと RGB ベースでエッジ強調処理し，比較してみよう．ただし，違いをみやすくするために，エッジ強調フィルタの重み係数は

$$W = \begin{pmatrix} 0 & -1 & 0 \\ -1 & 5 & -1 \\ 0 & -1 & 0 \end{pmatrix}$$

とする．また，この処理により画素値の R，G，B 値が 0 から 1 の範囲外になった画素は，原画像，HSI ベースの処理画像，RGB ベースの処理画像のすべてについて，その

画素を黒画素にする．なぜなら，これらの画素に対して，近似的な色を割り当ててしまうと，色の微妙な変化を問題とする説明の趣旨に反するからである．

　HSI ベースと RGB ベースのエッジ強調処理は次のスクリプトで実行できる．なお，フィルタの重み係数 W をかける処理には，3.5 節のスクリプト 3.9 で定義する関数 filt2 を使っている．引数に画像の行列と重み係数を入れることで，フィルタ処理が実行される．

スクリプト 3.6　HSI ベースと RGB ベースのフィルタ処理の違い　　　　　▶ 3.6.R

```
 1  # スクリプト 3.9 の関数 filt2 を読み込んでいる. カラー画像が im1 に入っている
 2  # HSI ベースの処理画像が im4 に, RGB ベースの処理画像 im5 に入る
 3  w1 <- matrix(c( 0,  -1,   0,   # エッジ強調フィルタの重み係数
 4                 -1,   5,  -1,
 5                  0,  -1,   0), 3, 3, byrow=T)
 6
 7  ##  HSI ベースのフィルタ処理
 8  im2 <- rgb2hsi(im1)              # RGB 色空間から HSI 色空間へ変換
 9  im3 <- im2[,,'I']               # I(明度)成分を行列 im3 へコピー
10  im4 <- im2                      # 原画像 (HSI)を im4 へコピー
11  im4[,,'I'] <- filt2(im3, w1)    # im3 の I 成分をフィルタ処理
12  im4 <- hsi2rgb(im4)             # im4 を HSI から RGB へ変換
13
14  ##  RGB ベースのフィルタ処理
15  im5 <- im1                      # 原画像 (RGB)を im5 へコピー(3次元配列の領域を確保)
16  im5[,,'R'] <- filt2(im1[,,'R'], w1)  # R 成分をフィルタ処理し im5 の R 成分へ格納
17  im5[,,'G'] <- filt2(im1[,,'G'], w1)  # G 成分の処理
18  im5[,,'B'] <- filt2(im1[,,'B'], w1)  # B 成分の処理
19
20  ## im4, im5 の R,G,B 値が 0〜1 の範囲外となる画素を im1 も含めて黒(R=G=B=0)にする
21  w3 <- im4[,,'R']<0 | im4[,,'R']>1 | im4[,,'G']<0 | im4[,,'G']>1 |
22        im4[,,'B']<0 | im4[,,'B']>1 | im5[,,'R']<0 | im5[,,'R']>1 |
23        im5[,,'G']<0 | im5[,,'G']>1 | im5[,,'B']<0 | im5[,,'B']>1
24    # 画像の縦横の大きさと同じ大きさの論理値行列 w3. TRUE=黒, FALSE=元の色
25  w2 <- im1[, , 'R']; w2[w3] <- 0; im1[, , 'R'] <- w2
26  w2 <- im1[, , 'G']; w2[w3] <- 0; im1[, , 'G'] <- w2
27  w2 <- im1[, , 'B']; w2[w3] <- 0; im1[, , 'B'] <- w2
28  w2 <- im4[, , 'R']; w2[w3] <- 0; im4[, , 'R'] <- w2
29  w2 <- im4[, , 'G']; w2[w3] <- 0; im4[, , 'G'] <- w2
30  w2 <- im4[, , 'B']; w2[w3] <- 0; im4[, , 'B'] <- w2
31  w2 <- im5[, , 'R']; w2[w3] <- 0; im5[, , 'R'] <- w2
32  w2 <- im5[, , 'G']; w2[w3] <- 0; im5[, , 'G'] <- w2
33  w2 <- im5[, , 'B']; w2[w3] <- 0; im5[, , 'B'] <- w2
```

　結果は図 3.10 のようになる．図 (b) と図 (c) では違いがわかりにくいが，帽子の帯の部分を拡大して図 (d)〜(f) に示すと，RGB ベースの処理画像では，緑，青，紫など，違和感のある色がみられる．

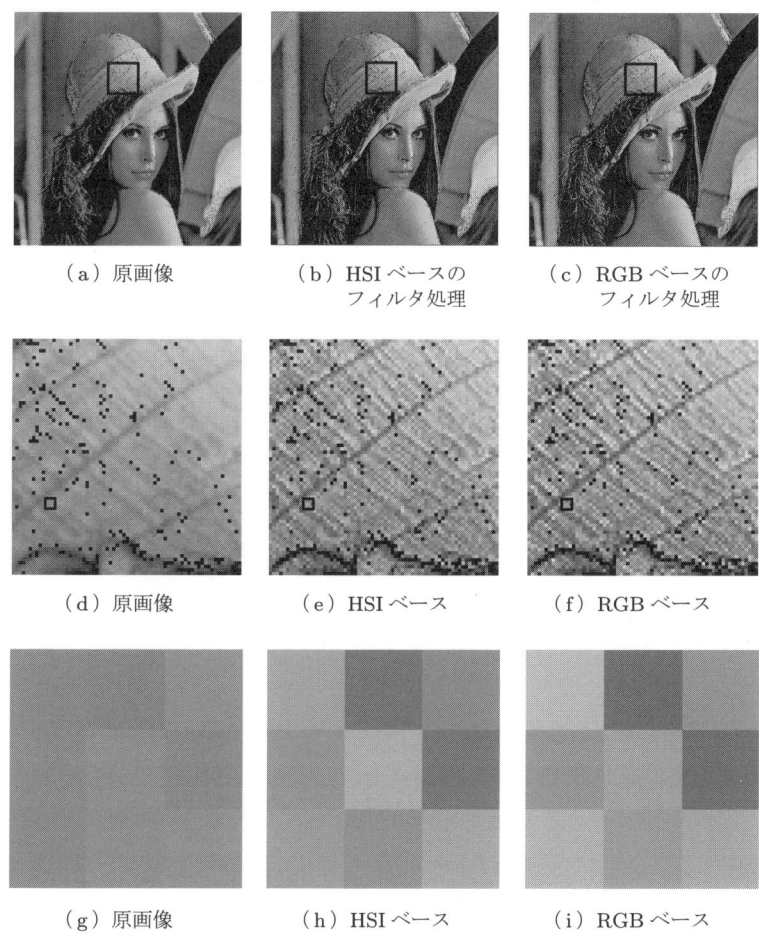

（a）原画像 　（b）HSI ベースの　（c）RGB ベースの
　　　　　　　　　フィルタ処理　　　　フィルタ処理

（d）原画像 　　（e）HSI ベース 　　（f）RGB ベース

（g）原画像 　　（h）HSI ベース 　　（i）RGB ベース

図 3.10 HSI ベースおよび RGB ベースのエッジ強調処理（口絵 11 参照）

拡大図 3.10(d)〜(f) の一部（9×9 画素）をさらに拡大したものを，図 (g)〜(i) に示す．RGB ベースで処理すると，原画像の色とはまったく異なる色になってしまう画素があるのがわかる．色合いが変わるだけでなく，偽像として線や模様が現れてしまうこともあるので，注意が必要である．

◀ Column　偽像の作成　▶

　RGB ベースの空間フィルタ処理で実際に偽像が現れるのを，簡易図形に対するエッジ強調処理で確認しよう．

　以下，図 3.11 を参照しながら説明する．フィルタとして重み係数が -1，3，-1 の 3 点からなるエッジ強調を扱う．簡単のため，入力データもフィルタも 1 次元とし，入力データはエッジをモデル化した 7 点からなるステップ状のパターンとする．ただし，

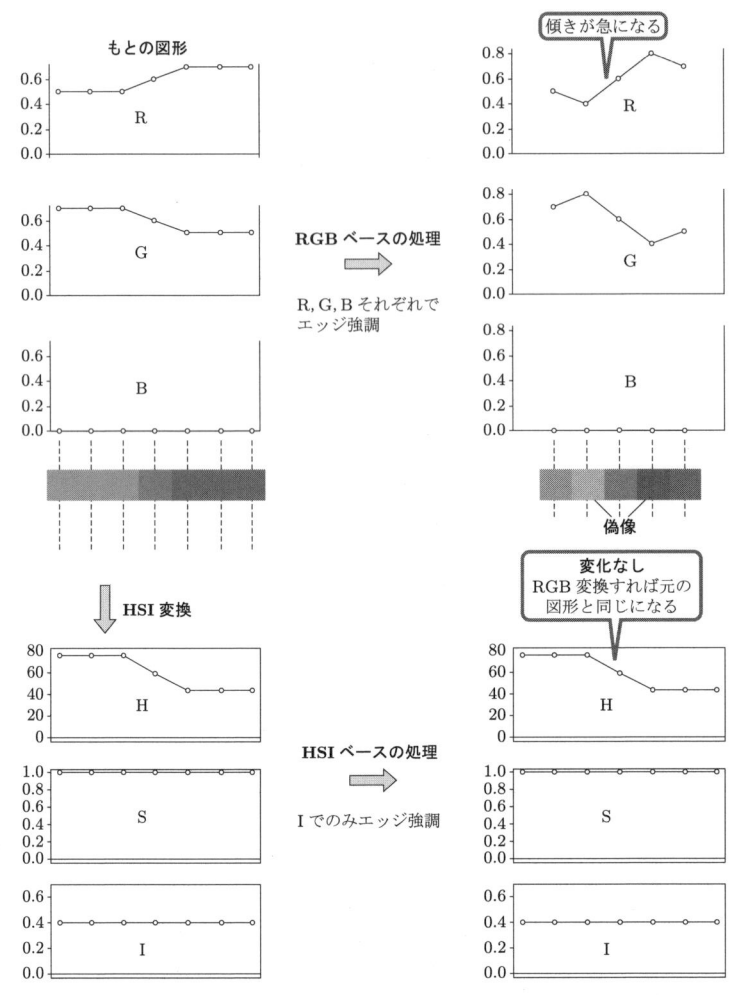

図 3.11　HSI ベースおよび RGB ベースのエッジ強調処理（口絵 12 参照）

R 成分：右上がりのステップ形状

G 成分：右下がりのステップ形状

B 成分：0

とする．色相は 3 種類に変化している．しかし，R 成分と G 成分が逆のパターンになっているため，R, G, B の平均として計算される明度（HSI 色空間の I 成分）は一定となる．このため，エッジ強調処理をしても，変化が起こらないのが望ましい．

　RGB の各成分にエッジ強調を適用すると，R 成分と G 成分が空間的に変化するパターンのため，フィルタによってステップの部分で立ち上がりが急激になるような変化が生じる．すると，同図に示すように意図しない偽像が 2 箇所に生じてしまう．

一方，HSI ベースの処理では，I 成分に対してのみフィルタ処理を行う．しかし，I 成分は変化のない一定値のため，何も強調されず，フィルタ処理後も同じ値となる．したがって，H, S, I の全成分が変化せず，RGB 色空間に戻しても入力データと完全に同じ画像が得られる．

なお，図 3.11 に示した簡易図形は，サンプルスクリプト **3.s1.R** が作成できる．

3.4 メディアンフィルタ

3.4.1 ▶ メディアンフィルタとは

ノイズを除去するフィルタとして**メディアンフィルタ**がある．通常のスムージングフィルタによってノイズ低減を図ると，輪郭線がぼけるといった副作用がある．それに対して，メディアンフィルタは輪郭線部分があまりぼけずに，それ以外の部分でノイズが除去されるという特徴をもつ．また，ごま塩状のノイズを除去するのに大きな威力を発揮する（図 3.12）．

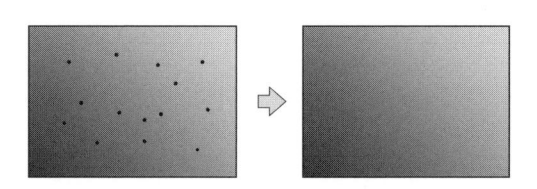

図 3.12 メディアンフィルタのイメージ

メディアンフィルタでは，入力画素とその周囲の画素に対して，メディアン（中央値）となる画素値を出力画素の画素値とする．メディアンは，異常値（極端に大きい値，あるいは，極端に小さい値）の影響を取り除く作用がある．これが，上述のノイズの除去を実現する理由である．また，メディアンをとるという計算は，重み係数の行列で表現できないので，メディアンフィルタは非線形空間フィルタである．

メディアンフィルタの原理を図で表すと図 3.13 のようになる．メディアンをとる範囲は自分で決めてよい．この図では，3×3 画素でメディアンをとっている．

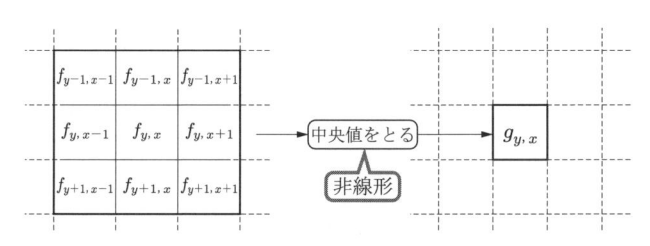

図 3.13 メディアンフィルタの原理

┌───┐

◀　Column　メディアン（中央値）　▶

　データを小さい順に並べたときの中央に位置する値をメディアン（中央値）という．10, 5, 4, 1, 3 のメディアンを求める．小さい順に並べ，中央（3 番目）の値を選ぶ．

$$\begin{array}{llllll} 順番 & 1, & 2, & 3, & 4, & 5 \\ データ & 1, & 3, & 4, & 5, & 10 \end{array}$$

メディアンは 4 である．それに対して平均値は，$(1+3+4+5+10)/5 = 4.6$ であり，両者は異なる．

　R には関数 median(データ) があり，メディアンを計算できる．

```
> median(c(10, 5, 4, 1, 3))
[1] 4
```

　9 個のデータ f_i $(i = 1, ..., 9)$ を題材にしてメディアンの性質を考える．f_i を小さい順に並べたとき，

$$1, \ 2, \ 3, \ 4, \ 5, \ 6, \ 7, \ 8, \ 9$$

であったとする．このデータのメディアンは 5 であり，平均値も

$$\frac{1+2+3+4+5+6+7+8+9}{9} = 5$$

なので 5 である．

　いま，このデータ中の最大値 9 が異常に大きく 20 であるとする．

$$1, \ 2, \ 3, \ 4, \ 5, \ 6, \ 7, \ 8, \ 20$$

ところが，メディアンは依然として 5 のままである（小さいほうから 5 番目の値）．それに対し，平均値は，

$$\frac{1+2+3+4+5+6+7+8+20}{9} = 6.2$$

となる．このように，メディアンは，異常値の影響を取り除くことができる．

　異常値を二つ，三つと増やしていくとどうなるだろうか．値 20 のデータを順に増加させて，メディアンと平均を比較すると，表 3.1 のようになる．$(1, 2, 3, 4, 20, 20, 20, 20, 20)$ から，メディアンは 20 に変化し，それ以降 20 を維持する．もはや 20 は異常に大きい値ではなく，メ

表 3.1

データ	メディアン	平均
1, 2, 3, 4, 5, 6, 7,20,20	5	7.6
1, 2, 3, 4, 5, 6,20,20,20	5	9
1, 2, 3, 4, 5,20,20,20,20	5	10.6
1, 2, 3, 4,20,20,20,20,20	20	12.2
1, 2, 3,20,20,20,20,20,20	20	14
1, 2,20,20,20,20,20,20,20	20	15.9
1,20,20,20,20,20,20,20,20	20	17.9
20,20,20,20,20,20,20,20,20	20	10

└───┘

ジャー（大多数）の値になったことを意味する．すると，1, 2, 3, 4 が異常に小さい値と判断されて無視される．

3.4.2 ▶ 動作を1次元波形で確認する

メディアンフィルタで画像処理をする前に，疑似的に作成した1次元波形で動作を確認する．1次元波形としては，図 3.14(a) のように，画像の輪郭線に対応するエッジとノイズが足し合わされたものを考える．

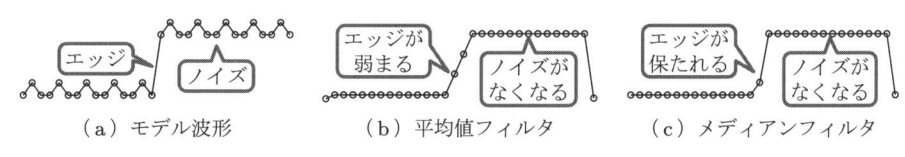

（a）モデル波形　　　　（b）平均値フィルタ　　　（c）メディアンフィルタ

図 3.14　平均値フィルタとメディアンフィルタ

メディアンフィルタでメディアンのかわりに平均値をとるフィルタを**平均値フィルタ**という．1次元波形に平均値フィルタおよびメディアンフィルタを適用して，結果を比較する．以下にスクリプトを示す．結果は図 3.14(b)，(c) のようになり，メディアンフィルタではエッジが保たれているのがわかる．

スクリプト 3.7　線形フィルタとメディアンフィルタ　　　　　　　　　▶ 3.7.R

```
 1  ## 波形の生成し，w1 に入れる
 2  w1 <- c(rep(0,15),rep(1,15)) + rep(c(0,0.2,0),10)
 3  ## 線形フィルタ，w2 に入れる
 4  w2 <- rep(0, length(w1))
 5  for(j in 2:(length(w1)-1))
 6    w2[j] <- mean(c(w1[j-1],w1[j],w1[j+1]))    # 周囲の画素との平均値をとる
 7  ## メディアンフィルタ，w3 に入れる
 8  w3 <- rep(0, length(w1))
 9  for(j in 2:(length(w1)-1))
10    w3[j] <- median(c(w1[j-1],w1[j],w1[j+1]))  # 周囲の画素とのメディアンをとる
```

3.4.3 ▶ 処理方法

lena 画像にごま塩状のノイズが加わった画像を作り，それを原画像としてメディアンフィルタを2回かけて，画質改善を行う例を示す．

ごま塩状ノイズは，一様乱数で発生させたランダムな座標位置に，縦 2 ×横 2 画素の矩形で画素値 0（黒）のごま塩を 2000 個配置することによって作成できる．以下にそのスクリプトを示す．

スクリプト 3.8　メディアンフィルタ（2 回）によるスムージング画像　　　　▶ 3.8.R

```
1   #   画像がim1 に入っている
2   ## ごま塩状ノイズを加える
3   for(j in 1:2000){
4     w1 <- round(runif(1,1,nrow(im1)))
5     w2 <- round(runif(1,1,ncol(im1)))
6     im1[(w1-1):w1, (w2-1):w2] <- 0
7   }
8   ## メディアンフィルタ, 処理結果がim2 に入る
9   median_filter <- function(im1){ #-----------------------------------
10    ## メディアンフィルタ
11    ## im1: 入力画像が入った行列
12    ## 関数値: メディアンフィルタ処理された画像の行列
13    im2 <- matrix(0, nrow(im1), ncol(im1))  # 出力画像作成（入力画像と同サイズ）
14    for(j in 3:(nrow(im1)-2)){     # 行番号のループ変数j を 3 から im1 の行数-2まで
15      for(jj in 3:(ncol(im1)-2)){  # 列番号のループ変数jj を 3 から im1 の列数-2まで
16        im2[j,jj] <-
17          median(c(im1[j,jj-2], im1[j, jj+2], im1[j-2,jj], im1[j+2,jj],
18                   im1[(j-1):(j+1), (jj-1):(jj+1)]))
19          # im1[j,jj]の周辺 13画素のメディアンを求めim2[j,jj]に格納
20      }
21    }
22    im2  # 関数値として返す
23  } # end of median_filter-------------------------------------------
24  im2 <- median_filter(median_filter(im1))  # im1 にメディアンフィルタを 2 回行う
```

　ここで行うメディアンフィルタでは，計算に用いる周辺領域を図 3.15 の 13 個の黒画素とする．このメディアンフィルタの場合，3×3 のメディアンフィルタよりも，ノイズ除去効果が強くなる．

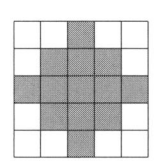

図 3.15　メディアンをとる範囲

　このフィルタでもごま塩ノイズが残るが，繰り返し 2 回行えば，図 3.16 のようにほとんどのノイズが除去される．このように，画像と目的に応じてメディアンをとる範囲やフィルタをかける回数を調整する必要はあるが，スムージングフィルタのように画像がぼけることはほとんどない．

（a）ごま塩状ノイズ （b）メディアンフィルタ

図 3.16 ごま塩状ノイズをかけた画像に対するメディアンフィルタ

3.5 ラプラシアンフィルタ

画像の輪郭線を抽出する線形空間フィルタとして，**ラプラシアンフィルタ**がある（図 3.17）．

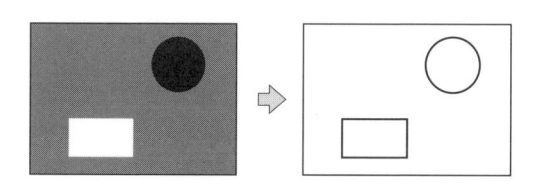

図 3.17 ラプラシアンフィルタのイメージ

このフィルタは，エッジ（輪郭）のないところで小さな値を出力し，エッジの部分で正や負の大きな値を出力する．ラプラシアンフィルタの重み係数は次の値である．

$$W = \begin{pmatrix} -1 & -1 & -1 \\ -1 & 8 & -1 \\ -1 & -1 & -1 \end{pmatrix}$$

3.5.1 ▶ 動作を 1 次元波形で確認する

ラプラシアンフィルタの動作原理を理解するために，これまで同様，山の形をした 1 次元データを用いて簡易的な計算を行ってみる．フィルタの重み係数を $(w_{-1}, w_0, w_1) = (-1, 2, -1)$ とし，入力データを 3.2.1 項の例と同じ波形

$$(f_1, f_2, f_3, f_4, f_5, f_6, f_7, f_8, f_9) = (0, 0, 0, 1, 1, 1, 0, 0, 0)$$

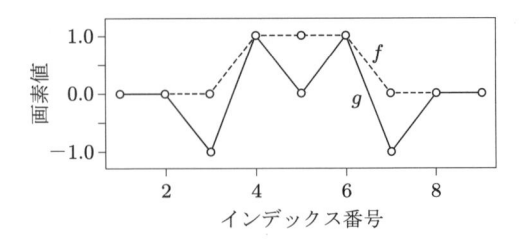

図 3.18 原波形とラプラシアンフィルタによる処理波形

とする．形状は，図 3.18 の f のようになる．入力データには，立ち上がりと立ち下がりの 2 箇所のエッジがある．

1 次元版のフィルタリング

$$g_x = \sum_{s=-1}^{1} w_s f_{x+s}$$

を行い，$g_x\ (x = 1, ..., 9)$ を手計算で求める．g_1，g_9 は領域外の入力データを必要とするため計算できない．そこで，これまでと同様に g_1，g_9 を 0 とする．g_2～g_8 は以下のようになる．

$$g_2 = -1 \times 0 + 2 \times 0 + (-1) \times 0 = 0$$
$$g_3 = -1 \times 0 + 2 \times 0 + (-1) \times 1 = -1$$
$$g_4 = -1 \times 0 + 2 \times 1 + (-1) \times 1 = 1$$
$$g_5 = -1 \times 1 + 2 \times 1 + (-1) \times 1 = 0$$
$$g_6 = -1 \times 1 + 2 \times 1 + (-1) \times 0 = 1$$
$$g_7 = -1 \times 1 + 2 \times 0 + (-1) \times 0 = -1$$
$$g_8 = -1 \times 0 + 2 \times 0 + (-1) \times 0 = 0$$

以上の結果をグラフにすると，図 3.18 の g のようになる．エッジの箇所で出力信号が正と負の大きな値に振れ，地面および山頂の平坦部分で出力信号が 0 になる．

3.5.2 ▶ 処理方法

ラプラシアンフィルタにより lena 画像の輪郭線抽出を行う．この計算では，スムージングフィルタと同様にフィルタリングを行うが，スクリプト 3.2 のような行列の加算に基づく高速処理を行う．また，このフィルタリングの部分はスクリプト内で関数 filt2 として定義し，次項以降でも使っていく．

フィルタ計算を行うと，エッジの部分の画素値は正負の値をとり，それ以外は 0 に近い値をとる．これに 0 以下の画素値を 0 にするという処理を単に行うと，負の画素値をとるエッジの一部がみえなくなるので，かわりに全画素に 0.5 を加えることにする．す

ると，灰色を中心に，黒から白にかけて変化する画像となる．なお，まれに ±1 を超える画素があるが，それらは 1 ないし −1 に制限する．これにより，エッジ部分を抽出できる．

ラプラシアンフィルタは次のスクリプトで実行できる．

スクリプト 3.9　関数 filt2 の定義とラプラシアンフィルタによる輪郭線抽出　　　▶3.9.R

```
1   # 関数filt2 の定義
2   filt2 <- function(im1, w1){ #---------------------------
3     ## 3x3 フィルタを高速処理(画像をずらして加算)で行う
4     ## im1: 画像の入った行列
5     ## w1    : フィルタの重み係数の行列(3行 3列)
6     im2 <- matrix(0, nrow(im1), ncol(im1))   # im1 と同サイズの行列を生成
7     for(j in -1:1){        # 列番号を表すループ変数j を-1, 0, 1 と繰り返す
8       for(jj in -1:1){      # 行番号を表すループ変数jj を -1, 0, 1 と繰り返す
9         im2[2:(nrow(im1)-1),2:(ncol(im1)-1)] <-
10          im2[2:(nrow(im1)-1),2:(ncol(im1)-1)] +
11          w[jj+2,j+2] * im1[(2+jj):(nrow(im1)-1+jj), (2+j):(ncol(im1)-1+j)]
12          # 画像を上下左右にずらして，重みを乗じてから加算する
13      }
14    }
15    im2  # 関数値として返す
16  } ## End of filt2---------------------------------------
17
18  # 画像がim1 に入っているとする．処理結果が im2 に入る
19  w1 <- matrix(c(-1,-1,-1,
20                 -1, 8,-1,
21                 -1,-1,-1), 3,3, byrow=T)  # 重み係数
22  im2 <- filt2(im1, w1)+0.5  # 画素値 0を灰色 (0.5)にするため 0.5を加算
23  im2[im2<0]<-0              # 0未満の画素を 0に制限
24  im2[im2>1]<-1              # 1を超える画素を 1に制限
```

結果は図 3.19 のようになる．輪郭が抽出されているものの，平坦部分でもある程度のパターンが残っているためわかりにくい．また，輪郭線が白線と黒線が 2 重になった線となり，みにくいという問題がある．プロファイル曲線をみても，エッジ箇所がノイズに埋もれている様子がみられる．これらの問題については次項や次節で改善する．

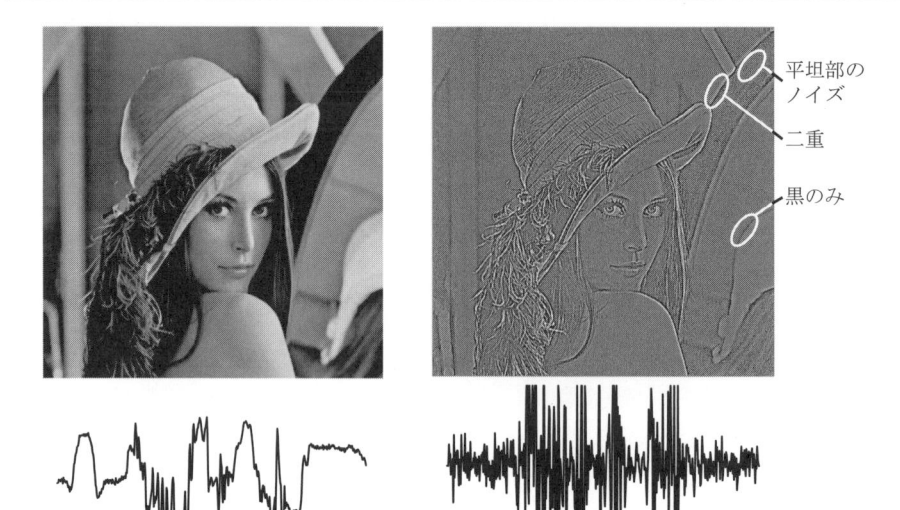

（a）原画像 （b）ラプラシアンフィルタによる処理画像

図 3.19 ラプラシアンフィルタによる処理画像

3.5.3 ▶ ラプラシアンフィルタへの後処理追加

これまで述べたように，ラプラシアンフィルタは，エッジ（輪郭）のないところで小さな値を出力し，エッジの部分で正と負の大きな値を出力する．画素値と濃淡の対応をこれまでどおり，画素値 0 を灰色，負の値を黒，正の値を白に割り当てると，エッジの部分で黒と白が隣接して現れる．画像としては白線と黒線が少しずれて重なったようにみえるため，エッジ抽出画像としてみづらく，また，機械判別用の前処理としても好ましくない．そこで，絶対値を計算することで負の値を正に変更する．そのために，先のスクリプト 3.9 の行 22 の

```
im2 <- filt2(im1, w1)+0.5
```

の部分を修正する．絶対値を求めるのに R の標準関数 abs を利用する．abs(行列) は，行列の要素ごとに絶対値をとった行列を返す関数である．これを使って，

```
im2 <- abs(filt2(im1, w1))
```

とすればよい（サンプルスクリプト **3.s2.R** 参照）．処理結果を図 3.20 に示す．

さらに，輪郭線ではない領域のノイズを低減させる処理を加えるために，ラプラシアンフィルタをかけた画像にさらにスムージングフィルタをかける．スムージングフィルタの重み係数を

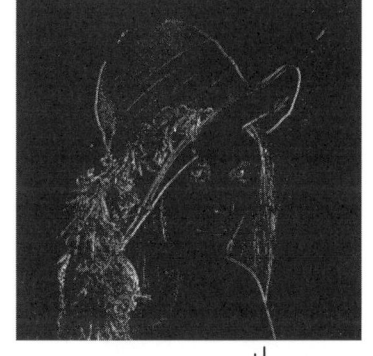

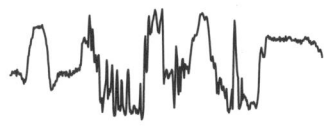

（a）原画像 （b）ラプラシアンフィルタと
絶対値による処理画像

図 3.20 ラプラシアンフィルタと絶対値による処理画像

$$
W = \begin{pmatrix} 0 & 1/5 & 0 \\ 1/5 & 1/5 & 1/5 \\ 0 & 1/5 & 0 \end{pmatrix}
$$

とする．3.2.2 項のスムージングフィルタでは 9 画素の平均を計算したのに対し，本節のスムージングフィルタでは，周辺 4 画素を除き，中心 5 画素の平均として，スムージングの程度を多少弱くしている．実際には，用途に応じて選択する必要がある．

この処理は次のスクリプトで実行できる．処理結果は図 3.21 のようになり，図 3.19，図 3.20 よりかなりノイズは減ったが，まだ残っている．さらに精度を上げるには，次節で説明する sobel フィルタなどが必要になる．

スクリプト 3.10 スムージングフィルタによる後処理の追加 ▶ 3.10.R

```
1  ## 関数filt2 が読み込まれている．画像が im1 に入っている．処理結果を im2 に入れる
2  w1 <- matrix(c(-1,-1,-1,       # ラプラシアンフィルタの係数
3                 -1, 8,-1,
4                 -1,-1,-1), 3,3, byrow=T)
5  im2 <- abs(filt2(im1, w1))     # ラプラシアンフィルタをかけ,絶対値をとる
6  w1 <- matrix(c( 0,1/5, 0,      # スムージングフィルタの係数
7                 1/5,1/5,1/5,
8                  0,1/5, 0), 3,3, byrow=T)
9  im2 <- filt2(im2, w1) + 0.5    # スムージングフィルタをかける
```

```
10                # +0.5の意味:画素値0を灰色 (0.5) にするため 0.5を加算
11   im2[im2<0]<-0   # 0未満の画素を0に制限
12   im2[im2>1]<-1   # 1を超えるの画素を1に制限
```

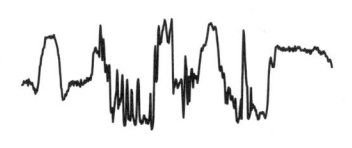

（a）原画像

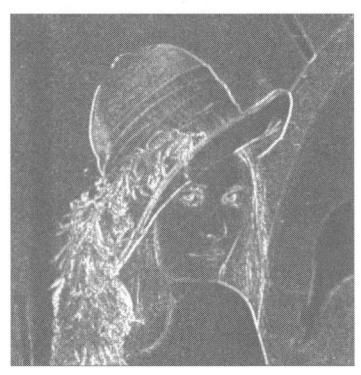

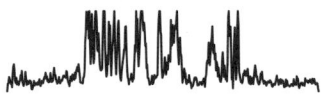

（b）ラプラシアンフィルタと
　　スムージングフィルタによる
　　処理画像

図 3.21 ラプラシアンフィルタとスムージングフィルタによる処理画像

3.6 sobel フィルタ

前節において，画像から輪郭線を抽出する目的でラプラシアンフィルタを導入し，その後，改良によりノイズを低減させた．本節で扱う **sobel フィルタ** も，前節と同様にエッジ抽出とノイズ低減の双方を合わせて行うフィルタである．しかし，濃度が変化する方向によってエッジを分けて考えることで，その精度は前節のものより高くなる．

sobel フィルタの原理（および処理結果）は，図3.22 に示すように，2種類のエッジ画像を作成してそれらを統合するというものである．

処理を行うには，原画像を縦方向のエッジ（横方向に濃度が変化するエッジ）を検出するフィルタで処理し，並行して，横方向のエッジ（縦方向に濃度が変化するエッジ）を検出するフィルタで処理する必要がある．縦方向のエッジを検出するフィルタの重み係数は，

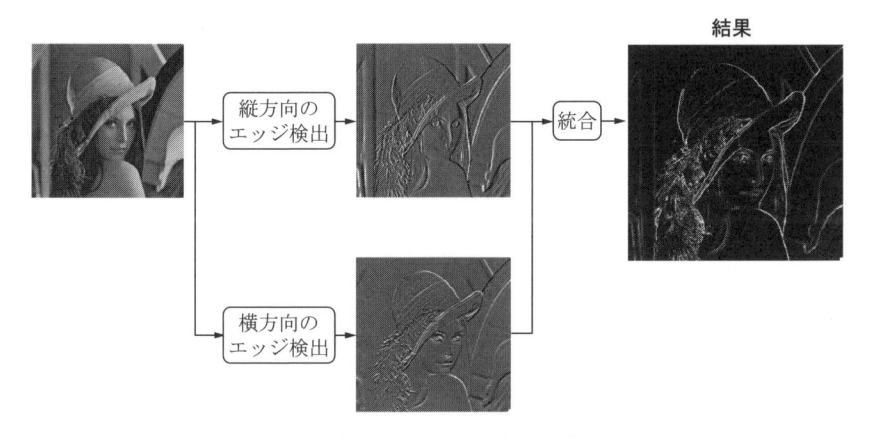

結果

図 3.22 sobel フィルタの原理

$$W_h = \begin{pmatrix} -1 & 0 & 1 \\ -1 & 0 & 1 \\ -1 & 0 & 1 \end{pmatrix}$$

であり，横方向のエッジを検出するフィルタの重み係数は，

$$W_v = \begin{pmatrix} -1 & -1 & -1 \\ 0 & 0 & 0 \\ 1 & 1 & 1 \end{pmatrix}$$

である．

sobel フィルタの出力は，縦方向のエッジ画像の画素値を $g_h(x,y)$，横方向のエッジ画像の画素値を $g_v(x,y)$ とし，

$$M(x,y) = \{g_h^2(x,y) + g_v^2(x,y)\}^{1/2}$$

によって得られる．縦方向エッジ画像，横方向エッジ画像ともにエッジの場所で正負の大きな値をもつが，2乗することによって，符号に関係なくエッジの大きさに応じた値が得られる．

次のスクリプトにより sobel フィルタが実行される．処理画像は先の図 3.22 に示した結果の画像である．先のラプラシアンフィルタと後処理の組み合わせで得られたエッジに比べ，よりノイズの少ない良好なエッジが抽出されている．

スクリプト 3.11 sobel フィルタ　　　　　　　　　　　　　　　　　▶3.11.R

```
1   # 関数filt2 が読み込まれている．画像が im1 に入っている．処理結果を im2 に入れる
2   w1 <- matrix(c(-1, 0, 1,    # 重み係数Wh のフィルタ(縦の輪郭線,右方向に濃度変化)
3                  -1, 0, 1,
4                  -1, 0, 1), 3,3, byrow=T)
5   gh <- filt2(im1, w1)        # M = (gh^2+gv^2)^(1/2)のgh 成分
6   w1 <- matrix(c(-1,-1,-1,    # 重み係数Wv のフィルタ(横方向の輪郭線,下方向に濃度変化)
7                   0, 0, 0,
8                   1, 1, 1), 3,3, byrow=T)
9   gv <- filt2(im1, w1)        # M の gv 成分
10  im2 <- sqrt(gh^2 + gv^2)    # M = (gh^2+gv^2)^(1/2) による合成
11  im2[im2<0] <- 0
12  im2[im2>1] <- 1
```

3.7　エッジ画像の応用

　工場の自動化を FA（Factory Automation）という．人手による作業を機械化することにより生産コストを大幅に軽減できるため，産業界で導入が進んでいる．FA を円滑に行うにあたって，画像による物体（製品や部品）の形状の計測は，たとえば寸法が基準に収まっているかどうかを調べるために必要であり，物体の位置の計測は，ロボットハンドで部品を掴むために必要である．画像から輪郭線を抽出できれば，それをもとに物体の寸法や位置も計測できるからである†.

　部品の 1 例として，ワッシャの画像（washer.pgm）を図 3.23(a) に示す．この画像をもとに，sobel フィルタによりワッシャの直径を画像計測する例を示す．処理の流れは次のとおりである．

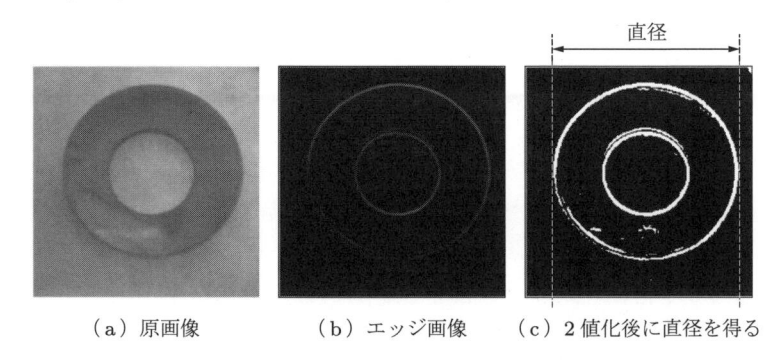

（a）原画像　　　　　　（b）エッジ画像　　　（c）2 値化後に直径を得る

図 3.23　工業用画像計測でのワッシャ画像から直径を求める

---

†　FA では，対象物がどこにあるかについて，おおよそわかっている．また，画像の撮影条件も一定している．そのため，確実に計測可能である．この状況は，後の章で説明される手書き文字の認識や路上の歩行者の画像認識が難しいのと大きく異なる．FA における画像計測は簡単な問題を扱っているといえる．

1 ワッシャの輪郭を抽出する.
2 輪郭線とそれ以外の二つに2値化する.
3 左端と右端の輪郭部の x 座標から直径を算出する.

以下にスクリプトを示す. sobel フィルタの実行には, 前節同様, スクリプト 3.9 の関数 filt2 を利用している. 処理画像として図 3.23(b), (c) が得られ, dia に直径が入る.

スクリプト 3.12　ワッシャ画像から直径を求める　　　　　　　▶ 3.12.R

```
1   # 関数filt2 が読み込まれている. 画像が im1 に入っている. 直径を算出し dia に入れる
2
3   ## sobel フィルタによる処理画像 im2 の作成 (図 3.23(b))
4   w1 <- matrix(c(-1, 0, 1, -1, 0, 1, -1, 0, 1), 3,3, byrow=T)  # フィルタ,重み Wh
5   gh <- filt2(im1, w1)      # M の gh 成分
6   w1 <- matrix(c(-1,-1,-1, 0, 0, 0, 1, 1, 1), 3,3, byrow=T)     # フィルタ,重み Wv
7   gv <- filt2(im1, w1)      # M の gv 成分
8   im2 <- sqrt(gh^2 + gv^2)  # 合成
9   im2[im2<0] <- 0; im2[im2>1] <- 1
10
11  ## 0.05 を閾値として 2値化した処理画像im3 の作成 (図 3.23(c))
12  im3 <- im2
13  im3[im3<0.1] <- 0; im3[im3>=0.1] <- 1  # 0.1未満を 0, 0.1以上を 1に 2値化
14
15  ## 中心付近の 101×101画素で,白画素のもっとも左の座標ともっとも右の座標から直径を求める
16  im4 <- im3[(round(nrow(im3)/2)-50):
17                (round(nrow(im3)/2)+50),]  # dim(im4) = c(101, 223)
18  w_min <- integer(nrow(im4))  # im4 の高さ分のベクトルを確保
19  w_max <- integer(nrow(im4))  # im4 の高さ分のベクトルを確保
20  for(j in 1:nrow(im4)){
21    w_min[j] <- min(which(im4[j,3:ncol(im4)]==1))+2
22       # 各行でもっとも左の白画素の横位置
23    w_max[j] <- max(which(im4[j,3:ncol(im4)]==1))+2
24       # 各行でもっとも右の白画素の横位置
25  }
26  abline(v=c(min(w_min), max(w_max)), col='green')  # 両端に線を引く
27  dia <- max(w_max) - min(w_min)  # もっとも左の位置ともっとも右の位置の差から直径を計算
```

幾何学変換

ここまでの章で階調変換と空間フィルタを扱ったが，それらは画像の濃淡を変化させる処理である．それに対して本章で扱う幾何学変換は，形を変化させる処理である．扱う変形の種類は，回転，拡大縮小などのアフィン変換と，見る方向を変えたときの変化・変形に相当する射影変換である．幾何学変換の基礎となるのは，数学における座標変換であり，計算には行列の積や逆行列の演算が必要となる．

4.1 幾何学変換の分類

幾何学変換は，変換前後での画像の形状の変化の仕方によって，以下の4種類に分類される．

- **線形変換**　平行線は変換後も平行に保たれる．平行移動は扱えない．
- **アフィン変換**　平行線は変換後も平行に保たれる．平行移動も扱える．
- **射影変換**　平行線が平行に保たれることが保証されない．ただし，直線は変換後も直線のまま保たれる．
- **その他**　直線が保たれない．

図 4.1 に，それぞれの幾何学変換の関係を示す．たとえば，四角形が台形になるような変換は，射影変換ではあるがアフィン変換ではない．アフィン変換と射影変換の変換例を図 4.2 に示す．

上記の変換の間には，図 4.3 のような包含関係が成り立っている．本章では，まずア

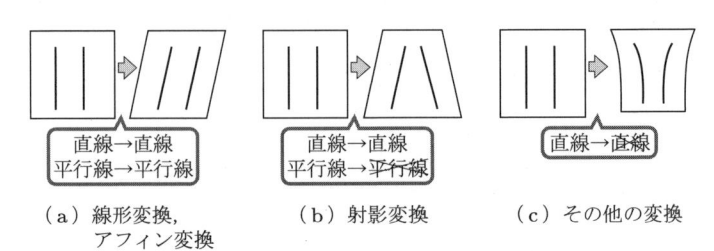

直線→直線
平行線→平行線

直線→直線
平行線→平行線

直線→直線

（a）線形変換，
　　　アフィン変換

（b）射影変換

（c）その他の変換

図 4.1　幾何学変換の種類

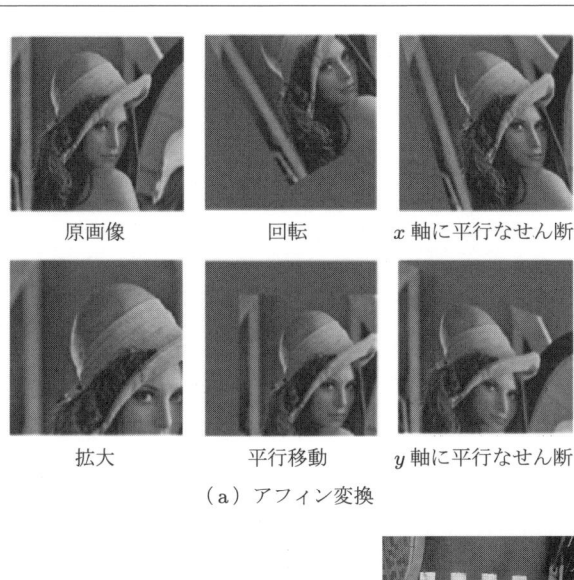

原画像　　　　　回転　　　　x 軸に平行なせん断

拡大　　　　　平行移動　　　y 軸に平行なせん断

（a）アフィン変換

原画像　　　　　　　　上空からみた画像

（b）射影変換

図 4.2　アフィン変換と射影変換の例

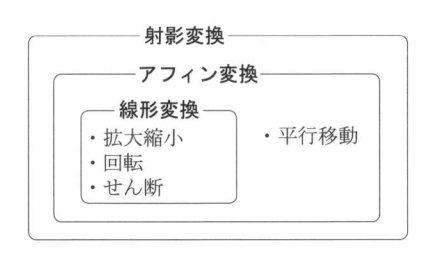

図 4.3　幾何学変換の包含関係

フィン変換について解説した後，より一般的な射影変換について述べる．

4.2　順変換と逆変換

　幾何学変換は，変換前の原画像のどの座標の画素が，変換後にどの座標に移動するかを求めるものである．これを，座標を表す 2 次元ベクトル (x, y) から，別の座標を表す

2 次元ベクトル (x', y') への写像 T の式で表すと，次式となる．

$$(x', y') = T\{(x, y)\}$$

　図 4.4(a) のように，順変換する写像 T を使って幾何学変換する方法を，本書では**順変換**とよぶことにする．順変換では図 (b) のように，移動後の座標が整数になるとは限らず，四捨五入して最寄りの格子点に移動させる必要がある．このようにして全画素を移動させると，空白となる画素が生じる可能性がある（このような画素値を**欠損値**という）．つまり，入力画像の全 (x, y) に対して，対応する出力画像の (x', y') を求めても，出力画像の全画素が求められる保証がないのである．

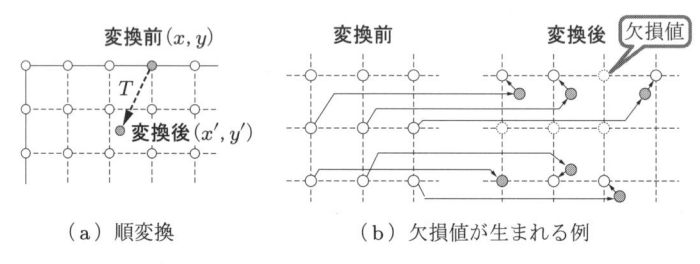

（a）順変換　　　　　　（b）欠損値が生まれる例

図 4.4　順変換

　幾何学変換後の画像を得るには，すべての画素値を求める必要がある．そのためには，変換後の全座標 (x', y') に対して，移動元である原画像の座標 (x, y) を求める式が必要である．その式は，T の逆写像 T^{-1} を利用して，次式で与えられる．

$$(x, y) = T^{-1}\{(x', y')\}$$

　図 4.5(a) のように，逆方向に座標変換する逆写像 T^{-1} を使って幾何学変換する方法を，本書では**逆変換**とよぶことにする．逆変換では，処理画像の全座標を必ず求めることができる（図 (b)）．だがその反面，原画像における座標が，整数ではなく小数となる．そのため，**補間処理**を行って，整数座標（原画像の画素値）から小数座標を計算す

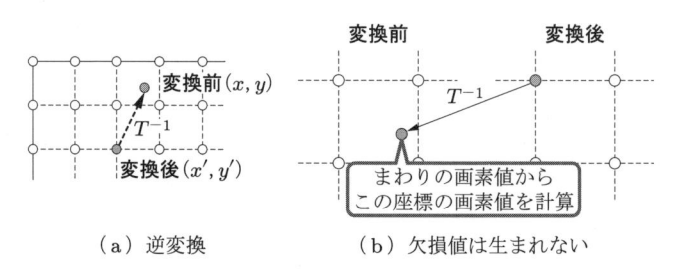

（a）逆変換　　　　　　（b）欠損値は生まれない

図 4.5　逆変換

る必要がある.

　順変換のほうが直感的に理解しやすいが, 図 4.6 のように, 出力画像の画素に欠損値が生じるかもしれないというデメリットがある. それに対して, 逆変換では, 欠損値が生じることはなく, 通常の画像処理ではこちらに基づいた方法が用いられる.

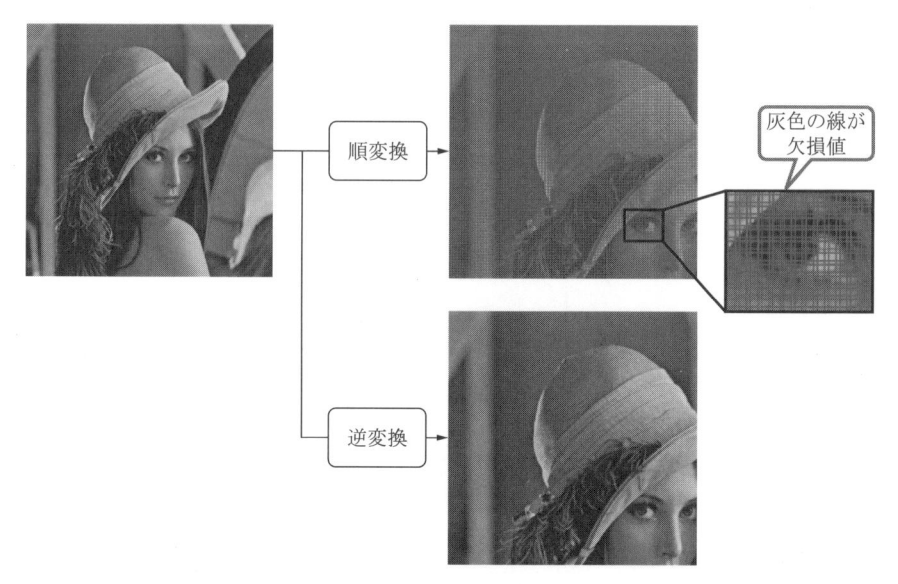

図 4.6 アフィン変換における順変換方式と逆変換方式

　本書では, 幾何学変換の原理を理解しやすくするために, まず順変換による処理方法を解説した後に, 欠損値が生じない逆変換を解説することにする.

4.3 順変換によるアフィン変換

4.3.1 ▶ アフィン変換の原理

　幾何学変換は一般に, 変換式 $(x', y') = T\{(x, y)\}$ で表現できる. ここで, (x, y) と (x', y') は, 変換前と後の画像の座標である. アフィン変換は, 次式で与えられる.

$$
\underset{\text{変換後の座標}}{\begin{pmatrix} x' \\ y' \\ 1 \end{pmatrix}} = \underset{\text{変換行列}}{\begin{pmatrix} a & b & t_x \\ c & d & t_y \\ 0 & 0 & 1 \end{pmatrix}} \underset{\text{原画像の座標}}{\begin{pmatrix} x \\ y \\ 1 \end{pmatrix}} = \begin{pmatrix} ax + by + t_x \\ cx + dy + t_y \\ 1 \end{pmatrix}
$$

この式に現れる行列を**変換行列**という.

また，行列の積を座標ごとの式に分解すると，次の式になる．

$$x' = ax + by + t_x$$
$$y' = cx + dy + t_y$$

変換行列内の定数 a, b, c, d, t_x, t_y によって，変換の種類（拡大縮小，回転，せん断，平行移動，これらの組み合わせ）を指定できる．以下，これらの変換に対応する行列を示す．説明にあたって，y 座標は下方向が正の方向であることに注意してほしい．

- **拡大縮小**　　x 軸方向の拡大率を c_x，y 軸方向の拡大率を c_y とする．1 であれば等倍，1 より小さければ縮小，大きければ拡大である．また，c_x が負なら左右反転，c_y が負なら上下反転である．

$$\begin{pmatrix} c_x & 0 & 0 \\ 0 & c_y & 0 \\ 0 & 0 & 1 \end{pmatrix}$$

- **回転**　　回転角を θ（単位はラジアン）とする．θ が正なら時計回り，負なら反時計回りに回転する．数学における回転行列と向きが逆だが，その理由は本項最後のコラムで述べる．

$$\begin{pmatrix} \cos\theta & -\sin\theta & 0 \\ \sin\theta & \cos\theta & 0 \\ 0 & 0 & 1 \end{pmatrix}$$

- **y 軸に平行なせん断**　　横に 1 画素移動するごとに縦に何画素移動するかを示すパラメータが s_v である．0 ならせん断しない．正なら右にいくほど下にせん断され，負なら右にいくほど上にせん断される．

$$\begin{pmatrix} 1 & 0 & 0 \\ s_v & 1 & 0 \\ 0 & 0 & 1 \end{pmatrix}$$

- **x 軸に並行なせん断**　　縦に 1 画素移動するごとに横に何画素移動するかを示すパラメータが s_h である．正なら上にいくほど左にせん断され，負なら上にいくほど右にせん断される．

$$\begin{pmatrix} 1 & s_h & 0 \\ 0 & 1 & 0 \\ 0 & 0 & 1 \end{pmatrix}$$

- **平行移動** x 軸方向の移動量を t_x, y 軸方向の移動量を t_y とする。0 なら移動しない。正負により移動方向が反転する。移動量は画素数の単位である。たとえば、右に 100 画素移動させるなら $t_x = 100$ である。

$$\begin{pmatrix} 1 & 0 & t_x \\ 0 & 1 & t_y \\ 0 & 0 & 1 \end{pmatrix}$$

- **一般のアフィン変換** アフィン変換を一般的に表す行列が次の行列である。上記の変換がミックスされた変換である。

$$\begin{pmatrix} a & b & t_x \\ c & d & t_y \\ 0 & 0 & 1 \end{pmatrix}$$

これらの変換処理の例を図 4.7 に示す。

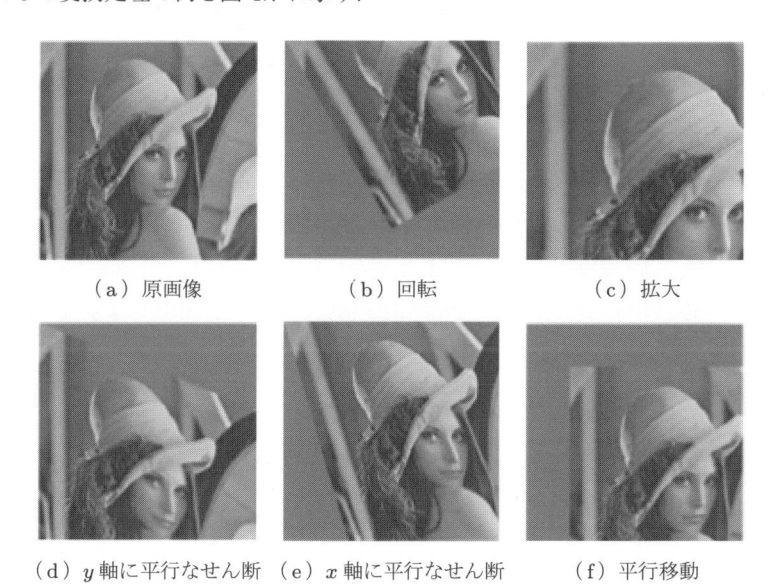

（a）原画像　　　　　　（b）回転　　　　　　（c）拡大

（d）y 軸に平行なせん断　（e）x 軸に平行なせん断　　（f）平行移動

図 4.7 アフィン変換のさまざまな処理画像の例

◀ Column 回転方向に関する補足説明 ▶

画像を回転させる変換の際に、角度が正であるか負であるかと、回転方向が時計回りか反時計回りかの対応関係がわかりにくいため、ここでまとめる。

- **数学における座標系**

数学における座標系では、回転角度 θ が正であれば、反時計回りに回転する（図 4.8）。

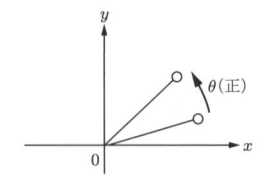

図 4.8　数学における座標系

- **画像を行列で扱う場合**

　　画像が入った行列では，上から下に向って行番号が増加する（y 軸が下向き）．そのた
め，数学における座標系の場合と回転の向きが逆になる（図 4.9）．回転角度 θ を負にす
ると，数学における座標系と同じ方向に回転する．

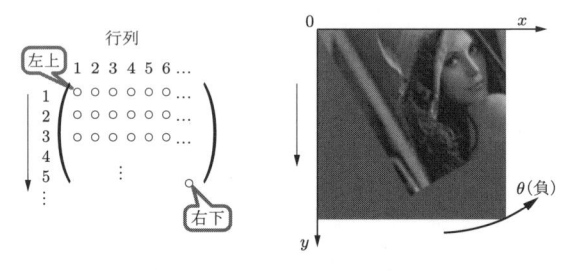

図 4.9　画像における座標系

4.3.2 ▶ アフィン変換の処理方法

　ここでは，アフィン変換を R で実行する方法をみていく．

　前節で述べたように，順変換では変換後の座標に，画素値が計算できずに空白が生じ
てしまう可能性がある．そこで，あらかじめ，処理後の画像の格納先の全画素値に灰色
（中間色）を埋めておくとよい†．

　次の二つの方法で実装する．

- **1 画素ごとに求める方法（低速方法）**

　　原画像の 1 画素ごとに，変換後の座標を求める方法である．画素の数だけ繰り返し
処理する必要があるので，計算時間は長い．

　　変換行列

$$\begin{pmatrix} a & b & t_x \\ c & d & t_y \\ 1 & 0 & 0 \end{pmatrix}$$

---

† このような，アルゴリズム上の問題点によって発生する偽りの画像部分を，画像処理の分野ではアーチ
　ファクトとよぶ．

により，n 点の座標 $(x_1, y_1), \cdots (x_n, y_n)$ がそれぞれ $(x_1', y_1'), \cdots (x_n', y_n')$ に移動する場合の関係式を求める．各点の移動は次の式で与えられる．

$$
\begin{pmatrix} x_1' \\ y_1' \\ 1 \end{pmatrix} = \begin{pmatrix} a & b & t_x \\ c & d & t_y \\ 0 & 0 & 1 \end{pmatrix} \begin{pmatrix} x_1 \\ y_1 \\ 1 \end{pmatrix}
$$

$$\vdots$$

$$
\begin{pmatrix} x_n' \\ y_n' \\ 1 \end{pmatrix} = \begin{pmatrix} a & b & t_x \\ c & d & t_y \\ 0 & 0 & 1 \end{pmatrix} \begin{pmatrix} x_n \\ y_n \\ 1 \end{pmatrix}
$$

- **全画素を一気に求める方法（高速方法）**

  行列を利用した計算で，上記の n 点に関する n 個の式を一つにまとめると，次の式となる．

$$
\begin{pmatrix} x_1' & x_2' & \cdots & x_n' \\ y_1' & y_2' & \cdots & y_n' \\ 1 & 1 & \cdots & 1 \end{pmatrix} = \begin{pmatrix} a & b & t_x \\ c & d & t_y \\ 0 & 0 & 1 \end{pmatrix} \begin{pmatrix} x_1 & x_2 & \cdots & x_n \\ y_1 & y_2 & \cdots & y_n \\ 1 & 1 & \cdots & 1 \end{pmatrix}
$$

  まとめて計算すると，スクリプトも短く，計算時間も短くなる．

原画像を与えて，アフィン変換画像を返す関数を作成する．上記の低速方式の関数を `affine1` とし，高速方式の関数を `affine2` とする．引数はどちらも，原画像 `image1` とアフィン変換の行列 `trans` である．

二つの関数の作成手順は以下である．

関数 affine1

1　原画像と同じ大きさの処理画像を用意し，全画素 0.5（灰色）に初期化する．
2　原画像の座標を (x, y) とし $(x, y) = (1, 1)$ から走査を始める．
3　座標 (x, y) をアフィン変換により座標 (x', y') に変換する．
4　x', y' を四捨五入により整数化する．
5　原画像の座標 (x, y) の画素値を処理画像の座標 (x', y') へコピーする．
6　x と y をそれぞれ 1 ずつ増加させ，画像の幅，高さに達するまで手順 3 から繰り返す．

関数 affine2

1　原画像と同じ大きさの処理画像を用意し，全画素 0.5（灰色）に初期化する.

2　変換前の画像全体の格子点の座標を収めた行列を作成する.

3　アフィン変換行列と手順 2 で作成した行列の積を計算して，移動後の全座標を得る.

4　移動後の座標を四捨五入して整数化する.

5　原画像の全画素値を処理画像上の手順 4 で求めた座標 (x', y') へコピーする.

この処理は次のスクリプトで実行できる.

スクリプト 4.1　順変換のアフィン変換による拡大処理（低速と高速）　　　▶ 4.1.R

```r
 1  affine1 <- function(im1, trans=matrix(c(1.5,0,0,0,1.5,0,0,0,1),3,3)){
 2    ## アフィン変換, 低速方式
 3    ## im1 : 原画像の行列
 4    ## trans : アフィン変換行列 (3×3)
 5    ## 関数値 : 変換画像の行列
 6    im2 <- matrix(0.5, nrow(im1), ncol(im1))    # 全体が灰色の画像を作成
 7    for(x in 1:ncol(im1)){                       # 画像の横幅分繰り返す
 8      for(y in 1:nrow(im1)){                     # 画像の高さ分繰り返す
 9        w1 <- trans %*% matrix(c(x,y,1),3,1)     # アフィン変換における行列の積
10        w1 <- round(w1)                          # 小数座標を四捨五入して整数化
11        if(w1[2,1] < 1 | w1[2,1]>nrow(im1) |
12          w1[1,1] < 1 | w1[1,1]>ncol(im1)) next  # 画面の領域外ならスキップ
13        im2[w1[2,1],w1[1,1]] <- im1[y,x]
14          # 画像im1 の座標(x,y)の画素値を画像im2 の座標(w1[2,1], w2[1,1])へコピー
15      }
16    }
17    im2  # 関数値として返す行列
18  } # end of affine1----------------------------------------------------
19
20  affine2 <- function(im1, trans=matrix(c(1.5,0,0,0,1.5,0,0,0,1),3,3)){
21    ## アフィン変換, 高速方式
22    ## im1 : 原画像の行列
23    ## trans : アフィン変換行列 (3×3)
24    ## 関数値 : 変換画像の行列
25    im2 <- matrix(0.5, nrow(im1), ncol(im1))    # 全体が灰色の画像を作成
26    x <- rep(1:nrow(im1), ncol(im1))            # 1～(行数)を列数分入れる
27    y <- rep(1:nrow(im1), each=ncol(im1))       # 1,2,…(行数)をそれぞれ列数分入れる
28    w1 <- rbind(x, y, 1)
29      # x と y を 3 行(行数)×(行数)列の行列にまとめ, 原画像の全画素の座標を作成
30    w2 <- trans %*% w1  # アフィン変換行列とw1 の積を計算して w2 へ格納
31      # w2 に移動後の座標が入る. 一つ目の点の座標は(x,y)=(w2[1,1],w2[2,1]).
32      # 二つ目の点の座標 (w2[1,2],w2[2,2]),…, n 点目の座標(w2[1,n],w2[2,n])
33    w2 <- round(w2)       # 小数座標を四捨五入して整数化
34    w3 <- !(w2[1,]<1 | w2[1,]>ncol(im1) | w2[2,]<1 | w2[2,]>nrow(im1))
35      # x, y 座標が表示領域の範囲内なら TRUE, そうでなければ FALSE となる論理値が,
36      # 画素数分入ったベクトルw3 を作成
```

```
37    im2[t(w2[1:2,w3])] <- im1[t(w1[1:2,w3])]
38        # t(w2[1:2,w3])にて，次の添字行列ができる
39        #  ┌ x1  y1 ┐
40        #  │ x2  y2 │
41        #  │ :   :  │
42        #  └ xn  yn ┘
43        # 論理値ベクトルw3 により，移動先座標が表示領域内の点のみが抽出される
44        # im1[t(w1[1:2,w3])]は，im1 の該当する点の画素である
45        # im2[t(w1[1:2,w3])]は，複数の点の移動先画素であり，コピーがなされる
46    im2  # 関数値として返す行列
47  } # end of affine2--------------------------------------------------
```

このスクリプトを実行した後，`affine1(im1)`，`affine2(im1)` を入力することで，画像 im1 をアフィン変換した画像が低速および高速で作成できる．ここで，関数定義において，アフィン変換行列 `trans` のデフォルト値を，前項で述べた拡大縮小を行う変換行列にし，拡大率を 1.5 倍としている．引数 `trans` を変えることで，回転，せん断などさまざまなアフィン変換が実行できる．また，行列の積を計算するにあたり，行列の複数の成分を一度に扱うことのできる添字行列を利用している．

結果は図 4.10 のようになる．低速・高速によらず，同じ画像が得られる．灰色の縦横線は，変換によって欠損値が生じた結果であり，行 6 で指定した色が現れている．

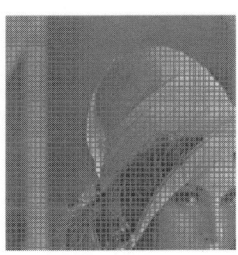

（a）原画像　　　　　（b）低速方式による　　　（c）高速方式による
　　　　　　　　　　　　　拡大画像　　　　　　　　拡大画像

図 4.10　アフィン変換の拡大処理

4.4　逆変換および補間

前節では，順変換による幾何学変換で実際に画素の欠損が生じる様子をみた．この節では，逆変換によって欠損の発生を防ぐ方法をみていく．

4.4.1 ▶ 補間処理

処理画像のある座標の画素値を逆変換で求めると，図 4.11 のように，対応する原画像の画素は一般に小数座標になる．そのため，周囲の整数座標の画素をもとに補間処理

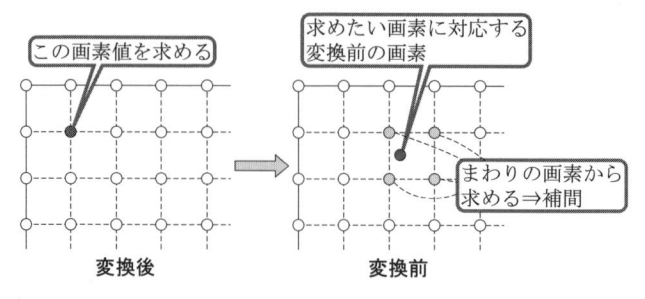

図 4.11 補間処理

を行い，小数座標の画素値を求めなければならない．この補間方法にはいくつか種類があるが，代表的なものを以下に示す．

▶▶ 画像に対するニアレストネイバー法による補間

図 4.12 のように，求めたい座標（小数座標）の値を，もっとも近くの格子点の値で代用する方法である．これは，もっとも単純な補間方法である．

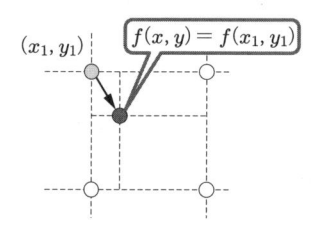

図 4.12 ニアレストネイバー法

▶▶ 画像に対するバイリニア法による補間

元になる画素が座標 (x_i, y_j) にあり，求めたい画素が (x, y) であり，画素値は $f(x, y)$ と表されるとする．求めたい座標（小数座標）のまわりの格子点 4 点 $((x_1, y_1), (x_1, y_2), (x_2, y_1), (x_2, y_2))$ の値を重み付き加算して，以下のように求める方法である（図 4.13）．

$$f(x, y_1) = \frac{f(x_2, y_1) - f(x_1, y_1)}{x_2 - x_1}(x - x_1) + f(x_1, y_1) \tag{4.1}$$

$$f(x, y_2) = \frac{f(x_2, y_2) - f(x_1, y_2)}{x_2 - x_1}(x - x_1) + f(x_1, y_2) \tag{4.2}$$

$$f(x, y) = \frac{f(x, y_2) - f(x, y_1)}{y_2 - y_1}(y - y_1) + f(x_1, y_1) \tag{4.3}$$

`as.raster` と `plot` による画像表示機能は，ニアレストネイバー法とバイリニア法の

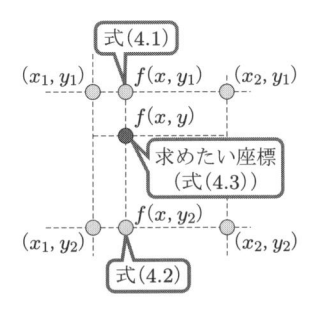

図 4.13 バイリニア法

両方をサポートしているため，これらの処理を行うスクリプトを書く必要はない．引数 `interpolat=FALSE` で画像表示するとニアレストネイバー法になり，`TRUE` にする（または，何も宣言しない）とバイリニア法になる．lena 画像の瞳の部分の拡大画像を二つの補間法で表示すると，図 4.14 のようになる．

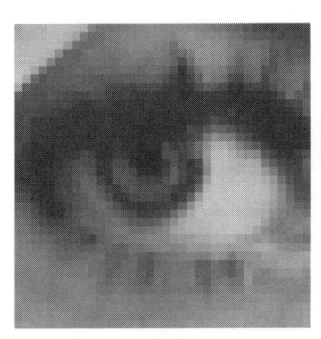 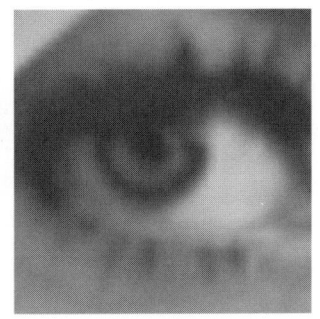

（a）ニアレストネイバー法　　　（b）バイリニア法による補間
　　　による補間

図 4.14　ニアレストネイバー法とバイリニア法による補間

もちろん，`as.raster` と `plot` を使わずに補間することもできる．lena 画像の瞳の部分を抽出して拡大表示する処理で，式 (4.3) を利用して，手動でバイリニア法を実装する手順を以下に示す．

1 補間後の画素を収める行列 `im2` を生成する．行の名称，列の名称を 1.0, 1.1 などの小数とし，1.0, 2.0 が原画像の座標を表し，1.1, 1.2 などが補間点の座標を表すとする．ここでは格子間隔が 10 分割されるように補完することとし，0.1 刻みとする．

2 `im2` の整数座標 (1.0, 2.0,...) に原画像の該当する画素値をコピーする．

3 `im2` における二つの左右隣り合う整数座標の画素値から，横方向に小数座標位置の補間値を式に基づいて計算し，`im2` の該当画素に埋める．

> **4** 縦方向整数座標となる上下隣り合う2点から上下方向に補間値を求め，im2 の該当画素に埋める．

この処理は次のスクリプトで実行できる．結果は図 4.14(b) のようになる．

スクリプト 4.2　バイリニア法による補間　　　　　　　　　▶ 4.2.R

```
1   # 画像がim1 に入っている．処理結果を im2 に入れる
2   im1 <- im1[250:285,250:285]
3       # 瞳部分（第 250行から 285行，第 250列から 285列の矩形領域）を行列im1 に格納
4   im2 <- matrix(NA, nrow(im1)*10-9,ncol(im1)*10-9,
5               dimnames=list(seq(1,nrow(im1),0.1),seq(1,ncol(im1),0.1)))
6       # im1 を 0.1刻みに分割した行列．im1 が 2×2行列ならim2 は 11×11行列（2*10-9=11）
7   im2[matrix(c(rep(as.character(1:nrow(im1)),ncol(im1)),
8               rep(as.character(1:ncol(im1)),each=nrow(im1))),
9           ncol=2)] <- as.vector(im1)
10      # im2 の添字指定を添字行列を使って行う（関数affine2 と同様）
11      # 添字行列で整数座標 (1.0, 1.0), (2.0, 1.0),...に原画像im1 の画素値を埋める
12      # 小数座標 (1.1, 1.0), (1.1, 1.1) などは初期値（NA）のままである
13
14  ## バイリニア法の式に従って小数座標での補間値を計算してim2 の該当場所に埋める
15  ## 式 (4.1)のf(x,y1),(x=1.1, 1.2, …, 1.9, 2.1, 2.2,…)を求めim2 へ格納
16  for(j in 1:nrow(im1)){          # 1からim1 の行数まで繰り返す
17    for(jj in 1:(ncol(im1)-1)){   # 1からim1 の列数-1まで繰り返す
18      im2[as.character(j), as.character(jj+seq(0.1,0.9,0.1))] <-
19        (im1[j,jj+1]-im1[j,jj])*seq(0.1,0.9,0.1) + im1[j,jj]
20    }
21  }
22  ## 式 (4.3)のf(x,y),(x=1.1,1.2,…, y=1.1,1.2,…)を求めim2 へ格納
23  for(j in 1:(nrow(im1)-1)){
24    for(jj in seq(0.1,0.9,0.1)){
25      im2[as.character(j+jj),] <-
26        (im2[as.character(j+1),]-im2[as.character(j),]) * jj+
27         im2[as.character(j),]
28    }
29  }
```

その他の補間方法としては，図形処理の分野では，点をつないで線を作る際に用いるスプライン補間やベジェ曲線による補間が代表的である．Illustrator などのソフトはベジェ曲線で補間する機能をもっている．しかし，濃淡画像の画素を補間する際，それらの高度な補間を使っても効果がわかりにくく，バイリニア法で十分である．

4.4.2 ▶ 逆変換によるアフィン変換

逆変換によるアフィン変換を R で実装する．

変換後の座標 (x', y') に対する変換前の座標 (x, y) を求める式は

$$(x, y) = T^{-1}\{(x', y')\}$$

である. T^{-1} は,順変換の写像 T の逆写像であり,逆行列によって計算される.行列 T の一般型

$$\begin{pmatrix} a & b & t_x \\ c & d & t_y \\ 0 & 0 & 1 \end{pmatrix}$$

に対する逆行列は,

$$\begin{pmatrix} d/\Delta & -b/\Delta & (-dt_x + bt_y)/\Delta \\ -c/\Delta & a/\Delta & (ct_x - at_y)/\Delta \\ 0 & 0 & 1 \end{pmatrix} \quad (ただし,\Delta = ad - bc) \quad (4.4)$$

である.つまり,4.3.1 項でみた順変換による変換行列について,その逆行列を求めれ ば,それを使って逆変換によるアフィン変換をすることができる.

式 (4.4) を利用し,スクリプトを作成して画像処理を行う.欠損画像なしのアフィン 変換による拡大処理を行う関数を affine3 とし,これを定義する.なお,補間にはもっ とも単純な方法のニアレストネイバー法を用いる.

スクリプト 4.3 逆変換のアフィン変換(欠損画素なし)　　　　　　▶ 4.3.R

```
1   affine3 <- function(im1, trans=matrix(c(1.5,0,0,0,1.5,0,0,0,1),3,3)){
2     ## アフィン変換,高速方式
3     ## im1 ： 原画像の行列
4     ## trans ： アフィン変換行列 (3×3)
5     ## 関数値 ： 変換画像の行列
6     im2 <- matrix(0.5, nrow(im1), ncol(im1))          # 全体が灰色の画像を作成
7     w4 <- trans[1,1]*trans[2,2]-trans[1,2]*trans[2,1]  # 逆変換の式 (4.4)のΔ
8     if(w4==0) stop("trans[1,1]*trans[2,2]-trans[1,2]*trans[2,1]=0 のため実行不能")
9     w5 <- matrix(
10      c(trans[2,2]/w4, -trans[1,2]/w4, (-trans[2,2]*trans[1,3]
11      +trans[1,2]*trans[2,3])/w4,-trans[2,1]/w4, trans[1,1]/w4,
12      (trans[2,1]*trans[1,3]-trans[1,1]*trans[2,3])/w4, 0, 0, 1),
13      3,3,byrow=TRUE)   # アフィン変換の変換行列の逆行列(式 (4.4))
14    x <- rep(1:nrow(im2), ncol(im2))
15    y <- rep(1:nrow(im2), each=ncol(im2))
16    w1 <- rbind(x, y, 1)
17    w2 <- w5 %*% w1   # w1 をアフィン変換して w2 へ格納(w1 は原画像の全画素の座標)
18    w2 <- round(w2)
19    w3 <- !(w2[1,]<1 | w2[1,]>ncol(im1) | w2[2,]<1 | w2[2,]>nrow(im1))
20    im2[t(w1[1:2,w3])] <- im1[t(w2[1:2,w3])]
21    im2
```

```
22  } # end of affine3-----------------------------------------------------
```

このスクリプトを実行した後，affine3(im1) と入力すれば，画像 im1 に逆変換のアフィン変換を行うことができる．

結果は図 4.15 のようになる．前節の関数 affine2 による順変換のアフィン変換（図(b)）では欠損値が生じていたが，今回の図 (c) ではそれがないのがわかる．

（a）原画像　　　　（b）順変換(拡大)　　　（c）逆変換(拡大)

図 4.15　順変換と逆変換の違い

affine1,2 と同様に引数 trans の行列の値を変えることで，さまざまなアフィン変換を実行できる．

4.5　複数の変換を一つにまとめる

アフィン変換で回転を行うと，原点（画面の左上端）を中心とした回転となる．画面の中央を中心に回転させたい場合には，図 4.16 に示すように，平行移動，回転，平行移動と，3 回の変換を連続して行えばよい．本節では，アフィン変換を連続して複数回行う処理を 1 回のアフィン変換に合成する問題を考える．

はじめの線形変換の変換行列を A，次の線形変換の変換行列を B とすると，図 4.17

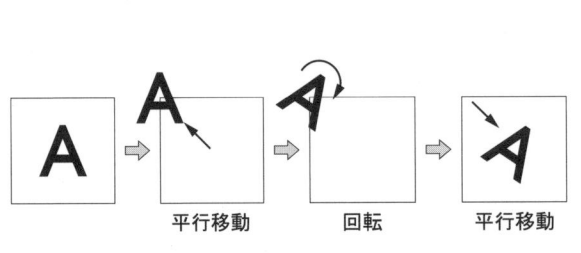

平行移動　　　回転　　　平行移動

図 4.16　複数の変換を一つにまとめる

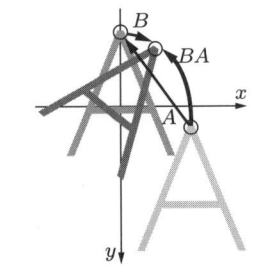

図 4.17　連続した 2 回の線形変換を一つに合成した変換行列

に示すように，これらを合成した線形変換の変換行列は，行列の積 BA である．ここ
で，行列の積は $BA \neq AB$ であり，かけ算の順序に注意してほしい．

最終的に画面中央で θ 回転させる変換行列は，画面の縦の画素数を t_y，横の画素数
を t_x とすると，次のようになる．

$$
\begin{pmatrix} 1 & 0 & t_x/2 \\ 0 & 1 & t_y/2 \\ 0 & 0 & 1 \end{pmatrix}
\begin{pmatrix} \cos\theta & -\sin\theta & 0 \\ \sin\theta & \cos\theta & 0 \\ 0 & 0 & 1 \end{pmatrix}
\begin{pmatrix} 1 & 0 & -t_x/2 \\ 0 & 1 & -t_y/2 \\ 0 & 0 & 1 \end{pmatrix}
$$

この式を計算して行列を求め，その行列で前項の関数 affine3 を実行すれば，画面
中央での回転を R で実行できる．四つ以上の変換を一つにまとめるときも同様である．

lena 画像を画面中央を中心に 30° 回転させるのは，次のスクリプトで実行できる．
結果は図 4.18 のようになる．

スクリプト 4.4　複数回のアフィン変換を 1 回に統合して画面中央を中心に回転　▶4.4.R

```
1   # 関数affine3 が読み込まれている．画像が im1 に入っている．処理結果を im2 に入れる
2   w1 <- 30 * pi/180   # 30° をラジアンに変換
3   w2 <- matrix(c(1, 0, ncol(im1)/2,   # 平行移動→回転→平行移動 の三つの変換行列の積
4            0, 1, nrow(im1)/2,
5            0, 0,          1), 3,3,byrow=T) %*%
6       matrix(c(cos(w1), -sin(w1), 0,
7            sin(w1),  cos(w1), 0,
8               0,       0, 1), 3,3,byrow=T) %*%
9       matrix(c(1, 0, -ncol(im1)/2,
10           0, 1, -nrow(im1)/2,
11           0, 0,          1), 3,3,byrow=T)
12  im2 <- affine3(im1,w2)              # affine3 を使い，im1 を w2 に従って変換
```

（a）原画像　　　　　　（b）変換後

図 4.18　画面中央を回転中心とした回転：3 回のアフィン変換を組み合わせる

4.6　射影変換

図 4.1 に示したように，画像の中にある長方形が変換後は台形になるように，あるいはその逆になるように画像全体を変形させたいときには，**射影変換**を行う必要がある．

射影変換の変換式は，変換前の座標を (x, y)，変換後の座標を (x', y') とし，

$$\begin{pmatrix} sx' \\ sy' \\ s \end{pmatrix} = \begin{pmatrix} h_{11} & h_{12} & h_{13} \\ h_{21} & h_{22} & h_{23} \\ h_{31} & h_{32} & 1 \end{pmatrix} \begin{pmatrix} x \\ y \\ 1 \end{pmatrix} \tag{4.5}$$

（変換後の座標　　変換行列　　原画像の座標）

で与えられる．h_{ij} は変換の仕様を決めるパラメータで，アフィン変換の式よりも増えている．s は，計算の途中で現れる一時的な変数である．右辺を計算すると s が求まるので，sx' を s で割って x' が求められ，同じく sy' を s で割って y' が求められる．

前節までのアフィン変換では，拡大や回転などの目的に応じて，もともと変換行列が与えられていたので，それを用いて座標変換を行えばよかった．これに対し，射影変換では決まった目的がなく，原画像の中の図形と変形後の形状を自分で指定し，それをもとに変換を行うことが多い．そのため，変換行列が事前にわからないので，まずはこの変換行列を算出しなければならない．

射影変換の処理の手順は以下のようになる．

1　変換前の四角形と，変換後の四角形の形状を指定する．
2　変換行列のパラメータ h_{ij} を求め，変換行列を算出する．
3　算出した変換行列を使い，射影変換を行う．

4.6.1 ▶ 変換行列の導出

変換前の四角形の頂点座標を (x_i, y_i) $(i = 1, 2, 3, 4)$ とし，変換後の四角形の頂点座標を (x'_i, y'_i) $(i = 1, 2, 3, 4)$ とする．変換前の四角形と変換後の四角形の形状が与えられたとき，すなわち，(x_i, y_i)，(x'_i, y'_i) の値が与えられたとき，その情報から変換行列のパラメータ h_{ij} を導出しよう．

まず，先の射影変換の式 (4.5) における行列の積を連立方程式に書き換える．

$$\begin{cases} h_{11}x + h_{12}y + h_{13} = sx' \\ h_{21}x + h_{22}y + h_{23} = sy' \\ h_{31}x + h_{32}y + 1 = s \end{cases} \tag{4.6}$$

$h_{31}x + h_{32}y + 1 = s$ を使って s を消去すると，以下となる．

$$\begin{cases} h_{11}x + h_{12}y + h_{13} = (h_{31}x + h_{32}y + 1)x' \\ h_{21}x + h_{22}y + h_{23} = (h_{31}x + h_{32}y + 1)y' \end{cases}$$

整理すると以下となる．

$$\begin{cases} h_{11}x + h_{12}y + h_{13} - h_{31}xx' - h_{32}yx' = x' \\ h_{21}x + h_{22}y + h_{23} - h_{31}xy' - h_{32}yy' = y' \end{cases}$$

これを行列で表現すると以下となる．

$$\begin{pmatrix} x & y & 1 & 0 & 0 & 0 & -xx' & -yx' \\ 0 & 0 & 0 & x & y & 1 & -xy' & -yy' \end{pmatrix} \begin{pmatrix} h_{11} \\ h_{12} \\ h_{13} \\ h_{21} \\ h_{22} \\ h_{23} \\ h_{31} \\ h_{32} \end{pmatrix} = \begin{pmatrix} x' \\ y' \end{pmatrix}$$

4 点の変換前後の対応関係 $(x_i, y_i) \Rightarrow (x'_i, y'_i)$ $(i = 1, 2, 3, 4)$ を上式に代入すると，四つの行列の式が得られる．

それらを一つの行列の式にまとめると，次式となる．

$$\begin{pmatrix} x_1 & y_1 & 1 & 0 & 0 & 0 & -x_1x'_1 & -y_1x'_1 \\ 0 & 0 & 0 & x_1 & y_1 & 1 & -x_1y'_1 & -y_1y'_1 \\ x_2 & y_2 & 1 & 0 & 0 & 0 & -x_2x'_2 & -y_2x'_2 \\ 0 & 0 & 0 & x_2 & y_2 & 1 & -x_2y'_2 & -y_2y'_2 \\ x_3 & y_3 & 1 & 0 & 0 & 0 & -x_3x'_3 & -y_3x'_3 \\ 0 & 0 & 0 & x_3 & y_3 & 1 & -x_3y'_3 & -y_3y'_3 \\ x_4 & y_4 & 1 & 0 & 0 & 0 & -x_4x'_4 & -y_4x'_4 \\ 0 & 0 & 0 & x_4 & y_4 & 1 & -x_4y'_4 & -y_4y'_4 \end{pmatrix} \begin{pmatrix} h_{11} \\ h_{12} \\ h_{13} \\ h_{21} \\ h_{22} \\ h_{23} \\ h_{31} \\ h_{32} \end{pmatrix} = \begin{pmatrix} x'_1 \\ y'_1 \\ x'_2 \\ y'_2 \\ x'_3 \\ y'_3 \\ x'_4 \\ y'_4 \end{pmatrix}$$

この式から，h_{ij} は逆行列を用いて次のように求められる．

$$
\begin{pmatrix} h_{11} \\ h_{12} \\ h_{13} \\ h_{21} \\ h_{22} \\ h_{23} \\ h_{31} \\ h_{32} \end{pmatrix} = \begin{pmatrix} x_1 & y_1 & 1 & 0 & 0 & 0 & -x_1x_1' & -y_1x_1' \\ 0 & 0 & 0 & x_1 & y_1 & 1 & -x_1y_1' & -y_1y_1' \\ x_2 & y_2 & 1 & 0 & 0 & 0 & -x_2x_2' & -y_2x_2' \\ 0 & 0 & 0 & x_2 & y_2 & 1 & -x_2y_2' & -y_2y_2' \\ x_3 & y_3 & 1 & 0 & 0 & 0 & -x_3x_3' & -y_3x_3' \\ 0 & 0 & 0 & x_3 & y_3 & 1 & -x_3y_3' & -y_3y_3' \\ x_4 & y_4 & 1 & 0 & 0 & 0 & -x_4x_4' & -y_4x_4' \\ 0 & 0 & 0 & x_4 & y_4 & 1 & -x_4y_4' & -y_4y_4' \end{pmatrix}^{-1} \begin{pmatrix} x_1' \\ y_1' \\ x_2' \\ y_2' \\ x_3' \\ y_3' \\ x_4' \\ y_4' \end{pmatrix} \tag{4.7}
$$

また，s は式 (4.6) からわかる．

以上で，変換行列の具体的な形がわかった．後は，得られた変換行列をもとに，アフィン変換と同様にして射影変換を行うことができる．

4.6.2 ▶ 射影変換の実装

前項で示したように，射影変換を行う際，式 (4.7) の計算，つまり，逆行列を求めて，縦ベクトルとの積を計算する必要がある．R の中には，行列の逆行列と縦ベクトルの積を求める関数がある．行列を H，縦ベクトルを B とするとき，solve(H, B) によって H の逆行列と B の積が求められる．

▶▶▶ 4 点の座標の変換

まずは，変換前の 4 点と変換後の 4 点が次の座標である場合の射影変換を行ってみよう（図 4.19）．

- 変換前　(x1,y1)=(0,0)，　(x2,y2)=(1,0)，　(x3,y3)=(0,1),(x4,y4)=(1,1)
- 変換後　(X1,Y1)=(0.2,0),(X2,Y2)=(0.8,0),(X3,Y3)=(0,1),(X4,Y4)=(1,1)

変換行列を求めるスクリプトを示す．

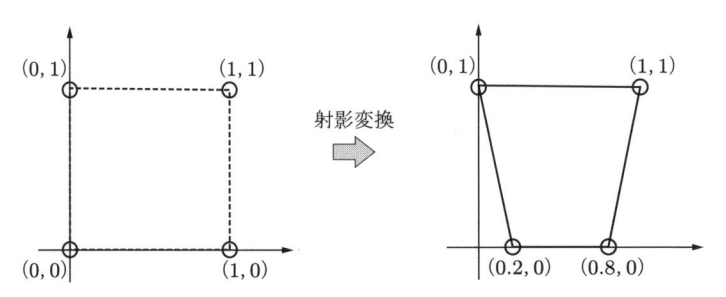

図 4.19　射影変換による 4 点の座標の変換

スクリプト 4.5　変換行列の算出　　　　　　　　　　　　　　　　▶ 4.5.R

```
1   x1 <-0;    y1<-0; x2<-1;    y2<-0; x3<-0; y3<-1; x4<-1; y4<-1   # 移動前の座標
2   X1 <-0.2; Y1<-0; X2<-0.8; Y2<-0; X3<-0; Y3<-1; X4<-1; Y4<-1   # 移動後の座標
3
4   ## 射影変換行列 (式 (4.7))
5   w1 <- matrix(c(x1, y1, 1,  0,  0,  0, -x1*X1, -y1*X1,
6                   0, 0, 0, x1, y1,  1, -x1*Y1, -y1*Y1,
7                  x2, y2, 1,  0,  0,  0, -x2*X2, -y2*X2,
8                   0, 0, 0, x2, y2,  1, -x2*Y2, -y2*Y2,
9                  x3, y3, 1,  0,  0,  0, -x3*X3, -y3*X3,
10                  0, 0, 0, x3, y3,  1, -x3*Y3, -y3*Y3,
11                 x4, y4, 1,  0,  0,  0, -x4*X4, -y4*X4,
12                  0, 0, 0, x4, y4,  1, -x4*Y4, -y4*Y4),
13               8,8,byrow=T)
14   w2 <- matrix(c(X1,Y1,X2,Y2,X3,Y3,X4,Y4), 8,1)
15   w1 <- solve(w1, w2)  # w1 の逆行列と w2 の積. 8 行 1 列の行列
16   H1 <- matrix(c(w1,1),3,3, byrow=T)  # 最終的な変換行列 H1
```

このスクリプトを実行すると，変換行列 H1 が得られる．H1 と入力すれば，行列を文字表示できる．

```
       [,1] [,2] [,3]
[1,]   0.6 -0.2  0.2
[2,]   0.0  0.6  0.0
[3,]   0.0 -0.4  1.0
```

これを使って，与えられた座標に対する変換後の座標を求める．前項で各パラメータの求め方をみた，式 (4.5) を利用する．

射影変換の様子をみやすくグラフに表示させるため，格子状の点列 $(x_1, y_1), (x_2, y_2),$ $..., (x_n, y_n)$ を与え，変換後の点列 $(x_1', y_1'), (x_2', y_2'), ..., (x_n', y_n')$ を求める．以下のように行列の積を n 回（座標点 n 点分）行ってもよい．

$$\begin{pmatrix} s_1 x_1' \\ s_1 y_1' \\ s_1 \end{pmatrix} = \begin{pmatrix} h_{11} & h_{12} & h_{13} \\ h_{21} & h_{22} & h_{23} \\ h_{31} & h_{32} & 1 \end{pmatrix} \begin{pmatrix} x_1 \\ y_1 \\ 1 \end{pmatrix}$$

$$\begin{pmatrix} s_2 x_2' \\ s_2 y_2' \\ s_2 \end{pmatrix} = \begin{pmatrix} h_{11} & h_{12} & h_{13} \\ h_{21} & h_{22} & h_{23} \\ h_{31} & h_{32} & 1 \end{pmatrix} \begin{pmatrix} x_2 \\ y_2 \\ 1 \end{pmatrix}$$

$$\vdots$$

$$\begin{pmatrix} s_n x_n' \\ s_n y_n' \\ s_n \end{pmatrix} = \begin{pmatrix} h_{11} & h_{12} & h_{13} \\ h_{21} & h_{22} & h_{23} \\ h_{31} & h_{32} & 1 \end{pmatrix} \begin{pmatrix} x_n \\ y_n \\ 1 \end{pmatrix}$$

これらを次の一つの式にまとめることもできる.

$$
\begin{pmatrix}
s_1 x_1' & s_2 x_2' & \dots & s_n x_n' \\
s_1 y_1' & s_2 y_2' & \dots & s_n y_n' \\
s_1 & s_2 & \dots & s_n
\end{pmatrix}
$$

$$
=
\begin{pmatrix}
h_{11} & h_{12} & h_{13} \\
h_{21} & h_{22} & h_{23} \\
h_{31} & h_{32} & 1
\end{pmatrix}
\begin{pmatrix}
x_1 & x_2 & \dots & x_n \\
y_1 & y_2 & \dots & y_n \\
1 & 1 & \dots & 1
\end{pmatrix}
\tag{4.8}
$$

まとめて計算すると,スクリプトも短く,計算時間も短くなるので,以下,この計算式を使う.

格子点(2000点)が移動する様子をグラフにプロットするスクリプトを次に示す.ただし,それぞれ点をプロットするだけではみづらいので格子点を線で結ぶ.結果は図4.20のようになる.

スクリプト4.6　格子点の移動　　　　　　　　　　　　　　　　　　　▶4.6.R

```
1   # 変換行列がH1 に入っている
2   dev.new(width=6,height=3)
3   par(mfcol=c(1,2), mai=rep(0.4,4))
4   x <- c(rep(seq(0,1,len=100),10), rep(seq(0,1,len=10),each=100))
5     # 横線x 座標用に, 0, 0.01, .., 0.89, 1 を10回繰り返したベクトルを生成し
6     # さらに, 0,...,0, 0.01,...0.01,...,1,...,1のベクトルを生成し,結合してx へ
7   y <- c(rep(seq(0,1,len=10),each=100), rep(seq(0,1,len=100),10))
8     # 縦線y 座標も同様
9   plot(x,y,ty='p',pch='.',xlab='',ylab='',main='',cex=4)
10    # 変換前の図形をプロット
11    # x, y を点の散布図としてプロット. pch='.'にて点の形状を指定. cex=4にて点を太字に
12  w1 <- H1 %*% rbind(x,y,rep(1,length(x)))   # x,y 座標を H1 で座標変換
13  plot(w1[1,]/w1[3,], w1[2,]/w1[3,], ty='p',pch='.',xlab='',ylab='',main='',
14      cex=4)
15    # 変換後の図形をプロット
16    # w1[1,]/w1[3,]は式 (4.8)左辺のs1 x1'をs1 で割ったもの w1[2,]/w1[3,]以降も同様
```

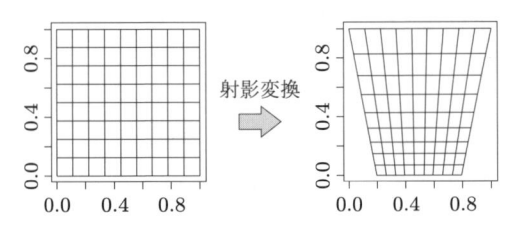

射影変換

図4.20　射影変換による格子点の移動

▶▶▶ 画像の射影変換

　次に，画像を変換してみよう．原画像には，横断歩道の写真である crosswalk.pgm を用いる（図 4.21(a)）．この画像は，歩行者や車の運転者視点で，横断歩道を斜め上から撮影した写真である．これを変形し，図 (b) のような，上空からみた画像に変換したい．そのためには，横断歩道の歪んだ四角形に着目し，これが外接する長方形になるように変換できればよい（図 (c)）．

　（ a ）原画像（crosswalk.pgm）　　　　　　　（ b ）変換後

（ c ）横断歩道の歪んだ四角形に着目する

図 4.21　画像の射影変換

　スクリプト 4.5 でみた変換行列の求め方は，図 4.19 のように，変換前の座標から射影変換後の座標を求めて，変換前の座標の画素値を変換後の画素値へコピーするという方法だった．これはアフィン変換における順変換に相当し，欠損値が生じる可能性がある．そのため，アフィン変換における逆変換に相当する射影変換を考える必要がある．

　そこで，図 4.22 のように，変換後の座標から変換前の座標を求める射影変換行列を作成して，これまでの逆変換と同じはたらきをさせる．具体的な手順は以下である．

1　変換前の四角形の四つの頂点の座標を (X1,Y1)，…，(X4,Y4) に，変換後の四角形の四つの頂点の座標を (x1,y1)，…，(x4,y4) に設定する．

2　逆変換のはたらきをさせるため，変換後の座標から変換前の座標に変換する射影変換行列を求め，H1 に入れる．

3　変換後の全画素の座標に対応する変換前の画素の座標を H1 によって求める．

4　手順 3 で得られた座標における変換前画像の画素値を変換後の全画素へコピーする．

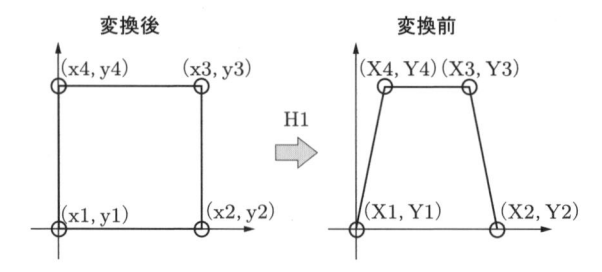

図 4.22 射影変換での変換前後の座標の対応

　なお，射影変換をするたびに画像の座標を測定するのは大変だが，関数 `locator` を使えば，マウスでクリックした点の座標を読み込むことができる．これを利用すれば，変換前の 4 座標を任意に指定できるスクリプトを作成できる．ただし，`locator` で読み込まれる座標は単位が画素数の単位で，座標軸も，原点が画像の左下で y 軸は上が正である．このため，画像処理で利用する場合は，単位や軸を変換する必要がある．

　スクリプトは以下のようになる．なお，画像中の四角形の 4 点を，左下→右下→右上→左上の順にクリックすることを想定する．

スクリプト 4.7　射影変換　　　　　　　　　　　　　　　　　　　　　▶ 4.7.R

```
 1  # 画像が im1 に入っていて, plot で表示されている. 処理結果を im2 に入れる
 2  ## 射影変換行列算出
 3  w9 <- locator(4, ty='o')  # 4点の座標をマウス入力
 4    # 四角形の四つの頂点の座標. この四角形を長方形に変形する
 5    # 画像の左下が原点でy 軸は上が正である. x,y とも 0 から 1 に規格化されている
 6    # 4点の順は, 左下→右下→右上→左上の順
 7  X1<-w9$x[1]*ncol(im1);    Y1<-(1-w9$y[1])*nrow(im1)
 8  X2<-w9$x[2]*ncol(im1);    Y2<-(1-w9$y[2])*nrow(im1)
 9  X3<-w9$x[3]*ncol(im1);    Y3<-(1-w9$y[3])*nrow(im1)
10  X4<-w9$x[4]*ncol(im1);    Y4<-(1-w9$y[4])*nrow(im1)
11    # 頂点の座標の単位を画素数の単位に変換する
12    # 原点を画像の左上端とし, y 座標の方向を下が正にする
13
14  ## (X1,Y1),...,(X4,Y4)の四角形に外接する長方形の座標を計算し(x1,y1),...,(x4,y4)とする
15  x1 <- min(X1,X4); y1 <- max(Y1,Y2); x2 <- max(X2,X3); y2 <- max(Y1,Y2)
16  x3 <- max(X2,X3); y3 <- min(Y3,Y4); x4 <- min(X1,X4); y4 <- min(Y3,Y4)
17
18  ## 射影変換行列(式 (4.7)の逆行列を求める前の行列)
19  ## (x1,y1),...,(x4,y4) から (X1,Y1),...,(X4,Y4)への射影変換
20  w1 <- matrix(c(x1, y1, 1,  0,  0, 0, -x1*X1, -y1*X1,
21                  0,  0, 0, x1, y1, 1, -x1*Y1, -y1*Y1,
22                 x2, y2, 1,  0,  0, 0, -x2*X2, -y2*X2,
23                  0,  0, 0, x2, y2, 1, -x2*Y2, -y2*Y2,
24                 x3, y3, 1,  0,  0, 0, -x3*X3, -y3*X3,
25                  0,  0, 0, x3, y3, 1, -x3*Y3, -y3*Y3,
```

```
26            x4, y4, 1,  0,  0, 0, -x4*X4, -y4*X4,
27             0,  0, 0, x4, y4, 1, -x4*Y4, -y4*Y4),
28            8,8,byrow=TRUE)
29  w2 <- matrix(c(X1,Y1,X2,Y2,X3,Y3,X4,Y4), 8,1)
30  w1 <- solve(w1, w2)  # w1 の逆行列と w2 の積. 8 行 1 列の行列
31  H1 <- matrix(c(w1,1),3,3, byrow=TRUE)  # 最終的な変換行列 H1
32
33  ## 変換後の全画素の座標に対応する原画像の座標を射影変換により計算
34  x <- rep(1:ncol(im1), each=nrow(im1))   # 全画素のx 座標
35  y <- rep(1:nrow(im1), ncol(im1))        # 全画素のy 座標
36  w2 <- H1 %*% rbind(x,y, rep(1, length(x))) # 変換後の座標を計算
37  x2 <- round(w2[1,]/w2[3,])              # w2[1,]: 原画像のx 座標
38  y2 <- round(w2[2,]/w2[3,])              # w2[1,]: 原画像のy 座標
39
40  ## 変換後の画像 im2 の作成(im1 から対応画素を抽出)
41  im2 <- matrix(0.5, nrow(im1), ncol(im1))  # 灰色を埋める
42  w3 <- !(x2<1 | x2>ncol(im1) | y2<1 | y2>nrow(im1))
43     # w3: 変換前画像の座標が領域内なら真で,領域外なら偽とする論理値
44  w1 <- matrix(c(y[w3],x[w3]), ncol=2)      # 原画像の座標点の添字行列
45  w2 <- matrix(c(y2[w3],x2[w3]), ncol=2)    # 変換画像の座標点の添字行列
46  im2[w1] <- im1[w2]  # 原画像の画素から変換画像の画素へコピー
```

このスクリプトによって得られる変換画像は,図 4.23(a) のように縦横比が不自然に
なってしまう.この図では,行方向に 3 倍程度拡大すると自然になるが,関数 apply に
よって同じ画素値を 3 回ずつ繰り返すことで実現できる.

```
plot(as.raster(apply(im2,2,function(w)rep(w,each=3))),interpolate=F)
```

実行すれば,図 (b) の自然な変換画像が得られる.なお,原画像を撮影したときの仰角
によって何倍がよいかが変わるが,ここでは,試行錯誤により 3 倍とした.

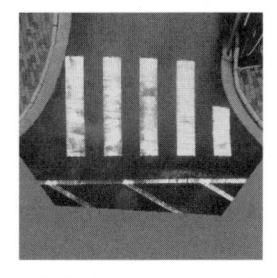

（a）縦横比が不自然な処理画像　　　（b）行方向に 3 倍程度拡大

図 4.23 変換画像

　射影変換の例として，自動車の運転席から道路をみた画像を上空からみたような画像に変換する車載カメラがあるが，あれはトリックではなく，この処理のように台形を長方形に座標変換しているに過ぎない．

　図 4.24 のように，大きな建物の正面の同じ位置からカメラを左右に向けて 2 枚の画像を撮影し，この 2 枚からパノラマ画像を作ることを考える．建物の中心から，カメラを左に向けて撮影すると，斜めに撮影することになり，まっすぐにみると長方形だったものが，台形に歪んでいる．しかし，射影変換によって台形を長方形に変換できるため，左右 2 枚のそれぞれの画像を射影変換し，それら 2 枚を手動で重ね合わせると，パノラマ画像ができる．

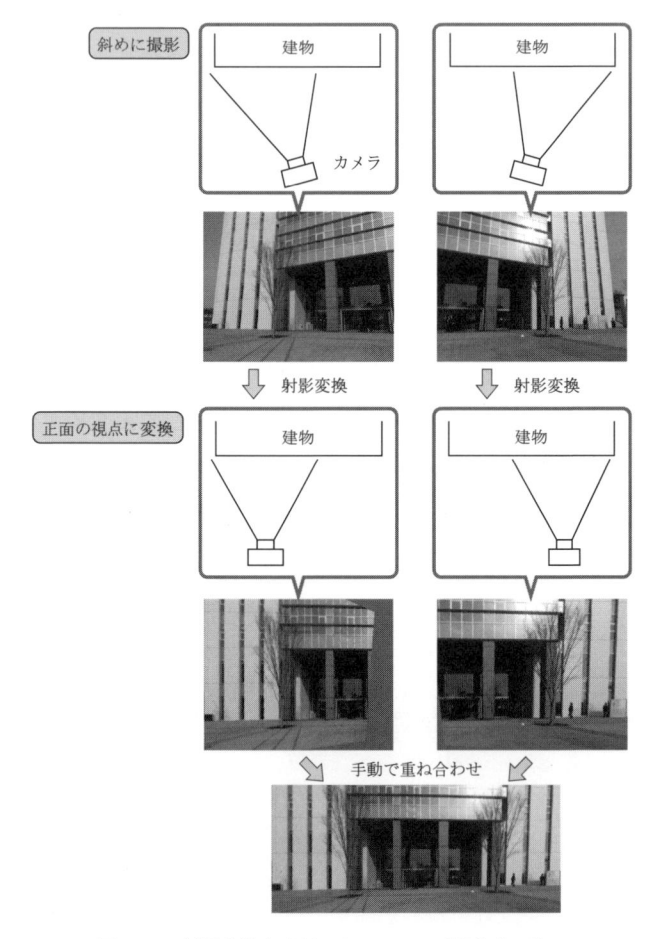

図 4.24　射影変換を利用したパノラマ画像作成の流れ

　実装は，2 枚の画像それぞれに対し，スクリプト 4.7 の射影変換を実行すればよい．左画像，右画像に対する射影変換の対応座標は，図 4.25 のようになる．正面からみた画像に変換した後，処理画像を一つにあわせれば，図 4.26 のパノラマ画像が作成できる．

　サンプルスクリプト **4.s1.R** では，図 4.24〜4.26 のサンプル画像 NX_left.pgm と NX_right.pgm に対して実際にパノラマ画像を作成しているので，実行してみてほしい．

（ａ）左画像　　　　　　　　（ｂ）右画像

図 4.25　左画像，右画像に対する射影変換の対応座標

図 4.26　射影変換によるパノラマ画像

画像圧縮

画像データは大きなデータ量をもつ．近年，パソコンのストレージの容量が増大し，通信回線の速度も向上しているが，非圧縮で大きなサイズの画像を保存すればたちまちディスクの容量不足となるし，非圧縮の動画像をアップロード，ダウンロードすると長時間かかる．そのため，画像をファイルに保存する際やデータ転送する際は画像の圧縮を行うのが通例となっている．

画像データを圧縮する方式としては，**JPEG 圧縮**が代表的である．JPEG 圧縮では通常，1/10 程度にデータが圧縮される．しかし，このような高圧縮率を得るのと引き換えに，画質の劣化が生じる．

また，近年，研究開発が盛んな電子透かし（画像の中に，気付かれないように著作権情報を埋め込む技術）などに使われている基本技術にも，JPEG 圧縮技術と共通のアイデアが使われている．

5.1 画像圧縮とは

5.1.1 ▶ 画像圧縮の種類

画像のデータ量を圧縮することを**画像圧縮**という．

画像圧縮は，**非可逆圧縮**と**可逆圧縮**の二つに大別される．圧縮した画像を閲覧できる状態に戻すことを展開というが，非可逆圧縮は，展開したときに圧縮前の原画像と完全に一致せず，画質の劣化を伴う圧縮方式である．これに対し，可逆圧縮は，展開したときに原画像に完全に一致するような，画像の劣化を伴わない圧縮方式である．一般に，可逆圧縮は非可逆圧縮と比べて圧縮率が低い．

画像圧縮にはさまざまな方法がある．基本的に，圧縮方式によってファイル形式（拡張子）は決まる．つまり，1.2 節でみたファイル形式の種類の表 1.3 が，そのまま圧縮方式の種類になる．

5.1.2 ▶ JPEG 圧縮

本書では，広く普及している静止画像の圧縮方式である JPEG 圧縮の方法について，詳しく解説する．JPEG という名称は，$\underline{J}$oint $\underline{P}$hotographic $\underline{E}$xperts $\underline{G}$roup の略であり，JPEG 圧縮の規格を制定した組織の名称に由来する．JPEG 圧縮は非可逆圧縮だが，1/10 程度に圧縮することができ，一般に 1/2 程度しか圧縮できない可逆圧縮と比べて圧縮率がかなり高い．

JPEG 圧縮では，画像を縦 8 ×横 8 画素の領域（これをブロックという）に分割し，圧縮処理をブロックごとに行う．各ブロックにおいて，具体的にどのような流れで圧縮・展開処理が行われるかについては，次節以降で詳しく解説する．

5.2　JPEG 圧縮の手順と画質

非可逆圧縮は，画質の劣化と引き換えに高圧縮率を達成している．そのため，画質がどの程度劣化するかがポイントとなる．画質が悪くなる原因は，圧縮手法に依存するため，画質を劣化させにくくするためには，圧縮手法の特徴を知っておくことが必要である．

5.2.1 ▶ JPEG 圧縮・展開処理の全体の流れ

JPEG 圧縮では，上述したように 8 × 8 画素のブロックごとに圧縮・展開する．1 ブロックあたりに対する処理手順は，以下のようになる．

[圧縮]

1　**離散コサイン変換（DCT）**を行い，画素値を DCT 係数に変換する．
　 JPEG 圧縮技術の中心は，この離散コサイン変換とよばれる処理である．英語名 $\underline{D}$iscrete $\underline{C}$osine $\underline{T}$ransform の頭文字をとって DCT とよばれることが多く，本書でもこの表記を用いる．
　 DCT は，画像の濃淡を cos 成分が表す波（縞模様）に分解する処理である．この処理を行うと，画素値は **DCT 係数**とよばれる数値に変換される．

2　DCT 係数を**再量子化**する．
　 連続値を整数値に変換する**量子化**に対し，整数値のデータを定められた段階の整数値に変換することを，再量子化という．たとえば，$0, 1, 2, \ldots, 255$ の 256 段階の整数値を，$0, 2, 4, \ldots, 254$ の 128 段階の数値に変換する，という処理である．
　 再量子化には，**量子化行列**とよばれる定数値の 8 × 8 行列が使われる．DCT 係数の行列の各成分に対し，量子化行列の同じ成分の値を割り，四捨五入して整数化することで，再量子化がなされる．
　 再量子化によって，波の振幅が小さく画素への影響が少ない cos 成分をゼロにする

ことができる．これによって，データが圧縮される．

量子化行列のパラメータによって，所望の圧縮率になるように再量子化の段階数を調整することができる．原画像やブロックの位置が変わっても，同じ行列が使われる．

3　再量子化された DCT 係数を**符号化**し，圧縮されたデータが得られる．

先の手順で再量子化された DCT 係数を符号化することで，圧縮画像データができ上がる．この処理には，符号化手法として一般的な，**ハフマン符号化とランレングス符号化**が使われる．これらは可逆圧縮で，展開処理時に行う復号処理によって，まったく同じ再量子化された DCT 係数を取り出すことができる．

（ハフマン符号化とランレングス符号化は情報理論の技術のため，本書では原理や実装方法には立ち入らない．）

[展開]

1　符号化された圧縮データを**復号**し，再量子化後の DCT 係数を得る．

符号化されたデータを復号することで，再量子化された DCT 係数を取り出す．

2　DCT 係数に量子化行列の同じ位置（行と列が同じ位置）の値を乗じ，DCT 係数を得る．

ただし，圧縮の手順 2 で四捨五入を行ったため，もとの DCT 係数と似通った値にはなるものの，完全に一致はしない．

3　**逆離散コサイン変換（IDCT）** を行い，最終的な展開画像の画素値を得る．

逆離散コサイン変換（Inverse Discrete Cosine Transform, IDCT）は，DCT と逆の操作であり，cos 成分で作られる波を足し合わせることで，画像の濃淡，つまり，画素値の 8×8 行列が再び得られる．

JPEG 圧縮・展開の処理の一連の流れと，それにともなうブロックの数値の変化を，図 5.1 に示す．

5.2.2 ▶ 画質が悪くなる原因

JPEG 圧縮では圧縮率を設定することができるが，高圧縮にすると画質が悪くなってしまう．その原因はおもに二つある．

- 画像が滑らかでない場合の劣化．
- ブロックノイズの発生による劣化．

前述したように，JPEG 圧縮では，画像を縦 8 ×横 8 画素のブロックに分け，各ブロックで圧縮処理を行うが，このため，ブロックの境界が滑らかにつながらず，うっすらと境界線がみえることがある．これをブロックノイズという．

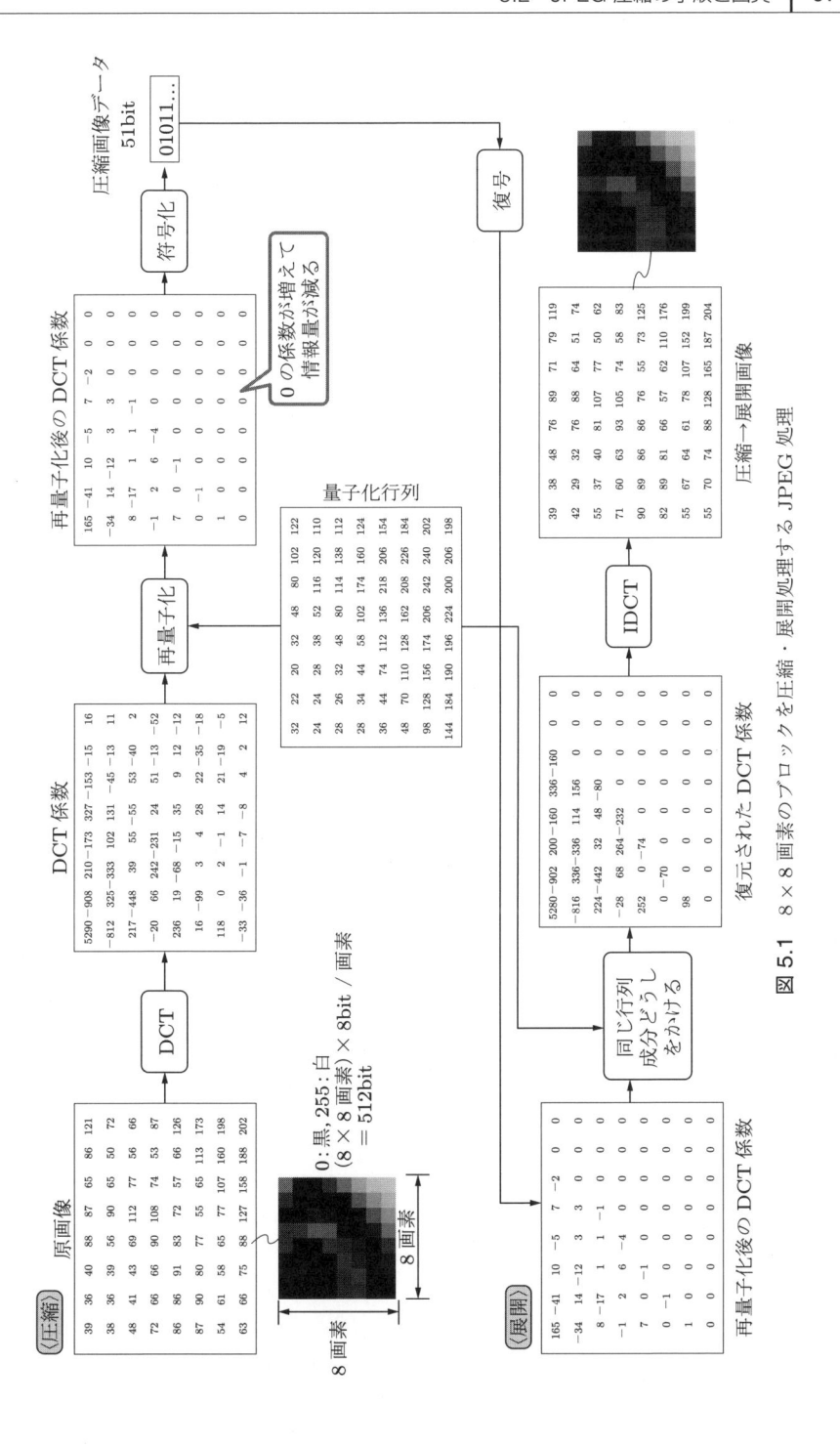

図 5.1 8 × 8 画素のブロックを圧縮・展開処理する JPEG 処理

5.2.3 ▶ スクリプトで実際に確認する

それでは，512×512 画素の lena 画像に対して JPEG 圧縮を実装し，画質の劣化がどの程度になるかを確認しよう．なお，前述のように符号化は行わないが，それによる画質の変化は起こらない．

R では，DCT と IDCT をパッケージ dtt の関数 mvdct で行うため，dtt の使用を宣言する必要がある．また，本書では量子化行列を

$$
\begin{array}{cccccccc}
32 & 22 & 20 & 32 & 48 & 80 & 102 & 122 \\
24 & 24 & 23 & 38 & 52 & 116 & 120 & 110 \\
28 & 26 & 32 & 48 & 80 & 114 & 138 & 112 \\
28 & 34 & 44 & 58 & 102 & 174 & 160 & 124 \\
36 & 44 & 74 & 112 & 136 & 218 & 206 & 154 \\
48 & 70 & 110 & 128 & 162 & 208 & 226 & 184 \\
98 & 128 & 156 & 174 & 206 & 242 & 240 & 202 \\
144 & 184 & 190 & 196 & 224 & 200 & 206 & 198
\end{array}
\tag{5.1}
$$

としている．

画像の圧縮・展開は次のスクリプトで実行できる．

スクリプト 5.1　圧縮・展開　　　　　　　　　　　　　　　　　　▶ 5.1.R

```R
1   # 画像がim1 に入っている. 処理結果が im3 に入る
2   im1 <- im1 * 255  # read.pnm で 0〜1 に変換した画素値を 0〜255 の整数値に戻す
3   library(dtt)       # 離散コサイン変換の入ったパッケージの使用宣言
4   w3 <- matrix(c(16,11,10,16, 24, 40, 51, 61,  # 量子化行列
5                  12,12,14,19, 26, 58, 60, 55,
6                  14,13,16,24, 40, 57, 69, 56,
7                  14,17,22,29, 51, 87, 80, 62,
8                  18,22,37,56, 68,109,103, 77,
9                  24,35,55,64, 81,104,113, 92,
10                 49,64,78,87,103,121,120,101,
11                 72,92,95,98,112,100,103, 99),8,8,byrow=T)*2
12  im2 <- matrix(0, nrow(im1), ncol(im1))  # 圧縮・展開画像
13  for(j in seq(1,nrow(im1), 8)){     # 1から 8おきにim1 の行数まで繰り返す
14    for(jj in seq(1,ncol(im1), 8)){ # 1から 8おきにim1 の列数まで繰り返す
15      w1 <- im1[j:(j+8-1), jj:(jj+8-1)]  # 1ブロック (8×8画素)をw1 へ格納
16      w2 <- mvdct(w1)                    # w1 を DCT して w2 へ格納
17      w4 <- round(w2/w3)                 # 量子化行列で割って四捨五入して再量子化
18      w4 <- w4*w3                        # 展開処理として，量子化行列をかける
19      w5 <- mvdct(w4,inv=T)              # IDCT（逆離散コサイン変換）
20      im2[j:(j+8-1), jj:(jj+8-1)] <- w5  # 1ブロック分の画像をim2 に戻す
21    }
22  }
```

```
23   im3 <- im2/255  # 画像表示用に 0-1正規化
24   im3[im3<0] <- 0
25   im3[im3>1] <- 1
```

図 5.2 に，このスクリプトによって JPEG 圧縮し，それを再度展開した画像を示す．両者の違いは見た目では区別できないが，データ量はおよそ 1/10 程度に圧縮されている．実際，原画像と圧縮・展開画像の画素値は一致していない．

（a）原画像 　　　　　（b）JPEG 圧縮後に展開した画像

図 5.2 JPEG 圧縮した後に展開画像した画像

両者の違いを見比べるために，画像の一部を拡大してみよう．lena 画像は，512×512 画素で構成されており，8×8 画素のブロックは $64 \times 64 = 4096$ 個でき，それぞれで圧縮処理がなされている．瞳部分の 2×2 ブロックを拡大した画像と各画素値を，図 5.3 に示す．拡大画像においても原画像と圧縮展開画像の画質の違いやブロックノイズは知覚できないが，画素値が変わっていることがわかる．256 階調の lena 画像とその圧縮・展開画像の各画素は，0 から 255 の値をとる．原画像と圧縮展開画像では数値が異なるのがわかる[†]．

次節から，各手順を詳しく解説していく．圧縮と展開の手順 1〜3 は，それぞれ対になった処理である．5.3 節では DCT と IDCT について，5.4 節では再量子化について，5.5 節では符号化と復号化について，それぞれ述べる．

[†] SIDBA の画像の一つである lena 画像にはいくつかのバージョンがあり，見た目ではわからないが，画素値が若干異なる．それによって，処理結果の数値が若干変わりうる．これは，次節以降も同様である．

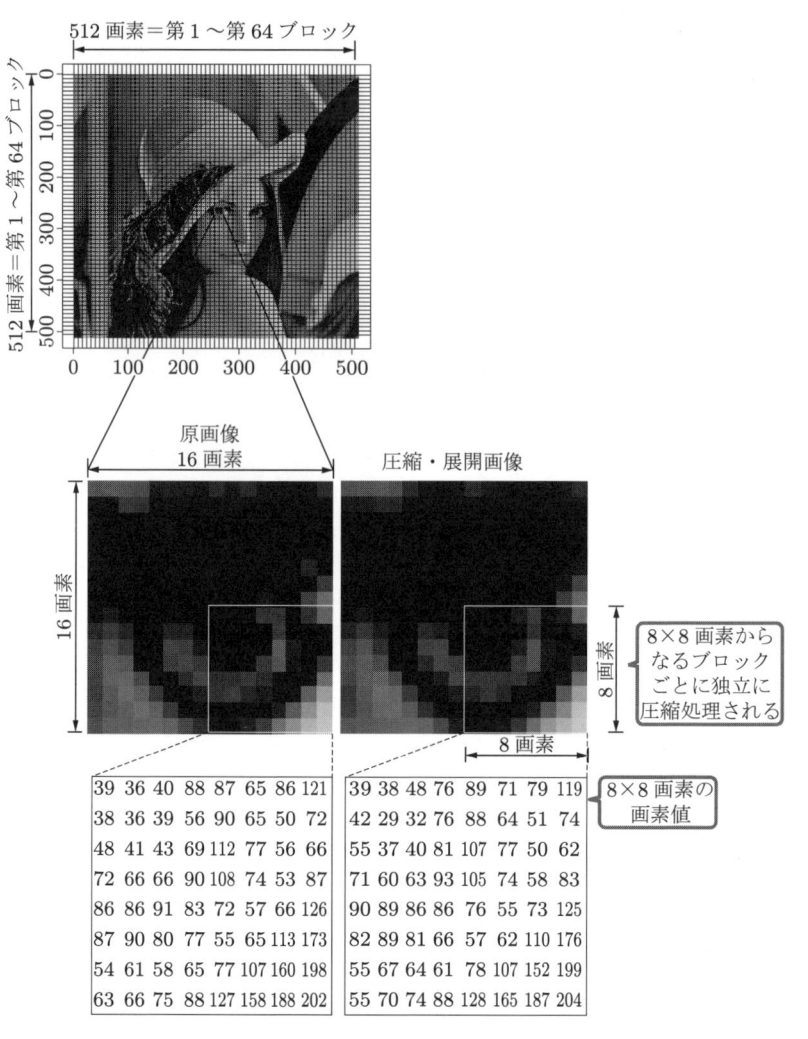

図 5.3 圧縮処理と画素値

5.3 DCT と IDCT の詳細

　前述したように，DCT は，画像の濃淡を cos 成分が表す波（縞模様）に分解する処理のことだった．DCT 係数は，この分解された波の情報を集めたものである．DCT で入力されるのは，画像の 1 ブロックである 8 × 8 の画素値の行列であり，出力される DCT 係数もまた，8 × 8 行列である．この処理の逆が IDCT である．

cos 成分（波の模様）は，図 5.4(a) に示すように，縦の波（縦縞）と横の波（横縞）の組み合わせで作られる（この画像の表示方法は，サンプルスクリプト **5.s1.R** 参照）．ただし，画素値は 0 を中心に正負の値をとるため，濃淡表示にあたり，黒は負の値，灰色は 0，白は正の値に対応させている．左上が周波数 0 の成分[†] で，右や下へいくほど周波数が増え，波の間隔が短くなる．右下で周波数は縦横ともに最高となり，1 画素ごとに濃淡が反転する．

lena 画像の瞳の部分の 8×8 画素の画像を図 5.4(b) に，これに対応する DCT 係数を図 (c) に示す．DCT 係数の各成分は，図 (a) に対応する cos 成分の波の振幅を表している．DCT 係数が負の値をとるときは，対応する cos 成分の濃淡が反転する．

縦方向に周波数 2，
横方向に周波数 1 の
cos 波
・負の値は黒色
・0 は灰色
・正の値は白色

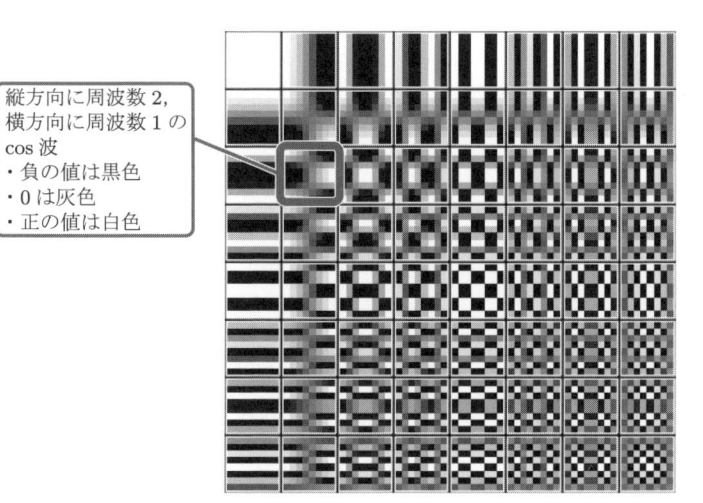

（a）各 cos 成分が表す画像パターン（波の模様）

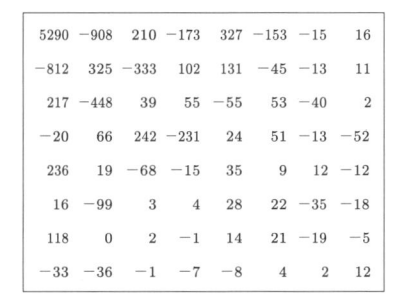

5290	-908	210	-173	327	-153	-15	16
-812	325	-333	102	131	-45	-13	11
217	-448	39	55	-55	53	-40	2
-20	66	242	-231	24	51	-13	-52
236	19	-68	-15	35	9	12	-12
16	-99	3	4	28	22	-35	-18
118	0	2	-1	14	21	-19	-5
-33	-36	-1	-7	-8	4	2	12

（b）lena 画像の瞳の部分　　　　　　（c）DCT 係数

図 5.4　各 cos 成分が表す画像パターンと DCT

[†] これを直流という．画像では，明るさが均一の平坦な濃度を意味する．

　一般に，画像を cos 成分に分解すると，低周波数成分は正負ともに 0 から離れた値を
とり，高周波数成分は 0 に近い値をとる．これは，高周波数成分は，画像の濃淡を構成
する要素として，あまり影響を与えないことを意味する．

　分解された波のパターンを逆変換によって重ね合わせると，もとの画像が得られる．
それでは，高周波成分を取り除き，重ね合わせるパターンの枚数を減らすと，逆変換さ
れた画像がどのようになるかみてみよう．処理方法は，図 5.5 にも示すように，以下の
手順で行う．

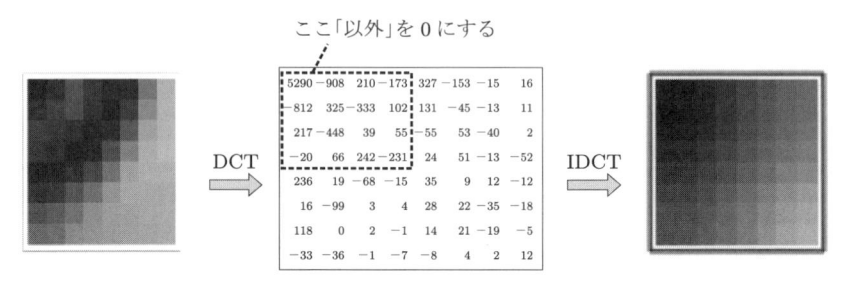

図 5.5　処理の手順

1　画像を DCT する．
2　DCT 係数のうち左上の $j \times j$ 画素のみを残して，残りを 0 にする．
3　IDCT を行う．
4　j を 2 から 8 まで繰り返し，7 枚の画像を得る（$j = 1$ では，濃淡のない平坦な画
　像ができるだけなので，省略する）．

DCT 係数のうち左上の 2×2 領域のみを残す処理は次のスクリプトで実行できる．

スクリプト 5.2　DCT した後に cos 成分のうちの高周波成分を 0 にして IDCT　▶5.2.R

```
1   # パッケージdtt がインストールされている．lena 画像が im1 に入っている
2   # 処理結果をw3 に入れる
3   im1 <- im1 * 255            # 0～255画素値に変換
4   w1 <- im1[267:274,267:274]  # 瞳付近の 8×8画像のブロックを抽出
5   w2 <- mvdct(w1)             # w1 を DCT して w2 に格納
6
7   ## 左上の画素だけ残し,高周波成分を 0にする
8   j <- 2                     # cos 成分を 0 にする割合
9   w3 <- matrix(0,8,8)        # 8×8行列w3 を初期値 0 にて生成
10  w3[1:j,1:j] <- w2[1:j,1:j]  # 左上のj×j 領域のみ DCT 成分をコピー
11  w3 <- mvdct(w3, inv=T)     # IDCT して画像に戻す
```

　行 8 の値 j を 3～8 に変化させれば，3×3～8×8 領域のみを残すスクリプトも作成

できる.

結果は,図 5.6 のようになる.低周波成分だけでは滑らかな画像になり,原画像とか
け離れてしまうが,高周波成分を増やしていくと,徐々に細部がクリアになる.最後ま
で高周波成分を重ねなくても画質はほとんど変わらず,この性質を利用して高周波成分
を削除することで,データを圧縮することができる.その具体的な方法については,次
節で説明する.

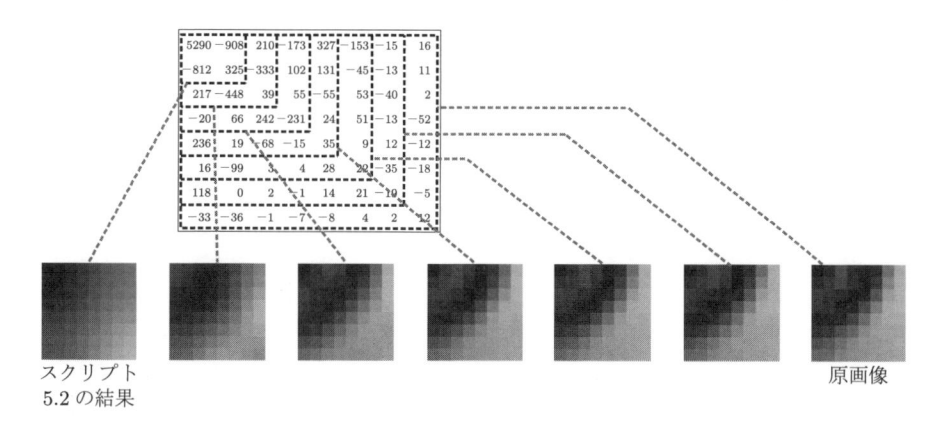

図 5.6 cos 成分のうちの高周波成分を 0 にして逆変換する

5.4 再量子化と復元の詳細

この節では,データが圧縮される仕組みである,再量子化を詳しくみていく.先に用
いた図 5.1 の中で,DCT 係数を再量子化し,再び DCT 係数に復元する部分のことで
ある.この部分の詳細を図 5.7 に示す.

圧縮過程において,各 DCT 係数は対応する量子化行列の値で除算され,小数点以下
が四捨五入され,整数化される.JPEG 圧縮の規格により,量子化行列は低周波成分に
相当する左上ほど小さな値で,右下ほど大きな値となっている.そのため,再量子化後
の DCT 係数は,中央から右下にかけて非常に小さな値となり,四捨五入によって大半
が 0 となる.もとの DCT 係数と再量子化後の DCT 係数を見比べると,情報の量が減
少したことがわかる.

本書では,量子化行列に式 (5.1) を用いており,スクリプト 5.1 では,行 4~11 で行
列を w3 に入れ,行 17 で除算と四捨五入をしている.

展開過程においては,再量子化後の DCT 係数にそれぞれ対応する量子化行列の成分
が乗算されて,DCT 係数として復元される.再量子化によって値が変わるため,完全

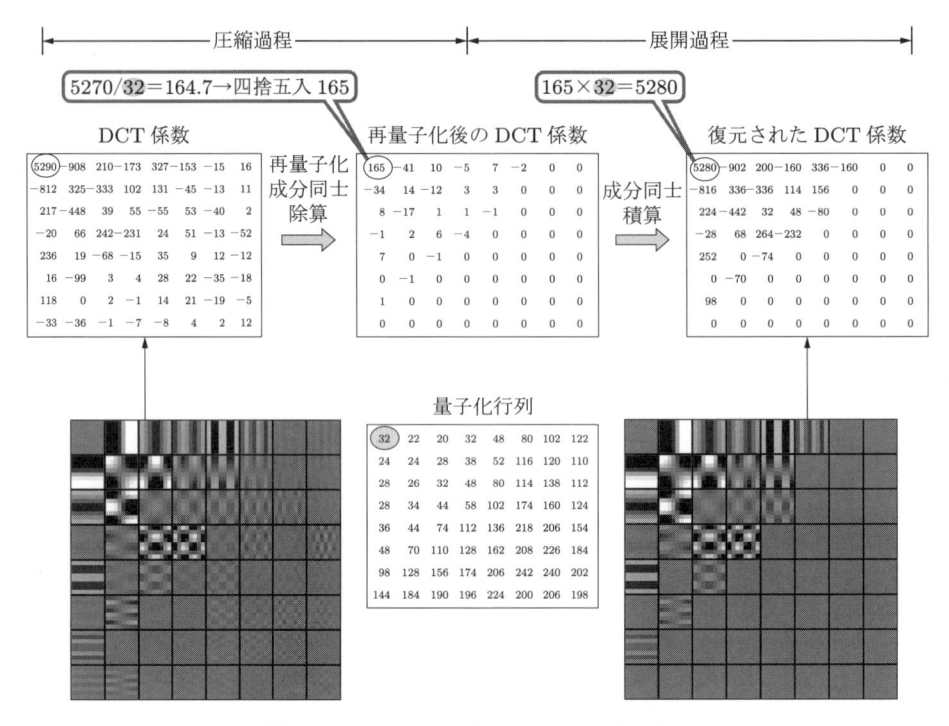

図 5.7 圧縮・展開過程での DCT 係数の変化

に復元されるのではなく，元データに対して誤差をもつ．誤差は，低周波成分ほど小さく，高周波成分ほど大きい．

　圧縮過程を経ると低周波成分については細かく再量子化され，高周波成分については粗く再量子化される．もとの DCT 係数と圧縮・展開過程を経た後の DCT 係数の関係を低周波成分の場合と高周波成分の場合について模式的に表現すると，図 5.8 のようになる．

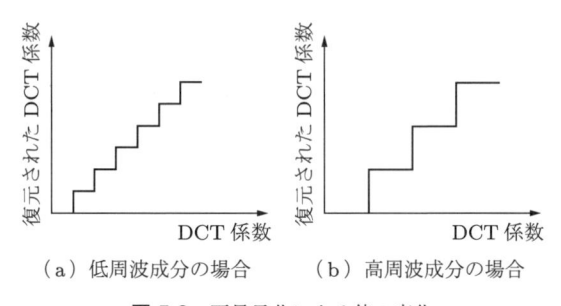

（a）低周波成分の場合　　（b）高周波成分の場合

図 5.8 再量子化による値の変化

本節の最後に，DCT 係数の可視化の方法について解説する．図 5.7 左下のような，原画像に関する DCT 係数の可視化を行う手順とスクリプトは，以下である．

---

1 原画像から，対象とする大きさ 8×8 の 1 ブロックを抽出する．
2 DCT を行う．
3 DCT 成分の jj 行 j 列のみを IDCT し，画像表示する．
4 手順 3 から 5 を，j と jj についてそれぞれ 1 から 8 まで繰り返す．

スクリプト 5.3　DCT 係数の可視化　　　　　　　　　　　　　　　　　▶ 5.3.R

```
1   # パッケージdtt がインストールされている．画像が im1 に入っている
2   im1 <- im1 * 255              # 0～255画素値に変換
3   w1 <- im1[265:272,265:272]    # 瞳付近の 8×8画像のブロックを抽出
4   w2 <- mvdct(w1)               # w1 を DCT して w2 に格納
5
6   ## 原画像のcos 成分を可視化表示
7   dev.new(width=4,height=4)
8   par(mfcol=c(8,8),mai=rep(0.02,4))   # 8×8枚の複数画像表示
9   w3 <- matrix(0,8,8)
10  for(j in 1:8){        # DCT 成分の行列の列 j を 1 から 8 までループ
11    for(jj in 1:8){   # DCT 成分の行列の行 jj を 1 から 8 までループ
12        w3[,] <- 0
13        w3[jj,j] <- w2[jj,j]     # DCT 成分の jj 行 j 列のみ w3 へ格納
14        w4 <- mvdct(w3,inv=T)    # IDCT
15        w4 <- w4/32+0.5          # 画像表示のレンジに合わせるため 32で割る
16                                 # 正,負の値をもつため +0.5して 0を灰色に割り当てる
17        w4[w4<0]<-0; w4[w4>1] <- 1        # 0～1の範囲外を 0～1に制限
18        plot(as.raster(w4), interpolate=F)  # 画像表示
19    }
20  }
```

上記のスクリプトの行 4 の後に再量子化と復元を行う以下の文を追加すれば，圧縮・展開後の DCT 係数も得られる．

```
w5 <- matrix(c(16,11,10,16, 24, 40, 51, 61,  # 量子化行列
               12,12,14,19, 26, 58, 60, 55,
               14,13,16,24, 40, 57, 69, 56,
               14,17,22,29, 51, 87, 80, 62,
               18,22,37,56, 68,109,103, 77,
               24,35,55,64, 81,104,113, 92,
               49,64,78,87,103,121,120,101,
               72,92,95,98,112,100,103, 99),8,8,byrow=T)*2
w2 <- round(w2/w5)*w5  # DCT 成分を再量子化
```

結果は図 5.7 右下のようになる．

5.5　符号化と圧縮率

　再量子化後の DCT 係数が可逆圧縮としての符号化を経て，圧縮データとなる．JPEG 圧縮の符号化には，一般的な**ハフマン符号化**と**ランレングス符号化**が用いられる．

　ハフマン符号化の原理は，出現頻度の高い値に短い符号を割り当て，出現頻度の低い値に長い符号を割り当てることによって，符号の全体量を少なくするというものである．

　ハフマン符号化による圧縮率は，情報理論で用いられる情報量エントロピーを使って近似的に見積もることができる．情報量エントロピーの単位は bit であり，1 画素あたりを何 bit で表すことができるかを意味する．情報量エントロピー H は次の式で得られる．

$$H = -\sum_i p_i \log_2 p_i$$

ここで，p_i はシンボルの出現確率といい，原画像の場合，画素値 i の出現確率である．たとえば，画像全体で画素値 0 が何回出現するかをカウントして画像全体の画素数で割れば，画素値 0 の出現確率が求められる．これを，画素値 1，画素値 2，$\cdots$，画素値 255 まで繰り返せば，すべての p_i が求められる．圧縮データの場合は，再量子化後の DCT 係数の出現確率である．

　出現確率の分布が一様なほど情報量エントロピーは大きくなり，分布の偏りが大きいほど情報量エントロピーは小さくなる．画像 im1 をハフマン符号化した場合の 1 画素あたりの bit 数（＝情報量エントロピー）は，近似的に

```
w8 <- sort(table(image1),dec=T)-sum((w8/sum(w8))*log(w8/sum(w8),2))
```

で求めることができる．また，得られた変数 w8 を利用して

```
barplot(w8,xlim=c(0,256),xaxt='n')
```

を実行することで，画素値のヒストグラムを描画できる．

　lena 画像に対して上記のスクリプトを実行すると，情報量エントロピーは 7.45 bit となり，ヒストグラムは図 5.9(a) のようになる．原画像は 1 画素 8 bit で表現されているので，原画像の画素のままハフマン符号化を行っても情報量エントロピーはほとんど減らないことがわかる．

　これに対して，スクリプト 5.1 によって得られる lena 画像の圧縮画像について上記のスクリプトを実行すると，情報量エントロピーは 1.53 bit となり，ヒストグラムは図 (b) のようになる．エントロピーは確かに減少しており，約 1/5 のデータ量となる．また，この図からも，大部分の画素値が狭い範囲に集まっていて分布の偏りが激しいこと

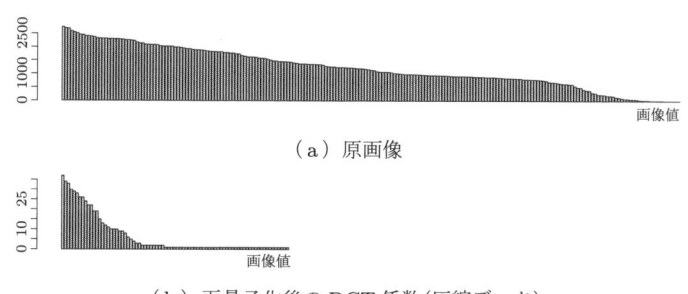

（a）原画像

（b）再量子化後の DCT 係数(圧縮データ)

図 5.9 原画像の画素値のヒストグラムと圧縮データの画素値のヒストグラム

がわかる.

JPEG 圧縮では，さらに**ランレングス符号化**が付加される．これまでにみたように，DCT 係数の場合，0 が多く含まれる．そこで，たとえば，20 個の 0 が連続する $(0, 0, \ldots, 0)$ のかわりに 0 の長さ 20 で表現するというアイデアである．

一般的には，(0 の長さ，0 以外の数字) というペアで表現する．たとえば，$(0, 2, 0, 0, 0, 0, 3, 0, 0, 0, 0, 0, 1, 0, 0, 5)$ をランレングス符号で表すと，$(1, 2), (4, 3), (5, 1), (2, 5)$ となる．

行列に入った 1 次元系列に並べる際の規則として，DCT 係数を 0 が連続しやすいように，図 5.10 に示すようなジグザグに走査する方法が用いられる．

ハフマン符号化とランレングス符号化が合わさって，1/10 程度に圧縮される．

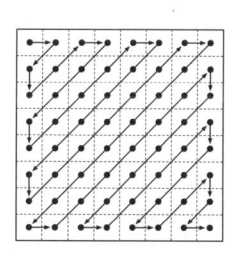

図 5.10 ランレングス符号化のためのジグザク走査

テンプレートマッチング
による物体検出

　前章までは，画像を変換してみやすくしたり，わかりやすくしたりする画像処理を扱ってきた．本章以降は，コンピュータに画像を理解させて物体の検出やカテゴリの判別などを行う画像認識について解説していく．本章はその中の一つである「テンプレートマッチング」を扱う．

6.1　テンプレートマッチングとは

　人や車など，みつけたいものを画像の中から探し出して出現位置を特定することを，物体検出という．本章では，物体検出の中でもっとも基本的かつ単純な手法である，**テンプレートマッチング**について説明する．なお，本書で用いる「検出」という表現は，「認識」と同じ意味である．扱う問題や分野によって，このように名称が変わることがある．

　テンプレートとは，みつけたいものを代表的な画像として与えるもので，ひな形を意味する英単語に由来する用語である．テンプレートマッチングは，画像の中から用意されたテンプレートに似た箇所を探し出し，位置を検出するという手法である．ただし，画像内にある検出したい物体と，テンプレートの画像が，大きさや角度，形に違いがあると，うまく検出できないので注意が必要である．

　テンプレートマッチングでうまく検出できる条件の揃った応用場面として，工場の自動化（FA）がある．FA の現場では，実際にテンプレートマッチングによる物体検出が広く使われている．たとえば，工業用ロボットがロボットハンドでコネクタにコードを差し込むため，図 6.1 のようにコネクタをテンプレートとしてコネクタの位置を検出するのに用いられる．

　テンプレート画像と似ているか似ていないかを調べるために，**類似度**という数値を利用する．画素を計算して，類似度が最大になる箇所を特定し，その最大値が基準を超えれば，そこに物体があると判別する．逆に，類似度の最大値が基準以下であれば，テンプレートに似た画像はないと判断する．

　類似度にはさまざまなものがある．代表的なものを以下に示す．

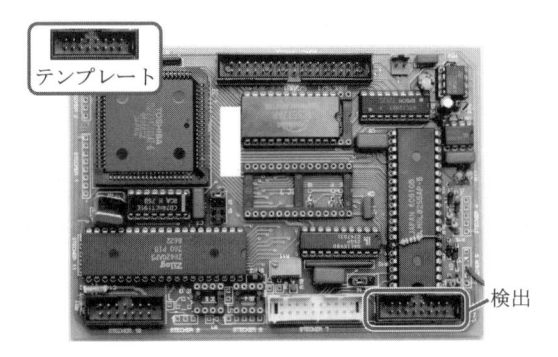

図 6.1 テンプレートマッチングを FA に応用

- **cos 類似度**

  画像を，画素値を成分とするベクトルとして，2 画像間の類似度を二つのベクトルのなす角度の cos で表し，角度が狭いほど類似しているとする．cos 類似度のしくみを図 6.2(a) に示す．通常，ブライトネスの違いを無視して形の類似性を問題にするため，あらかじめ各画像の平均値を引いてから cos 類似度を計算することが多い．

- **相互相関係数**

  相互相関係数の計算方法は次のとおりである．

  まず，2 画像のそれぞれの画像の画素から，画像の平均値を引く．次に，2 画像の対応する（平均値が引かれた）画素値の積を求め，それを全画素について総和する．最後に，得られた値を 2 画像の標準偏差でそれぞれ割ったものが，相互相関係数である．

  前述の cos 類似度において，あらかじめ各画像の平均値を引いておいた場合，cos 類似度と相互相関係数は一致する．

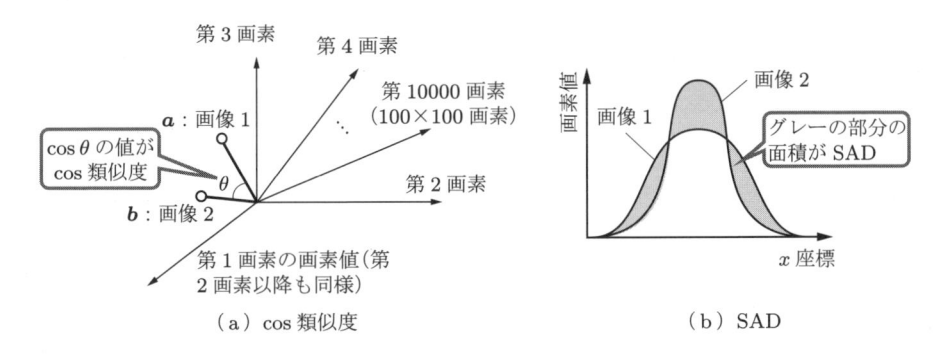

図 6.2 cos 類似度と SAD のしくみ

- **SAD**（sum of absolute difference, 差の絶対値の和）

　2 画像の対応する画素どうしの差を計算し，絶対値をとってから全画素で総和を求める．値が小さいほど類似しているとする．絶対値を取ることで，差が正のときと負のときで相殺されないようにしている．演算量が少ない反面，ブライトネスの違いやコントラストの違いの影響を受けやすい．SAD のしくみを図 6.2(b) に示す．

- **SSD**（sum of squared difference, 差の 2 乗和）

　2 画像の対応する画素どうしの差を計算し，2 乗してから全画素で総和を求める．値が小さいほど類似しているとする．SAD と同じく，演算量が少ない反面，ブライトネスの違いやコントラストの違いの影響を受ける．

　通常，ブライトネスやコントラストの違いの影響を受けにくい相互相関係数が，類似度としてよく利用されるが，本章では，相互相関係数と同じ値となり，かつ，直感的理解が容易である cos 類似度の原理について説明し，cos 類似度を利用したテンプレートマッチングの実装方法を解説する．

6.2　cos 類似度の原理

6.2.1 ▶ cos 類似度の原理

　cos 類似度は，画像の画素値を行列ではなくベクトルのデータとして考える．図 6.3 のように，1 行目の左端から順に画素に番号を振る．比較する二つの画像に対して，i 番目の画素値をそれぞれ a_i, b_i とし，ベクトル

$$\boldsymbol{a} = (a_1, a_2, \ldots, a_n), \qquad \boldsymbol{b} = (b_1, b_2, \ldots, b_n)$$

を考える．たとえば，縦 100 × 横 100 画素の 10000 画素からなる画像は，10000 個の

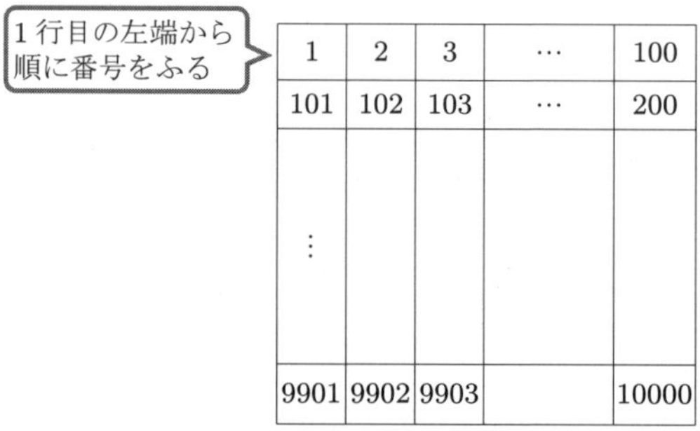

1行目の左端から順に番号をふる	1	2	3	⋯	100
	101	102	103	⋯	200
	⋮				
	9901	9902	9903		10000

図 6.3　画素とベクトルとの関係

成分をもつ 10000 次元のベクトルになる.

この二つのベクトルの近さは,類似度の高さを意味し,その指標の一つが cos 類似度である.ベクトル a, b のなす角 θ について,$\cos\theta$ の値が cos 類似度である.ベクトル a, b の距離を求めるのではなく,ベクトルの方向の差を測っており,

- 二つのベクトルの方向が一致　⇔　cos 類似度は 1
- 二つのベクトルの方向が正反対　⇔　cos 類似度は -1
- 二つのベクトルの方向が直交　⇔　cos 類似度は 0

という関係になる.

cos 類似度を求めるには,ベクトル成分の平均(画素値の平均)が 0 になるように各成分から平均値を引くことで,ベクトル a, b を更新する必要がある.そのうえで,cos 類似度は次式で計算できる.

$$\cos\theta = \frac{a \cdot b}{|a|\,|b|} = \frac{\sum_{i=1}^{n} a_i b_i}{\sqrt{\sum_{i=1}^{n} a_i^2}\sqrt{\sum_{i=1}^{n} b_i^2}} \tag{6.1}$$

ここで,$a \cdot b$ は,ベクトル a と b の内積,$|a|$ はベクトルの絶対値(ベクトルの長さ)である.

6.2.2 ▶ 閾値とその決め方

テンプレートマッチングでは,画像の中からテンプレート画像との類似度が最大となる箇所を探す.そのとき,類似度の最大値が大きな値を示さず,小さな値となった場合には,テンプレートと類似する箇所は存在しないと判別すべきである.

ここで,類似する箇所が存在するかしないかの判断が分かれる類似度の値を**閾値**(しきいち)という.この閾値をどう決めるかは難しい問題であり,形の違い(テンプレートと実物の形の違い)をどれくらい許容できるかに依存する.許容範囲を広げるには閾値を下げればよいが,そうすると誤検出(ないのにあると判断してしまうこと)が増える.実際のところ,値を変えて調整するしかない.

cos 類似度のとりうる値の範囲は $-1 \leqq$ cos 類似度 $\leqq 1$ なので,0 と 1 の中間の値である 0.5 を閾値とする方法などがある.

6.3　街中の画像から車両を検出する

それでは,実践例として,街中の画像から車両を検出するスクリプトを実装しよう.
本章で使用する画像 car1.pgm〜car8.pgm は以下のディレクトリに収められている.

`RImageProc/Etc/Car/`

これら8枚の画像は，すべて縦300 × 横1400画素のモノクロ画像である（図6.4）．
car4.pgm の［縦：80〜210画素，横：450〜720画素］の位置に車両がある．この部分
をテンプレート画像として抜き出し，cos 類似度の計算によって車両をきちんと検出で
きるか確かめよう．ただし，car8.pgm の中には対象とする車両は存在しないので，車
両がないと判別する必要がある．

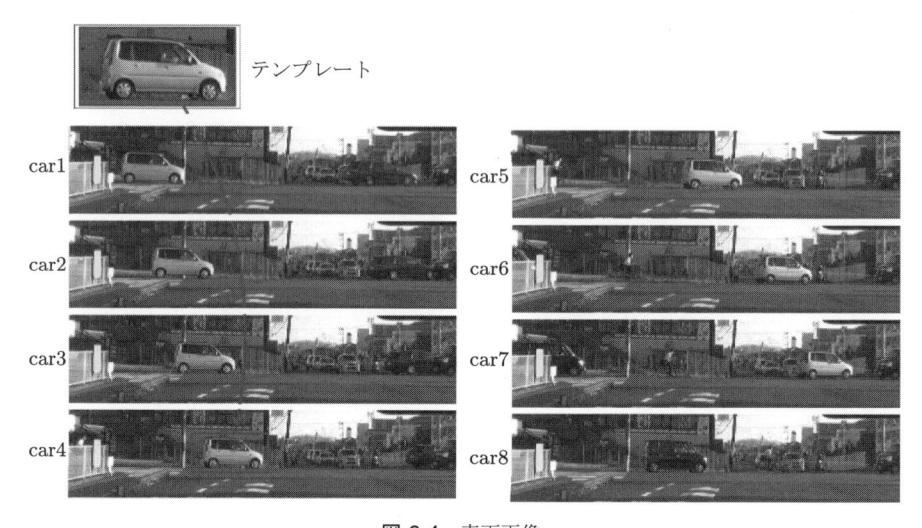

テンプレート

car1

car2

car3

car4

car5

car6

car7

car8

図6.4　車両画像

車両検出の手順は，以下のようになる．

1　画像内にテンプレート画像（車両画像）が存在するかしないかの閾値を threshold
　　で与える．

2　car4.pgm を行列 im1 に読み込む．画像内の車両部分 im1[80:210, 450:720] を
　　テンプレート画像とし，im2（131 × 271画素）に入れる．

3　car1.pgm を im1 に読み込む．im1 の左上から，テンプレート画像 im2 と同じ大き
　　さの矩形を考え，縦方向，横方向に20画素刻みでずらしていき，各位置でテンプ
　　レート画像との類似度を求める．

4　もっとも類似度が高かった位置の矩形について，その左上の x 座標と y 座標を x，
　　y とし，そのときの類似度を sim とする．x，y，sim の3成分をもつリストを結果
　　とし，result に入れる．

5　類似度 sim の最大値が threshold 以上ならそこにテンプレートがあると判別（検
　　出）し，threshold 未満ならテンプレートは画像の中に存在しないとする．

6　各ブロックの類似度の値を四角形の大きさで表して画像に重ね描きする．その際，
　　類似度の最大値が threshold 以上なら四角形を赤で描き，そうでなければ青で
　　描く．

7 car2.pgm〜car8.pgm で手順 3〜6 を繰り返し，リスト **result** を更新（追加）しながら検出を行う．

類似度 **sim** の値が閾値以上ならそこを検出位置とし，閾値未満なら対象物は存在しないと考える．

閾値を暫定的に 0.4 としたときのテンプレートマッチングは，次のスクリプトで実行できる．このスクリプトでは，まずはじめに cos 類似度を求める式 (6.1) を計算する関数 **sim** を定義した後，上記の手順を実行する．

スクリプト 6.1　物体検出と視覚化 ▶ 6.1.R

```
 1  threshold <- 0.4  # 閾値. 0.5, 0.3 などに変更して検出結果を比較しよう
 2
 3  sim <- function(im1, im2){  # 式(6.1)を計算する関数 sim の定義-------------------
 4    ## im1: 対象画像
 5    ## im2: テンプレート画像
 6    if(any(dim(im1)!=dim(im2))) stop('im1 と im2 の大きさが異なる')
 7    sum((im1-mean(im1)) * (im2-mean(im2))) /
 8      (sqrt(sum((im1-mean(im1))^2)) * sqrt(sum((im2-mean(im2))^2)))
 9  } #-------------------------------------------------------------------
10
11  ## テンプレート画像の準備
12  dirName <- "RImageProc/Etc/Car/"
13  im1 <- read.pnm(paste(dirName,'car4.pgm',sep=''))@grey
14  im2 <- im1[80:210, 450:720]  # テンプレート画像
15
16  dev.new(width=2,height=1)
17  par(mfcol=c(1,1), mai=rep(0,4))
18  plot(as.raster(im2), interpolate=F)  # テンプレート画像を表示
19
20  ## 全体の処理
21  dev.new(width=3.5,height=6)
22  par(mfcol=c(8,1), mai=rep(0,4))
23  for(jjj in 1:8){  # car1 から car8 まで
24    im1 <- read.pnm(paste(dirName,'car',jjj,'.pgm',sep=''))@grey
25    plot(as.raster(im1), interpolate=F)  # car 画像を表示
26
27    ## テンプレートマッチング
28    ## 画像中の各ブロックとテンプレートの類似度を入れる
29    result <- NULL
30    for(j in seq(1, nrow(im1)-nrow(im2), 20)){        # 行方向 20画素刻み
31      for(jj in seq(1, ncol(im1)-ncol(im2), 20)){  # 列方向 20画素刻み
32        w3 <- sim(im1[j:(j+nrow(im2)-1),jj:(jj+ncol(im2)-1)],im2)
33        result <- c(result, list(list(x=jj, y=j, sim=w3)))  # 類似度を追記
34      }
35    }
36    ## 画像に，類似度の大きさに合わせた大きさの四角形を重ねて表示する
```

```
37    ## 類似度が閾値以上なら四角形の色を赤で表示する
38    w4 <- which.max(sapply(result, FUN=function(w)w$sim))
39      # sapply(result...)によりリストresult 中の類似度がベクトルに変換される
40      # which.max(...)により類似度が最大となるインデックス番号が得られる
41    if(max(sapply(result, FUN=function(w)w$sim))< threshold) w4 <- 0
42      # 最大類似度がthreshold 未満なら検出できないとする(インデックス番号 0)
43    ## 類似度の大きさに合わせた大きさの四角形を重ねる
44    for(j in 1:length(result)){
45      if(j != w4)
46        rect(ncol(im2)/2+result[[j]]$x-result[[j]]$sim*20,
47              nrow(im2)/2+result[[j]]$y-result[[j]]$sim*20,
48              ncol(im2)/2+result[[j]]$x+result[[j]]$sim*20,
49              nrow(im2)/2+result[[j]]$y+result[[j]]$sim*20,
50              border='blue')
51      else
52        rect(ncol(im2)/2+result[[j]]$x-result[[j]]$sim*20,
53              nrow(im2)/2+result[[j]]$y-result[[j]]$sim*20,
54              ncol(im2)/2+result[[j]]$x+result[[j]]$sim*20,
55              nrow(im2)/2+result[[j]]$y+result[[j]]$sim*20,
56              border='red', lwd=2)
57    }
58 }
```

　処理結果は図 6.5 のようになる．1 枚目と 8 枚目の画像に赤の四角はなく，検出対象が存在しないと判別したことを示している．2 枚目から 7 枚目までの画像においては，認識対象を正しく認識できている．

　1 枚目の画像中にはテンプレートと同じ車両があるにもかかわらず，検出されなかったのは，類似度が閾値に届かなかったからであり，これは検出誤りであることを意味する．

　スクリプト中の threshold の値を 0.5，0.3 などに変更すると，検出結果が変わる．適宜確認してほしい．

　result を計算した後，オブジェクトの構造を表示する関数 str を使って str(result) を行うと，計算結果を数値で確認できる．

```
> str(result)
List of 513
$ :List of 3
 ..$ x  : num 1       ← image1 の左上のブロック
 ..$ y  : num 1
 ..$ sim: num -0.0262 ← 類似度 -0.0262
$ :List of 3
 ..$ x  : num 21      ← image1 の上で，左から 21 画素の位置のブロック
 ..$ y  : num 1
 ..$ sim: num 0.00597 ← 類似度 0.00597
$ :List of 3
```

```
..$ x  : num 41
..$ y  : num 1
..$ sim: num -0.0807
```

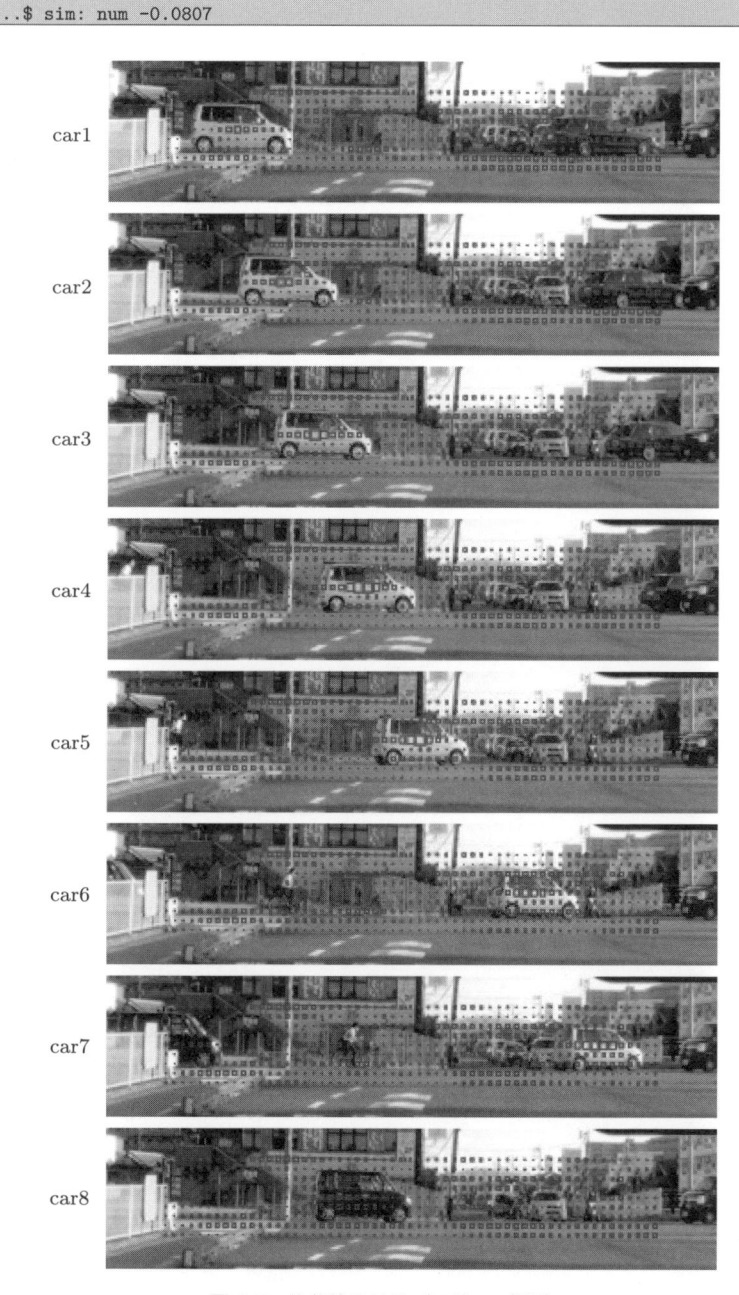

car1

car2

car3

car4

car5

car6

car7

car8

図 6.5 物体検出結果（口絵 13 参照）

　result のデータをみれば各画像の類似度が閾値以上かどうか判別できる．このため，スクリプト 6.1 で行った赤や青の四角形の描画は，テンプレートマッチングに必ずしも必要というわけではない．

特徴量に基づく文字認識

　本章以降では，画像データに対して，「0」〜「9」のどの文字か，人か背景か，どこの風景の写真なのか，を分類するという問題を扱う．前章でみたテンプレートマッチングも，画像の中にテンプレートが存在するかどうか判別することに着目すれば，広い意味では分類の問題であるといえる．なお，画像が分類される区分のことを，**カテゴリ**という．

　前章のテンプレートマッチングは，類似度を求めることで，テンプレートが画像の中にあるかどうかを判別する処理だった．しかし，

- 書き手によって形状が異なる手書き文字
- さまざまな姿勢や服装がある人物画像
- 何も規定されていない風景画像

などについて，画像を分類するためのテンプレートを用意するのは難しい．このようなときは，判別したい文字や人の画像がもつ性質を**特徴量**というデータとして取り出し，この値を**機械学習**を用いて計算し，カテゴリの判別をする方法が有効である[†]．本章以降では，この手法について解説する．

　機械学習では，大量の学習データを用いて統計的な処理が行われる．本書でも大量のデータを用いて認識を行い，ある程度本格的な認識性能を達成することを目指す．

7.1　機械学習に基づく判別手法

　まずは，機械学習に基づく判別手法の全体像を概説しよう．特徴量を利用した機械学習による画像認識は，「学習」と「判別」の2段階で構成される（図7.1）．

　第1段階は，学習用画像から特徴量を抽出し，その画像が属するカテゴリ名とともにコンピュータにデータを与えるという処理である．文字や人物，風景など，認識・判別する対象によって，使用するべき特徴量や必要な前処理などが変わってくる．

　学習を行うことで，新しく画像データが与えられたときに，そのデータがどのカテゴ

[†]　多変量解析では，特徴量を**説明変数**といい，判別したいカテゴリを**目的変数**という．

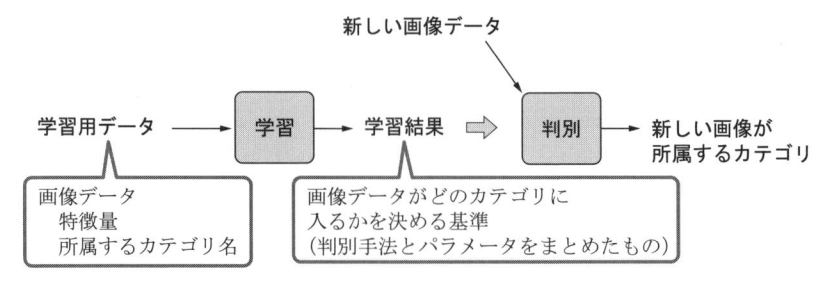

図 7.1 機械学習の枠組み

リに入るかを決める基準を作ることができる．これを**判別関数**という．判別関数を作る手法を判別手法といい，判別によってデータが入るカテゴリを決めることを**判別分析**という．

第2段階は，与えられた画像データに対して判別関数の値を求め，それを評価することで入力画像がどのカテゴリに分類されるかを判別するという処理である．

作成した機械学習の学習結果がきちんと判別できるかどうか，性能を確認するのも大切である．この確認作業を**テスト**という．性能を評価する代表的な指標として，評価用のデータが正しくカテゴリを分類されている割合である**正解率**があり，本章ではこれを用いる．

学習用データと同じ形式の別のデータを性能評価用データとして与えて判別を行うテストを**オープンテスト**という（図 7.2(a)）．反対に，学習用と判別用で同じデータを使

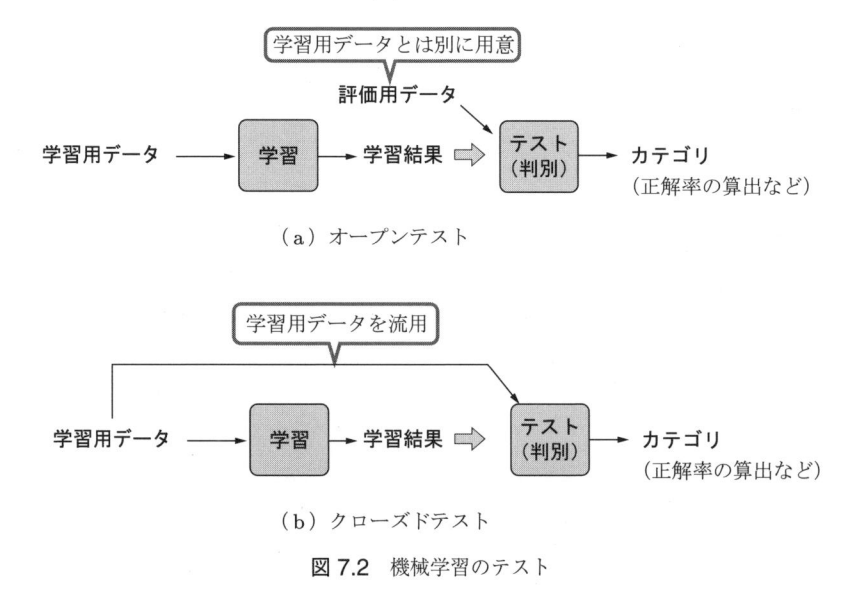

（a）オープンテスト

（b）クローズドテスト

図 7.2 機械学習のテスト

うテストを**クローズドテスト**という（図 (b)）．一般に，クローズドテストでは評価が甘くなり，真の正解率より高い値が出てしまうため，通常，オープンテストが行われる．本書でも，性能評価はすべてオープンテストで行う．

7.1.1 ▶ 判別手法の種類

判別手法は，さまざまなものがある．代表的なものとその性質を以下に示す．

- **k 近傍法**　　性能：低

  まず，判別したい特徴量をベクトルと考え，そのベクトルによって張られる特徴空間を作る（特徴量が n 個あれば n 次元空間になる）．与えられたデータに対して，特徴空間でみてもっとも近い学習データから k 番目に近い学習データまでのカテゴリ（正解カテゴリという）を調べ，k 個のデータの中でもっとも数の多いカテゴリを判別結果とするのが，k 近傍法である．判別手法の中で，もっとも単純な手法である．

- **決定木**　　性能：低〜中

  ある一つの特徴量の値を閾値と比較して場合分けし，その結果に対して，別の一つの特徴量と閾値と比較して場合分けする（同じ特徴量を別の閾値で比較する場合もある）．これを続けていき，多段階で特徴量を閾値判定して，最終的なカテゴリ判別を行う手法である．多段階の判別が，枝分かれする樹木の構造になっていることから，決定木という名称になった．木の構造と閾値は，機械学習で決定される．

  決定木は，学習によって得られた判別機構の動作を人間が理解しやすいという特徴がある．決定木以外の手法では，どのように判別しているかの動作を可視化して解析するのは難しい．

- **線形判別分析（基本）**　　性能：中

  特徴量を線形結合して得られた評価値（これを**線形判別関数**という）を閾値判定してカテゴリ判別結果を得る手法である．数学的に扱いやすい手法で，特性を理論的に解析しやすい．

- **線形判別分析（交互作用項あり）**　　性能：中（基本よりも性能向上）

  線形判別分析に，特徴量間の積の項を追加する手法である．特徴は基本の線形判別分析と同じで，性能がさらに向上する．

- **サポートベクターマシン（SVM）**　　性能：高

  未学習データに対して高い認識性能が得られる．

- **ニューラルネットワーク**　　性能：最高

  階層構造をもつネットワークに学習データを与えるだけで，特徴量を自動で計算させる手法である．エンジニアが特徴量を定義する必要がなく，特徴量の算出と判別

が一体として行われるという特徴がある．近年，ディープラーニングという学習手法の登場により，階層の深いネットワーク構造を扱えるようになり，複雑なパターンに対して高い認識性能をもつニューラルネットワークが登場している．

　本書では，線形判別分析（基本，交互作用項あり）の R による実装方法を本章で，SVM とニューラルネットワークについて次章でそれぞれ解説するが，その原理は本書のレベルを大きく超えるため，実装例を説明するにとどめる．

7.1.2 ▶ R による判別分析

　R で機械学習や多変量解析などを行う際は，与えるデータはすべて図 7.3(a) の形式に統一されている．このように，列ごとに別の種類のデータを扱うことのできる構造を**データフレーム**という．データフレームでは，行が特徴量とカテゴリで，列が画像データになる．行に沿ってデータ 1 からデータ n が配置され，列に沿って複数の特徴量と一つのカテゴリが配置される．

	数値				文字列
	特徴量 1	特徴量 2	$\cdots$	特徴量 p	カテゴリ
1	○	○	$\cdots$	○	○
2					
$\vdots$					
n	○	○	$\cdots$	○	○

（データ（画像））

（a）データフレーム

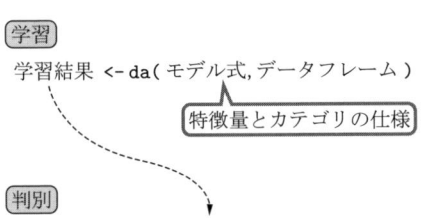

学習

学習結果 <- da(モデル式, データフレーム)

特徴量とカテゴリの仕様

判別

予測値 <- predict(学習結果, 新規データのデータフレーム)

（b）R による判別分析手法

図 7.3　データフレームの利用方法

　R では，判別分析を行うためのさまざまな関数が提供されている．本章では，データの学習に関数 lda を使い，判別に関数 predict を使う．これらを組み合わせた分析をしやすくするために，与える引数のデータ形式と得られる関数値の形式が，図 7.3(b)のように統一されている．次章では関数 lda のかわりに ksvm を使うところがあるが，データ形式は変わらず使うことができる．

関数 lda や predict は，引数として**モデル式**を与える．モデル式の役割は，データフレームの中でどの列がカテゴリで，どの列が特徴量であるかを指定し，さらに，特徴量の使い方の詳細も指定することである．特徴量の使い方とは，たとえば，二つ（あるいはそれ以上）の特徴量を組み合わせた特徴量（**交互作用項**という）を加えて使用するといったことである．

7.2 手書き文字認識の概要

手書き文字を機械で認識する技術が，現在，さまざまな場面で活用されている．古くから実用化されている技術としては，はがきなどに書かれた郵便番号を機械で読み取る装置がある．また，パソコンに接続されたスキャナーで，書類を画像の形式で読み取り，画像から文字を認識する OCR ソフトもある．ほかにも，スマートフォンや PDA における文字入力方法として，タッチパネルに手書きされた文字を認識する技術も実用化されている．

本章では，郵便番号の読み取りのような，手書きの数字の画像から数字を認識する問題を扱う．したがって，数字以外の文字も含む一般の文字認識よりも，問題の難易度が低い．一方，タッチパネルに手書きされた文字を認識する問題では，ストローク情報，すなわち，指がどのように動いたかの情報を使えるため，本書で扱う技術とは別の技術を用いることができる場合もある．

認識する画像は，図 7.4 のように，画面の中心に配置され，拡大率も適切で，全体が画面内に収まり，かつ小さすぎないものとする．このような前提が満たされない場合は，対象物が画面内のどこにあるかを検出する**前処理**が必要となる．

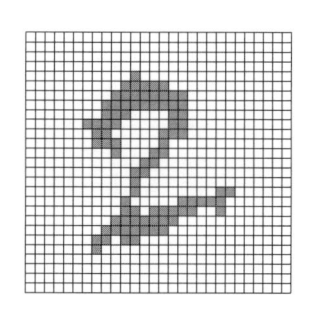

図 7.4 手書き文字画像の例（模式図）

7.3 データの取得

手書き文字の画像データとして，データベース「THE MNIST DATABASE[†]」の中の次のデータを用いる．

- train-images-idx3-ubyte　機械学習用画像
- train-labels-idx1-ubyte　学習用画像が表す数字ラベル
- t10k-images-idx3-ubyte　性能評価用画像
- t10k-labels-idx1-ubyte　性能評価用画像が表す数字ラベル

この画像は，

- 1 文字が 28×28 画素の 1 画像になっている．
- 文字が画像の中心に置かれ，文字の大きさを揃えてある．
- 各画像が 0 から 9 の数字 1 文字のどの文字なのかという正解情報を付与されている．
- 画像データの枚数が多い（学習用画像 6 万枚＋性能評価用画像 1 万枚）．

という特徴をもつ．そのため，機械学習および認識性能の評価を行うのに適している．

上記の四つのファイルはバイナリ形式である．train-images-idx3-ubyte や t10k-images-idx3-ubyte は，一つのファイルの中に複数枚の画像が入っている．本書では，ディレクトリ **RImageProc/MNIST/** の中に，この四つのファイルが保存されているとする．ファイルのダウンロードを実行するサンプルスクリプト **7.s1.R** を用意しているので，適宜利用してほしい．

次のスクリプトは，ファイルから 2 枚の画像を読み出すスクリプトである．**w3[1:10,1:10]** などを入力することによって図 7.5 のように画像表示して，どのような画像が入っているか確認してほしい．なお，ファイル形式がバイナリ形式のため，関数 **readBin** を利用する．

スクリプト 7.1　手書き文字画像の読み出し（ファイル読み込みと表示）　▶ **7.1.R**

```
1   # 2枚の画像がそれぞれw3 と w4 に入る．画素値は 0-255の範囲で，
2   # 背景が小さな値，文字が大きな値に対応する．白黒反転させて表示させる
3   con<-file('RImageProc/MNIST/t10k-images-idx3-ubyte','rb')
4     # ファイルをコネクションとして開く．R では入出力がキーボード，コンソール，
5     # ファイルといった具体物のかわりに，「コネクション」として一般化する．
6   readBin(con, integer(), 4, 4,endian='big')
7   # コネクションから 4バイトデータを 4個読む．画像サイズなどの情報が得られる．
8   # 本データベースにおいて，画像サイズが様々あり得ることはないので，
9   # このデータは捨てる（読み飛ばす）．
10  w1 <- readBin(con, integer(), 784, 1, signed=F)
```

[†] `http://yann.lecun.com/exdb/mnist/`

```
11      # バイナリファイルから画像1枚 (784画素)のデータを読みw1 に格納
12    w2 <- readBin(con, integer(), 784, 1, signed=F)
13      # 再度readBin を行うと，順次，次の画像が w2 に読み込まれる
14    w3 <- matrix(w1,28,28,byrow=T)   # w1 を 28 行，28 列の行列 w3 に格納
15    w4 <- matrix(w2,28,28,byrow=T)   # w2 を 28 行，28 列の行列 w4 に格納
16    dev.new(width=4, height=2)       # w3 と w4 を画像表示
17    par(mfcol=c(1,2), mai=rep(0,4))
18    plot(as.raster(1-w3/255),interpolate=F); box() # 0～1の値にし，1から引いて白黒反転
19    plot(as.raster(1-w4/255),interpolate=F); box()
20    close(con)  # コネクションを閉じる
```

図 7.5　手書き文字画像の読み出し

7.4　基本的な特徴量を用いた認識

　本節では手始めに，基本的な特徴量を使った文字認識の説明をする．その後，次節において，より高度な特徴量（学術論文にも掲載されたことがある）を用いた文字認識を考える．

7.4.1 ▶ 基本的な特徴量の定義と性質

　手書き文字画像を白黒2値化して得られた画像から特徴量を抽出する．はじめに，画像から，水平方向と垂直方向のそれぞれについて，黒画素の周辺分布を求める．図7.6のように，水平方向の周辺分布とは画素値を垂直方向に積算して得られた分布図であり，垂直方向の周辺分布とは画素値を水平方向に積算して得られた分布図である．

　水平・垂直の二つの周辺分布からそれぞれ，

　　　　　　平均　　　標準偏差　　　歪度（わいど）　　　尖度（せんど）

の4個ずつ，つまり計8個の値を求め，これを特徴量とする．

　平均 (mean) は，水平方向と垂直方法に関する図形の重心位置を意味する．たとえば，「6」の画像なら重心が左下にあり，「7」なら右上にある．

　標準偏差 (standard deviation) は，水平方向と垂直方法に関する平均からの分布の広がり幅を意味する．たとえば，「1」はほかの数字に比べて水平方向の広がりが小さく

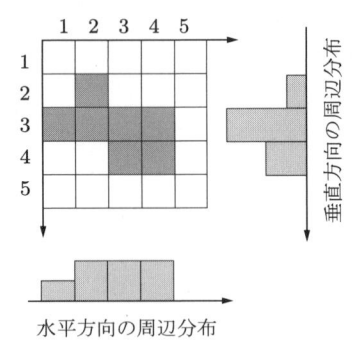

図 7.6 水平, 垂直方法の周辺分布

なる.

歪度 (skewness) は, 度数分布の左右対称性を表す指標である. 左右対称なときに歪度は 0 となり, 分布が左に偏ると (左にこぶができ右に広がると) 歪度が正の方向に大きくなり, 右に偏ると歪度負の方向に大きくなる.

尖度 (kurtosis) は, 度数分布の形状のとがり具合を正規分布に比べて表現した指標である. 正規分布に一致するときに 0 であり, とがった形状になるほど正の大きな値となる. 逆に, 扁平な形状になるほど負の大きな値となり, さらに中心が凹んで周辺が大きくなると, より大きな負の値となる.

実は, 平均, 分散 (標準偏差の 2 乗), 歪度, 尖度は, それぞれ, 1 次モーメント～4 次モーメントをもとにして表される量である. n 個の数値データ $x_i \, (i = 1, \ldots, n)$ があるとき, r 次モーメントは

$$m_r = \frac{1}{n} \sum_{i=1}^{n} (x_i - \mu)^r$$

と定義される. ここで, μ は平均で,

$$\mu = \frac{1}{n} \sum_{i=1}^{n} x_i$$

である. これをもとに, 分散 σ^2, 歪度 g_1 と尖度 g_2 はそれぞれ次式で表される.

$$\sigma^2 = m_2, \qquad g_1 = \frac{m_3}{m_2^{3/2}}, \qquad g_2 = \frac{m_4}{m_2^2} - 3$$

7.4.2 ▶ 基本的な特徴量の算出

前項で定義した 8 個の特徴量を使って, 判別がどの程度うまくいくかをみていこう.

まずは, 8 個の特徴量を実際に算出しよう. 次のスクリプトは, ファイルから画像

データを読み取り，先の 8 個と特徴量を求めてデータフレーム letTrain3 に格納する
までの処理である．なお，実行には長時間を必要とする．

スクリプト 7.2　データの読み込みと基本的な特徴量の算出　　　　　▶ 7.2.R

```
1   # 学習データのファイルから画像データを読み込む
2   con<-file('RImageProc/MNIST/train-images-idx3-ubyte','rb')
3   w5 <- readBin(con, integer(), 4, 4,endian='big')
4
5   ## 学習用データの読み込みと特徴量の算出
6   letTrain3 <- data.frame(x.mean=numeric(w5[2]), x.sd=numeric(w5[2]),
7                           x.skew=integer(w5[2]), x.kur=integer(w5[2]),
8                           y.mean=integer(w5[2]), y.sd=numeric(w5[2]),
9                           y.skew=numeric(w5[2]), y.kur=numeric(w5[2]),
10                          lettr=character(w5[2]), stringsAsFactors=F)
11      # 各行が各画像に対応し，60000行をもち，各行が特徴量 8個，
12      # 正解カテゴリ 1個の 9列からなる
13  for(jj in 1:w5[2]){
14     if(jj %% 1000 ==0) cat('jj=',jj,'\n')   # 1000画像おきに進捗を表示
15     w1 <- matrix(readBin(con, integer(), 784, 1, signed=F),
16                  w5[3],w5[4],byrow=T)        # 1画像（784画素）を読み，w1 に格納
17     w0 <- w1; w0[w1>=127] <- 1; w0[w1<127] <- 0
18        # 画素値が 127以上なら 1，未満なら 0に 2値化し，w0 に格納
19  ## 水平方向の周辺頻度から平均w1，標準偏差 sd(x)，歪度w3，尖度 w4 を求めて格納
20     x <- colSums(w0)   # 水平方向の周辺頻度
21     x <- rep((0:(length(x)-1)),x)
22     w1 <- mean(x)
23     w3 <- (sum((x-w1)^3)/length(x)) / ((sum((x-w1)^2)/length(x))^(3/2))
24     w4 <- (sum((x-w1)^4)/length(x)) / ((sum((x-w1)^2)/length(x))^2) - 3
25     letTrain3[jj,1:4] <- c(w1,sd(x),w3,w4)  # letTrain3 の 1〜4 列に格納
26  ## 垂直方向も同様
27     x <- rowSums(w0)   # 垂直方向の周辺頻度
28     x <- rep((0:(length(x)-1)),x)
29     w1 <- mean(x)
30     w3 <- (sum((x-w1)^3)/length(x)) / ((sum((x-w1)^2)/length(x))^(3/2))
31     w4 <- (sum((x-w1)^4)/length(x)) / ((sum((x-w1)^2)/length(x))^2) - 3
32     letTrain3[jj,5:8] <- c(w1,sd(x),w3,w4)  # letTrain3 の 5〜8 列に格納
33  }
34  close(con)
35
36  ## 評価用データの読み込みと特徴算出
37  ## 以下，入力ファイル名と，結果の格納先変数名が上記と異なるのみ
38
39  ## カテゴリをファイルから読み取って letTrain3$lettr, letTest3$lettr に入れる
40  con<-file('RImageProc/MNIST/train-labels-idx1-ubyte','rb')
41  w5 <- readBin(con, integer(), 2, 4,endian='big')
42  letTrain3$lettr <- readBin(con, integer(), w5[2], 1, signed=F)
43  close(con)
44
```

```
45  con<-file('RImageProc/MNIST/t10k-labels-idx1-ubyte','rb')
46  w5 <- readBin(con, integer(), 2, 4,endian='big')
47  letTest3$lettr <- readBin(con, integer(), w5[2], 1, signed=F)
48  close(con)
```

　スクリプトを実行すると，変数 letTrain3 に学習データに対する特徴量と正解文字情報，letTest3 にテストデータに対する特徴量と正解文字情報が入る．両変数はデータフレームであり，行方向に各文字画像データが入り，列方向に 8 個の特徴量と正解文字情報が入る．学習データの変数 letTrain3 には 6 万行，テストデータの変数 letTest3 には 1 万行ある．たとえば，以下のように入力すれば，10 番目までのデータの内容をみることができる．

```
> round(letTrain3[1:10,],2)
    x.mean x.sd x.skew x.kur y.mean y.sd y.skew y.kur lettr
1    13.59 4.07  -0.06 -0.46  14.19 6.64   0.04 -1.57     5
2    14.30 4.76  -0.02 -1.31  13.74 5.78   0.05 -1.33     0
3    13.43 6.34  -0.50 -1.42  14.33 4.48   0.24 -0.33     4
4    13.85 3.28   0.26 -1.11  14.76 5.60  -0.07 -1.17     1
5    13.73 3.30  -0.40 -0.72  14.02 5.12   0.70 -0.30     9
6    13.94 4.56  -0.05 -0.83  14.03 4.76  -0.24 -1.28     2
7    14.31 1.42   0.27 -0.72  14.01 5.73  -0.18 -1.18     1
8    14.29 4.09  -0.37 -0.78  13.92 6.19   0.12 -1.42     3
9    14.13 0.79   0.05 -0.78  14.64 5.39   0.05 -1.04     1
10   14.72 4.26   0.19 -0.91  13.59 4.62  -0.18 -0.57     4
```

　バイナリ形式のファイル以外，たとえば PGM 形式のファイルを利用する場合は，第 8 章で説明する．スクリプト 7.2 では，行 15，16 を，スクリプト 8.4 の行 17 のように変更すればよい．

7.4.3 ▶ ヒストグラムによる特徴量の評価

　性能の高い特徴量は，手書き数字のカテゴリが異なる数字に対しては異なる値を示し，同じ数字に対しては同じような値を示す．特徴量の性能を評価するためには，ヒストグラムを用いるとよい．すなわち，二つのカテゴリそれぞれに対するヒストグラムを重ね合わせたものを考え，頻度分布の重なり具合によって特徴量の良し悪しを見積もる．性能の高い特徴量ほど重なりが少なく，もし，完全に分離していれば，正解率 100% で判別できるが，通常，ある程度の重なりがあるため 100% 正解とはならない．ヒストグラムの描画には，次のスクリプトで定義される関数 doublehists を使用する†．

---

† 関数 doublehists は web ページ http://blog.choge.me/2012/06/rhistogram.html で提供された関数を改変して作成した．現在，このサイトは存在しない．

スクリプト 7.3　ヒストグラム描画関数 doublehists の定義　▶7.3.R

```
 1  doublehists <- function(d1, d2, interval,
 2                          cols=c(rgb(1,0,0,0.5), rgb(0,0,1,0.5)),
 3                          xlab="data", ylabs=c('d1','d2'), ylim=NULL){
 4      ## d1, d2    : ヒストグラムを求めたいデータ (ベクトル)を二つ指定
 5      ## interval  : ヒストグラムの棒グラフ 1本あたりの値の幅
 6      ## xlim      : x 軸の行が範囲を c(最小値,最大値)で指定
 7      ## ...       : その他の引数は関数hist()に渡される
 8
 9      digits    <- -1 * ceiling( log(interval, base=10) )
10        # 小数点以下第何桁で四捨五入を行うか
11        # たとえば interval が 0.025だった場合,小数点第 1位で四捨五入を行う
12      min_floored <- floor( min(c(d1, d2)) * 10^digits ) / 10^digits
13      max_ceiled  <- ceiling( max(c(d1, d2)) * 10^digits ) / 10^digits
14      breaks      <- seq(from=min_floored, to=max_ceiled, by=interval)
15
16      ## ヒストグラムの描画
17      hist(d1, col=cols[1], xlim=c(min_floored, max_ceiled), breaks=breaks,
18          xaxt="s", yaxt="s", xlab=xlab, ylab="", main="",ylim=ylim)
19      par(new=T)  # 先に描画したグラフに重ねて描画するという指示
20      hist(d2, col=cols[2], xlim=c(min_floored, max_ceiled), breaks=breaks,
21          xaxt="n", yaxt="n", ylab="", xlab="", main="",ylim=ylim)
22      axis(side=4)
23      mtext(ylabs[1], side=2, line=2.2, col=substr(cols[1], 0, 7) )
24      mtext(ylabs[2], side=4, line=2.2, col=substr(cols[2], 0, 7) )
25  }
```

　歪度も尖度も高さの違いに影響される指標ではないにもかかわらず，二つの分布の縦
軸の範囲を同じにすると，高さが何倍も異なってしまい見づらい．そのため上記のスク
リプトでは，関数 hist のオートスケール機能により，両者の高さが同じになるように
目盛りを調整している．

7.4.4 ▶ 歪度と尖度の性能の確認

　手書き数字を判別するための特徴量として歪度と尖度が有効にはたらくことを，実際
のデータで調べよう．

　歪度について，水平方向の偏りを調べる．文字「3」と「6」で比較すると，3 は右に
偏り，6 は左に偏る性質をもつと予想される．3 と 6 の実際の学習用画像，それぞれ約
6000 枚について，スクリプト 7.3 の関数 doublehists を利用して歪度のヒストグラ
ムを重ね合わせてみる．スクリプト 7.3 を実行した後に，次のスクリプトで実行すれば
よい．

```
doublehists(letTrain3$x.skew[letTrain3$lettr==3],
        letTrain3$x.skew[letTrain3$lettr==6],0.05)
```

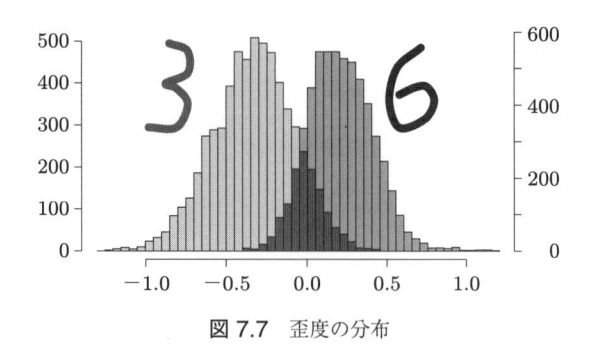

図 7.7 歪度の分布

結果は図 7.7 のようになり，頻度分布が二つに分かれている様子がみられる．

次に，尖度について，文字「4」と「8」の垂直方向の偏りを調べる．尖度は，中央に分布が集まっているのか，中心よりも周辺に分布が集まっているのかを表す特徴量であるため，4 は中心に集まり，8 は周辺に集まる傾向があると予想される．次のスクリプトでヒストグラムが描画できる．

```
doublehists(letTrain3$y.kur[letTrain3$lettr==4],
            letTrain3$y.kur[letTrain3$lettr==8],0.05)
```

結果は図 7.8 のようになり，頻度分布が二つに分かれている様子がみられる．

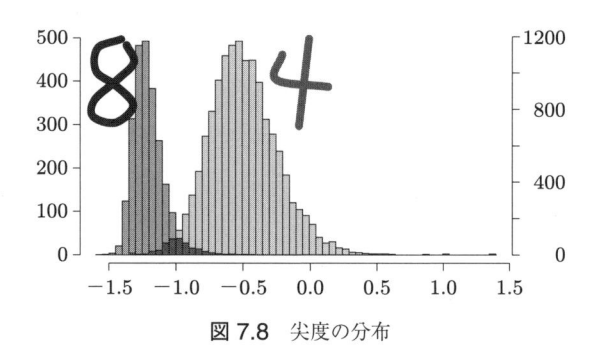

図 7.8 尖度の分布

7.4.5 ▶ 判別の精度

前項までで，認識処理の第 1 段階である特徴量の算出が終わった．第 2 段階は，機械学習とそれに基づく判別である．ここでは線形判別分析を用いる．学習用データ letTrain3 をもとに機械学習を行い判別関数を作り，判別関数を用いて，機械学習に使ったデータとは異なるデータ letTest3 に対して判別（文字認識）を行う．letTest3 には正解の文字情報が付与されているので，それと照合して判別の正解率を計算する．この学習と判別には，それぞれ標準パッケージ MASS に入っている関数（**線形判別関数**）lda と predict を用いる．lda はデータフレーム letTrain3, letTest3 の形式

のデータを受け取ることができる．これを使って，以下の操作により機械学習と判別を行い，判別の正解率を算出する．正解率は性能評価用の文字画像のうち，機械判別が正解した割合である．

以上の処理は，次のスクリプトで実行できる．結果は正解率 70% であった．

スクリプト 7.4　正解率の算出　　　　　　　　　　　　　　　　　　　　　▶ 7.4.R

```
1  # スクリプト 7.2が実行済み
2  w1 <- lda(lettr ~ ., letTrain3)        # 学習用データを使って学習
3  w2 <- predict(w1, letTest3)$class      # 評価用データを使って判別
4  sum(letTest3$lettr==w2)/nrow(letTest3) # 正解率の算出と表示
```

7.5　高度な特徴量

本節から，高度な特徴量を用いた画像認識を行う．特徴量として次の文献で示された 16 個の特徴量を使う．

P. W. Frey and D. J. Slate: "Letter Recognition Using Holland-style Adaptive Classifiers", Machine Learning, Vol. 6, No.2 (1991)

この論文の手法を実装するにあたって，多くの技術資料で一般に用いられる 16 個の変数名と，その意味を表す英語表記，および，日本語の意味を表 7.1 に示す．なお，R の文法上の理由で，変数名中の "-" を "." に変更している．ここで，文字の書かれてい

表 7.1　16 個の特徴量

No.	名称	技術資料での英語表記	意味
1.	x.box	horizontal position of box	box の水平位置
2.	y.box	vertical position of box	box の垂直位置
3.	width	width of box	box の幅
4.	high	height of box	box の高さ
5.	onpix	total number on pixels	文字画素の数
6.	x.bar	mean x of on pixels in box	box 内の文字画素の x 座標の平均値
7.	y.bar	mean y of on pixels in box	box 内の文字画素の y 座標の平均値
8.	x2bar	mean x variance	box 内の文字画素の x 座標の分散
9.	y2bar	mean y variance	box 内の文字画素の y 座標の分散
10.	xybar	mean x y correlation	box 内の文字画素の x 座標と y 座標の相関
11.	x2ybar	mean of x * x * y	x^2y の平均値（x と y は上と同じ意味）
12.	xy2bar	mean of x * y * y	xy^2 の平均値（x と y は上と同じ意味）
13.	x.ege	mean edge count left to right	左から右へ走査したときのエッジの数
14.	xegvy	correlation of x.ege with y	x 方向エッジの y 座標の総和
15.	y.ege	mean edge count bottom to top	下から上へ走査したときのエッジの数
16.	yegvx	correlation of y.ege with x	y 方向エッジの x 座標の総和

る画素を「文字画素」，すべての文字画素を含む最小の矩形を「box」とよんでいる．
以下，16 個の特徴量おのおのについて，定義と性質を説明する．

1. **x.box**, 2. **y.box**, 3. **width**, 4. **high**, 5. **onpix**　図 7.9 参照．x.box は水平方
   向の中心位置を表す．ただし，重心ではなく，左端と右端の中間位置を表す．同様
   に，y.box は垂直方向の中心位置を表す．こちらも，重心ではなく，上端と下端の
   中間位置を表す．width は横幅を表し，high は縦幅を表し，onpix は黒画素の画
   素数を表す．

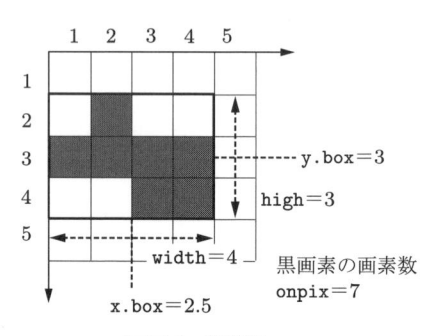

図 7.9　特徴量 1〜5

6. **x.bar**　図 7.10 参照．水平方向の中心位置 x.box からの水平方向の偏差を垂直
   方向に算出し，その平均を求め，横幅 width で割ったものである．たとえば，「6」
   は左に偏りがあるため，小さな値を示し，「7」は右に偏りがあるため，大きな値を
   示す．

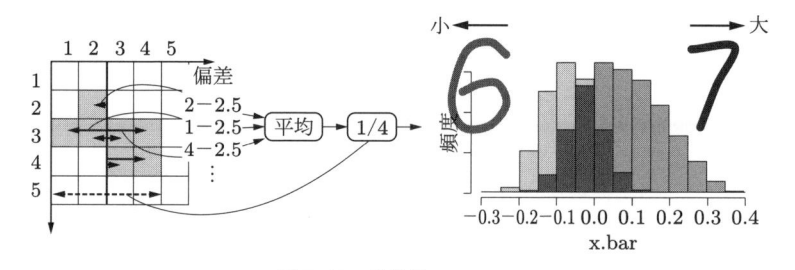

図 7.10　特徴量 6：x.bar

7. **y.bar**　図 7.11 参照．垂直方向の中心位置 y.box からの垂直方向の偏差を水平
   方向に算出し，その平均を求め，縦幅 high で割ったものである．たとえば，「6」
   は下に偏りがあるため，大きな値を示し，「7」は上に偏りがあるため，小さな値を
   示す（画像を表す座標系は，下が正，上が負となっている）．

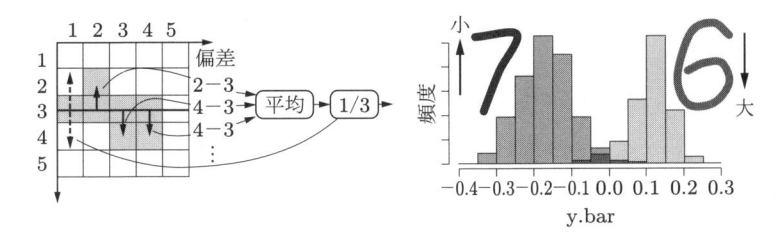

図 7.11　特徴量 7：y.bar

8. **x2bar**　　図 7.12 参照．水平方向の広がりの大きさ（画素のばらつきの大きさ）を表す．計算方法は，水平方向に，黒画素の中心位置からの偏差を 2 乗し，全黒画素について平均を求める．分散と似た計算法である．たとえば，「1」は細長い形のため，水平方向の広がりは小さく，「4」は水平方向に幅をもち，広がりが大きくなる．

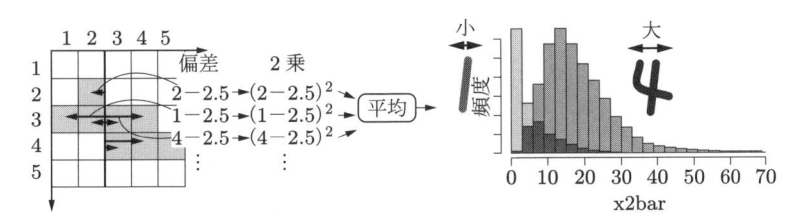

図 7.12　特徴量 8：x2bar

9. **y2bar**　　図 7.13 参照．垂直方向の広がりの大きさ（画素のばらつきの大きさ）を表す．計算方法は，垂直方法に黒画素の中心位置からの偏差を 2 乗し，全黒画素についてその平均を求める．たとえば，「4」は垂直方向の広がりが比較的小さく，小さな値を示し，「8」は垂直方向に大きな広がりをもち，大きな値を示す．

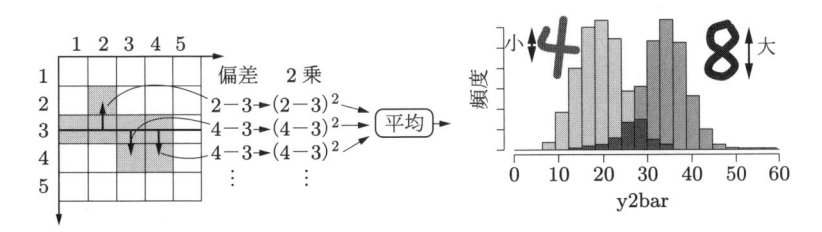

図 7.13　特徴量 9：y2bar

10. **xybar**　　図 7.14 参照．画素の配置が右上がりなら負の値，右下がりなら正の値となり，斜めになっていなければ 0 となる．計算方法は，水平方向の偏差と垂直方向の偏差の積を全黒画素について平均する．相関係数に似た計算方法である．

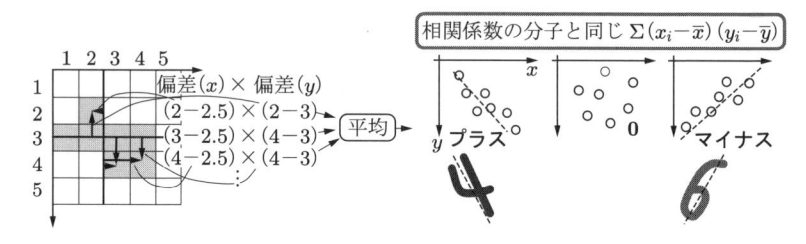

図 7.14　特徴量 10：xybar

11. **x2ybar**　図 7.15 参照．三角形（△）のように，下に広がった形状であれば大きな値となり，逆三角形（▽）のように，上に広がった形状であれば小さな値となる．計算方法は，水平方向の偏差の 2 乗（幅を反映）を下になるほど大きな重みをつけて，全黒画素について平均する．たとえば，「6」は下にいくほど水平に広がるので，大きな値となる．「9」は上にいくほど水平に広がるので，負の大きな値となる．

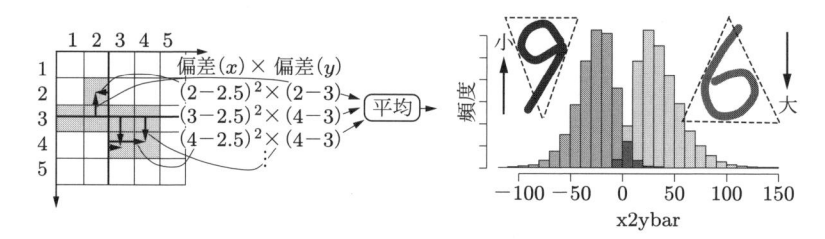

図 7.15　特徴量 11：x2ybar

12. **xy2bar**　図 7.16 参照．右が大きい不等号記号（<）のように，右にいくほど上下に広がれば大きな値となり，左が大きい不等号記号（>）のように，左にいくほど上下に広がれば小さな値となる．計算方法は，垂直方向の偏差の 2 乗（幅を反映）を右になるほど大きな重みをつけて，全黒画素について平均する．たとえば，「9」は右にいくほど上下に広がるので大きな値となる．「6」は左にいくほど上下に広がるので，負の大きな値となる．

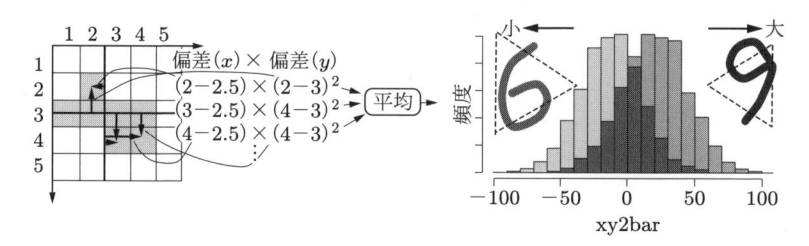

図 7.16　特徴量 12：xy2bar

13. **x.ege**　図 7.17 参照．水平方向のエッジの数を行ごとに求めて平均する．たとえば，「3」は水平方向のエッジが一つ程度で，「8」は二つ程度ある．ここで，**エッジ**とは，左からみて画素値 0（背景）から画素値 1（文字）に変化する箇所であり，1 から 0 に変化する箇所は含めない．以下，特徴量 14〜16 に関しても同様である．

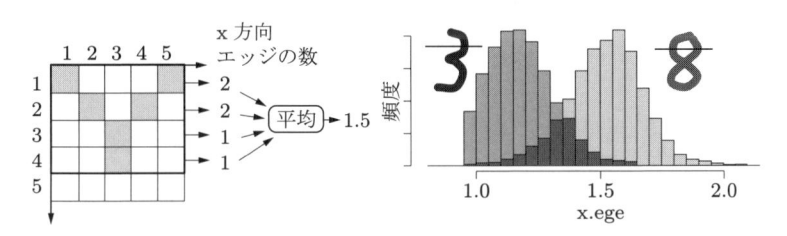

図 7.17　特徴量 13：x.ege

14. **xegvy**　図 7.18 参照．水平方向のエッジの垂直位置の総和を求める．たとえば，「9」は上にエッジが二つあり，下に一つのため小さな値になり，「6」は下にエッジが二つあり，上に一つのため大きな値になる．

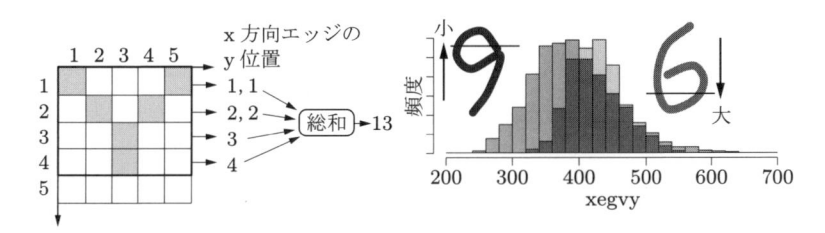

図 7.18　特徴量 14：xegvy

15. **y.ege**　図 7.19 参照．垂直方向のエッジの数を列ごとに求めて平均する．たとえば，「3」は垂直方向のエッジが四つあり，「6」は三つ程度ある．

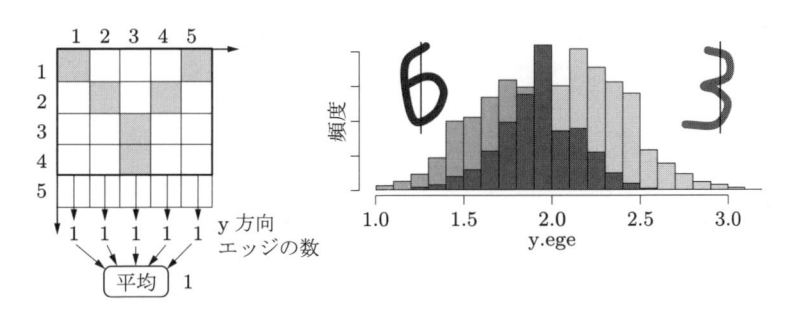

図 7.19　特徴量 15：y.ege

16. **yegvx**　　図 7.20 参照．垂直方向のエッジの水平位置の総和を求める．たとえば，「4」は左にエッジが二つあり，右に一つのため小さな値になり，「3」は右にエッジが四つあり，左に 1〜2 個のため大きな値になる．

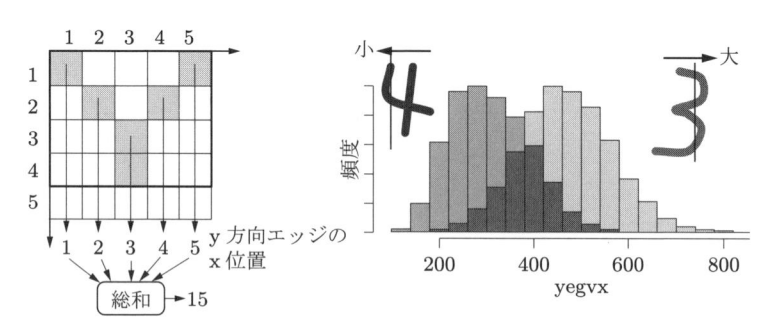

図 7.20　特徴量 16：`yegvx`

7.6　高度な特徴量の算出

　次のスクリプトを実行すると，先に説明した 16 個の特徴量を求める関数 `feature` が定義される．それぞれ前節の定義に従って計算をしているだけである．また，返される関数値は特徴量 1（`x.box`）〜特徴量 16（`yegvx`）を `f1`〜`f16` としたリストである．

スクリプト 7.5　高度な特徴量の算出（関数定義 feature）　　　▶ 7.5.R

```
 1  feature <- function(w0){
 2    ## 画像データから，16個の特徴量を算出する
 3    ## w0 : 画像の入った matrix，0が背景，1がパターン
 4    ## 関数値: 16個の特徴量を成分にもつリスト
 5    ## この関数内では，変数ret1〜ret16 を 16 個の特徴量として算出する
 6
 7    ## 特徴量 1 x.box -----------------------------------------
 8    w5 <- colSums(w0)
 9    if(w5[1]>0) w1<-1
10    else w1<-min(which(w5>0))
11    if(w5[ncol(w0)]>0) w2 <- ncol(w0)
12    else w2<-max(which(w5>0))
13    ret1 <- mean(c(w1,w2))
14      # ret1=box の水平の中心位置．w1=box の左端，w2=box の右端
15    ## 特徴量 2 y.box -----------------------------------------
16    w5 <- rowSums(w0)
17    if(w5[1]>0) w3<-1
18    else w3<-min(which(w5>0))
19    if(w5[ncol(w0)]>0) w4 <- ncol(w0)
20    else w4<-max(which(w5>0))
21    ret2 <- mean(c(w3,w4))
```

```
22        # ret2=box の垂直の中心位置. w3=box の上端, w4=box の下端
23   ## 特徴量 3 width -------------------------------------------
24   ret3 <- w2-w1+1
25        # ret3=横幅
26   ## 特徴量 4 high --------------------------------------------
27   ret4 <- w4-w3+1
28        # ret4=縦幅
29   ## 特徴量 5 onpix -------------------------------------------
30   ret5 <- sum(w0)
31        # ret5=on ピクセル数
32   ## 特徴量 6 x.bar -------------------------------------------
33   w5 <- NULL
34   for(j in w3:w4)
35        w5 <- c(w5, which(w0[j,]==1)-ret1)
36   ret6 <- mean(w5,na.rm=TRUE)/ret3
37        # box の水平の中心位置からのズレの平均値（box の横幅で正規化）
38   ## 特徴量 7 y.bar -------------------------------------------
39   w5 <- NULL
40   for(j in w1:w2)
41        w5 <- c(w5, which(w0[,j]==1)-ret2)
42   ret7 <- mean(w5,na.rm=TRUE)/ret4
43        # box の垂直の中心位置からのズレの平均値（box の縦幅で正規化）
44   ## 特徴量 8 x2bar -------------------------------------------
45   w5 <- NULL
46   for(j in w3:w4)
47        w5 <- c(w5, (which(w0[j,]==1)-ret1)^2)
48   ret8 <- mean(w5,na.rm=TRUE)
49        # box の水平の中心位置からの分散の平均値
50   ## 特徴量 9 y2bar -------------------------------------------
51   w5 <- NULL
52   for(j in w1:w2)
53        w5 <- c(w5, (which(w0[,j]==1)-ret2)^2)
54   ret9 <- mean(w5,na.rm=TRUE)
55        # box の垂直の中心位置からの分散の平均値
56   ## 特徴量 10 xybar ------------------------------------------
57   w5 <- NULL
58   for(j in w3:w4)
59        w5 <- c(w5,(which(w0[j,]==1)-ret1)*(j-ret2))
60   ret10 <- mean(w5,na.rm=TRUE)
61        # ret10=x と y の相関
62   ## 特徴量 11 x2ybar -----------------------------------------
63   w5 <- NULL
64   for(j in w3:w4)
65        w5 <- c(w5, (which(w0[j,]==1)-ret1)^2*(j-ret2))
66   ret11 <- mean(w5,na.rm=TRUE)
67        # ret11=x^2y の平均値
68   ## 特徴量 12 xy2bar -----------------------------------------
69   w5 <- NULL
70   for(j in w3:w4)
```

```
71      w5 <- c(w5,(which(w0[j,]==1)-ret1)*(j-ret2)^2)
72  ret12 <- mean(w5,na.rm=TRUE)
73     # ret12=xy^2の平均値
74  ## 特徴量 13 x.ege -----------------------------------------
75  w5 <- rep(NA, ret4)
76  for(j in w3:w4)
77     w5[j-w3+1] <- sum(diff(w0[j,])==1)+sum(w0[j,1]==1)
78  ret13 <- mean(w5,na.rm=TRUE)
79     # ret13=水平方向のエッジの数
80  ## 特徴量 14 xegvy -----------------------------------------
81  w5 <- rep(NA, ret4)
82  for(j in w3:w4)
83     w5[j-w3+1] <- (sum(diff(w0[j,])==1)+sum(w0[j,1]==1))*j
84  ret14 <- sum(w5,na.rm=TRUE)
85     # 水平方向のエッジのy 座標の総和
86  ## 特徴量 15 y.ege -----------------------------------------
87  w5 <- rep(NA, ret3)
88  for(j in w1:w2)
89     w5[j-w1+1] <- sum(diff(w0[,j])==1)+sum(w0[1,j]==1)
90  ret15 <- mean(w5,na.rm=TRUE)
91     # ret15=垂直方向のエッジの数
92  ## 特徴量 16 yegvx -----------------------------------------
93  w5 <- rep(NA, ret3)
94  for(j in w1:w2) # 横方向
95     w5[j-w1+1] <- (sum(diff(w0[,j])==1)+sum(w0[1,j]==1))*j
96  ret16 <- sum(w5,na.rm=TRUE)
97     # ret16=垂直方向のエッジのx 座標の総和
98
99  list(f1=ret1, f2=ret2, f3=as.integer(ret3), f4=as.integer(ret4),
100       f5=as.integer(ret5), f6=ret6, f7=ret7, f8=ret8,
101       f9=ret9, f10=ret10, f11=ret11, f12=ret12, f13=ret13,
102       f14=as.integer(ret14), f15=ret15, f16=as.integer(ret16))
103 }
```

特徴量を算出する関数 feature の使い方を示す．ここでは疑似的な画像データ

$$\begin{pmatrix} 0 & 0 & 0 & 0 & 0 \\ 0 & 1 & 0 & 0 & 0 \\ 1 & 1 & 1 & 1 & 0 \\ 0 & 0 & 1 & 1 & 0 \\ 0 & 0 & 0 & 0 & 0 \end{pmatrix}$$

を数値で指定して行列 w0 に入れ，feature(w0) にて特徴量を得る．feature の関数
値はリスト形式だが，そのまま表示させると行数が増えてみにくいため，ベクトル形式
に変換する関数 unlist を利用してベクトル形式で表示する．

```
> w0 <- matrix(c(0,0,0,0,0,
                 0,1,0,0,0,
                 1,1,1,1,0,
                 0,0,1,1,0,
                 0,0,0,0,0),5,5,byrow=T)
> w0
     [,1] [,2] [,3] [,4] [,5]
[1,]    0    0    0    0    0
[2,]    0    1    0    0    0
[3,]    1    1    1    1    0
[4,]    0    0    1    1    0
[5,]    0    0    0    0    0
> unlist(feature(w0))
          f1           f2           f3           f4           f5           f6
  2.50000000   3.00000000   4.00000000   3.00000000   7.00000000   0.05357143
          f7           f8           f9          f10          f11          f12
  0.04761905   1.10714286   0.42857143   0.35714286   0.32142857   0.21428571
         f13          f14          f15          f16
  1.00000000   9.00000000   1.00000000  10.00000000
```

関数 feature によって，手書き文字認識の学習用データ（6 万文字）および性能テスト用データ（1 万文字）すべてについて，特徴量を計算できる．その計算結果を変数 letTrain, letTest に入れ，これを使って次節以降で判別を行う．

スクリプトは，スクリプト 7.2 で行った基本的な特徴量の算出と同様のことを，関数 feature を利用して高度な特徴量に対して行えばよい．以下にそのスクリプトを示す．

スクリプト 7.6 データの読み込みと高度な特徴量の算出　　　　　　▶ 7.6.R

```
 1  con <- file('RImageProc/MNIST/train-images-idx3-ubyte','rb')
 2  w5 <- readBin(con, integer(), 4, 4,endian='big')
 3
 4  ## 学習用データの読み込み
 5  letTrain <- data.frame(x.box=numeric(w5[2]), y.box=numeric(w5[2]),
 6                         width=integer(w5[2]),  high=integer(w5[2]),
 7                         onpix=integer(w5[2]), x.bar=numeric(w5[2]),
 8                         y.bar=numeric(w5[2]), x2bar=numeric(w5[2]),
 9                         y2bar=numeric(w5[2]), xybar=numeric(w5[2]),
10                         x2ybar=numeric(w5[2]),xy2bar=numeric(w5[2]),
11                         x.ege=numeric(w5[2]), xegvy=integer(w5[2]),
12                         y.ege=numeric(w5[2]), yegvx=integer(w5[2]),
13                         lettr=character(w5[2]), stringsAsFactors=F)
14  ## 16個の特徴量を求め，データフレームletTrain に収める
15  for(jj in 1:w5[2]){
16    if(jj %% 1000 ==0) cat('jj=',jj,'\n')
17    w1 <- matrix(readBin(con, integer(), 784, 1, signed=F), w5[3],w5[4],byrow=T)
18      # 1画素(784画素)を読み，w1 に格納
19    w0 <- w1               # 以下の 3行で 0〜255の値をもつw1 を 2 値化(0,1)して w0 に格納
```

```
20    w0[w1>=127] <- 1
21    w0[w1<127] <- 0
22    w2 <- feature(w0)    # 1枚の画像w0 に対して 16 個の高度な特徴量を求め w2 に格納
23    ## 16個の特徴量をletTrain の該当する行と列に格納
24    letTrain[jj,1] <- w2$f1; letTrain[jj,2] <- w2$f2; letTrain[jj,3] <- w2$f3
25    letTrain[jj,4] <- w2$f4; letTrain[jj,5] <- w2$f5; letTrain[jj,6] <- w2$f6
26    letTrain[jj,7] <- w2$f7; letTrain[jj,8] <- w2$f8; letTrain[jj,9] <- w2$f9
27    letTrain[jj,10] <- w2$f10; letTrain[jj,11] <- w2$f11
28    letTrain[jj,12] <- w2$f12; letTrain[jj,13] <- w2$f13
29    letTrain[jj,14] <- w2$f14; letTrain[jj,15] <- w2$f15
30    letTrain[jj,16] <- w2$f16
31  }
32  close(con)
33
34  ## 評価用データも同様の処理を行いletTest に入れる
35
36  ## スクリプト 7.2と同様に
37  ## カテゴリをファイルから読み取ってletTrain$lettr, letTest$lettr に入れる
```

なお，前節で紹介した高度な特徴量を比較するヒストグラムは，`letTrain` に特徴量を入れて関数 `doublehist` を読み込んだ後に，以下のスクリプトを実行すれば描画できる．

スクリプト 7.7　ヒストグラム描画（高度な特徴量）　　　　　　　　▶ 7.7.R

```
1   # 特徴量がletTrain に入っている．関数 doublehist が読み込まれている
2   attach(letTrain)  # letTrain$ を省略して，たとえばx.bar だけでアクセス可能
3   doublehists(x.bar[lettr==6], x.bar[lettr==7],0.05)  # 6と 7のx.bar
4   doublehists(y.bar[lettr==6], y.bar[lettr==7],0.05)  # 6と 7のy.bar
5   doublehists(x2bar[lettr==1], x2bar[lettr==4],3)     # 1と 4のx2bar
6   doublehists(y2bar[lettr==4], y2bar[lettr==8],3)     # 4と 8のy2bar
7   doublehists(x2ybar[lettr==6],x2ybar[lettr==9],10)   # 6と 9のx2ybar
8   doublehists(xy2bar[lettr==6],xy2bar[lettr==9],10)   # 6と 7のxy2bar
9   doublehists(x.ege[lettr==8], x.ege[lettr==3],0.05)  # 3と 8のx.ege
10  doublehists(xegvy[lettr==9], xegvy[lettr==6],20)    # 9と 6のxegvy
11  doublehists(y.ege[lettr==3], y.ege[lettr==6],0.1)   # 3と 6のy.ege
12  doublehists(yegvx[lettr==3], yegvx[lettr==4],40)    # 3と 4のxegvy
```

7.7　線形判別分析による判別：基本

前節のスクリプトの実行により，データフレーム `letTrain` に，16 種の特徴量と，各画像がどの数字を表すかというカテゴリを含む 6 万文字画像分のデータが入っているとする．これを使って機械学習を行い，判別関数を得る．性能評価用として，データフレーム `letTest` に別のデータ 1 万文字画像分のデータが入っている．得られた判別関

数を用いて，評価用データを判別し，正解率を測定する．

なお，本節と次節で紹介するスクリプトはサンプルスクリプト **7.s2.R** にまとめてある．

7.7.1 ▶ データフレームの中身の確認

前節と同様，標準パッケージ MASS の関数 lda と predict を用いる．なお，関数 feature は，letTrain, letTest に入っている特徴量（x.box など）を得るのに使っている．

```
> w1 <- lda(lettr ~ ., letTrain)  # 処理時間 数秒
> w2 <- predict(w1, letTest)$class
> sum(letTest$lettr==w2)/nrow(letTest)
[1] 0.8653 # 正解率 87%
```

table(letTest$lettr.w2) で，正解カテゴリと判別したカテゴリの対応を表示できる．

```
> table(letTest$lettr,w2)
   w2                         判別カテゴリー
       0    1    2    3    4    5    6    7    8    9
  0  929    0    5    0    0    1    8    1   35    1
  1    0 1100   10    2    5    3    6    6    0    3
  2   39    0  713  131    1   43   40    2   61    2
  3    2    0   71  869    0   18    0   15   15   20
  4    6    6    2    0  919    0    8    0    0   41
  5    0    0   72  140    1  607    5   21   37    9
  6   42    4   23    0    2   14  854    0   19    0
  7    1    6    1   14   11    7    0  882    2  104
  8   39    1   10    5   10   14   13    3  865   14
  9    3    2    2    2    9   23    1    0   29   25  915
```

（左側に「正解カテゴリー」のラベル）

たとえば，正解が「2」の画像データを「8」と判別した画像は 61 枚であることが読み取れる．

結果をみると，次のようなことがわかる．

- 正解率が 87% であり，先の 8 個の基本的な特徴量を使って認識したときの正解率 70% に対してかなり高い正解率を示す．
- 誤りが最大のものは，5 を 3 に誤る誤りである．
- 2 を 3 に誤認識する割合が次に高い．
- 9 を 4 に誤認識する割合も高いが，9 を 7 に誤認識する割合のほうが高い．

7.7.2 ▶ 正解率の評価

　求められた正解率の数値が高いとみるか低いとみるかを考えるうえで，基準となる比較対象が必要である．このような比較対象の正解率を**ベースライン**という．この章におけるベースラインの定義を，機械判別が常に，テストデータにもっとも多く含まれる文字を答えた場合の正解率とする．`letTest` に含まれる文字のうち，「1」がもっとも多く 1135 個含まれるので，常に「1」と答えたときの正解率がベースラインであり，$1135/10000 = 11.35\%$ である．機械が何ら認識処理を行わずに答えても，これだけの正解率が得られることを意味する．

　以上，ベースライン，簡易的な 8 個と特徴量による正解率，本格的な 16 個の特徴量による正解率を図 7.21 に示す．

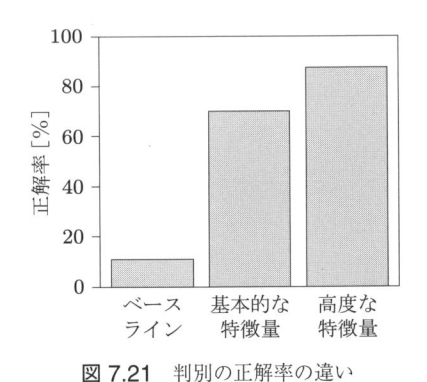

図 7.21　判別の正解率の違い

7.7.3 ▶ エラー解析

　判別結果の中でどのように誤りが生じているかを調べ，誤りが生じないための対策に結びつける活動を**エラー解析**という．7.7.1 項でもっとも誤りの多かった，5 を 3 に誤る誤りについてエラー解析をしてみよう．そこで，5 を 3 に誤った 140 例の画像を表示して調べる．誤ったデータの番号（`letTest` の行番号）を表示するスクリプトを以下に示す．このデータ番号の画像を図 7.22 に示す．

```
> w3 <- which(letTest$lettr==5 & w2==3)
> w3
  [1]  121  154  188  241  368  398  470  492  589  619  675  711  740  752  786
 [16] 1004 1047 1090 1116 1145 1147 1236 1332 1335 1340 1467 1477 1511 1526 1671
      <途中省略>
[136] 9373 9399 9401 9423 9429
```

　「3 にみえるような誤っても仕方がないデータはないため，改善の余地がある」といった判断ができる．

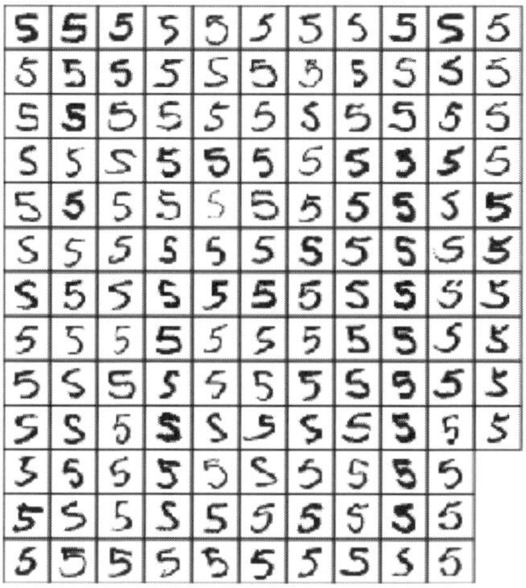

図 7.22 正解が「5」に対し，「3」に誤認識した手書き画像の例

7.8 線形判別分析による判別：交互作用項の追加

7.8.1 ▶ 交互作用とは

いま，仮に，上のほうに丸い形状があれば大きな値を示す特徴量と，下のほうに丸い形状があれば大きな値を示す特徴量の二つの特徴量があるとする．この二つの特徴量を使って文字 8 を認識することを考えてみよう．

上が丸いだけだと「9」でも当てはまり，下が丸いだけだと「6」でも当てはまる．「8」らしいのは，上が丸く，かつ下が丸い場合である．「8」の認識の関係を表に整理すると表 7.2 のようになる．

表 7.2 「8」の認識

上が丸い	下が丸い	総合指標
大	大	大
大	小	小
小	大	小
小	小	小

一方，線形判別分析で，特徴量としてこの二つの指標を使った場合，内部で

$$8 \text{らしさの指標} = 係数 \times 上の丸さ + 係数 \times 下の丸さ$$

を計算して，8 らしさの指標がある値以上なら「8」と判別することになる．しかし，この式では A かつ B のときだけ大きくなるという関係を扱うことができない．この関係

は，A と B の相互作用である．これを多変量解析の分野では**交互作用**という．これを扱えるのは，

$$係数 \times 上の丸さ \times 下の丸さ$$

の項である．この項を入れた 8 らしさの指標は，最終的に次の式となる．

$$8 らしさ ＝ 係数 \times 上の丸さ ＋ 係数 \times 下の丸さ ＋ 係数 \times 上の丸さ \times 下の丸さ$$

以下，2 変数の加算と乗算の違いを詳しくみていく．

▶▶ 加　算

まず，二つの説明変数 x_1，x_2 の和のみの式を扱う．二つの特徴量 x_1，x_2 からカテゴリ y を予測する回帰式は

$$y = \beta_0 + \beta_1 x_1 + \beta_2 x_2$$

である．いま，簡単のために，$\beta_0 = 0, \beta_1 = \beta_2 = 1$ とする．すると，上式は，

$$y = x_1 + x_2$$

と簡略化される．この 2 変数関数をグラフにするにあたって，x_1 を横軸，x_2 を縦軸に割り当て，y を等高線で表示すると図 7.23 となる．

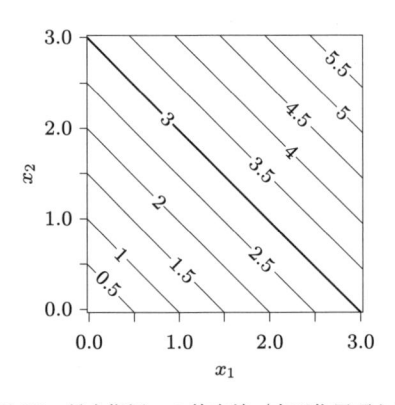

図 7.23　総合指標 y の等高線（交互作用項なし）

図 7.24(a) は，図 7.23 のうち，直線 $x_2 = 3 - x_1$ を抜き出したものである．これは切片 3，傾き -1 の直線であり，この直線上の座標 (x_1, x_2) に対して $y = x_1 + x_2 = 3$ で一定となる．x_1 の変化に沿って $y = x_1 + x_2 = 3$ における x_1 と x_2 の内訳を図で表すと図 7.24(b) のようになる．

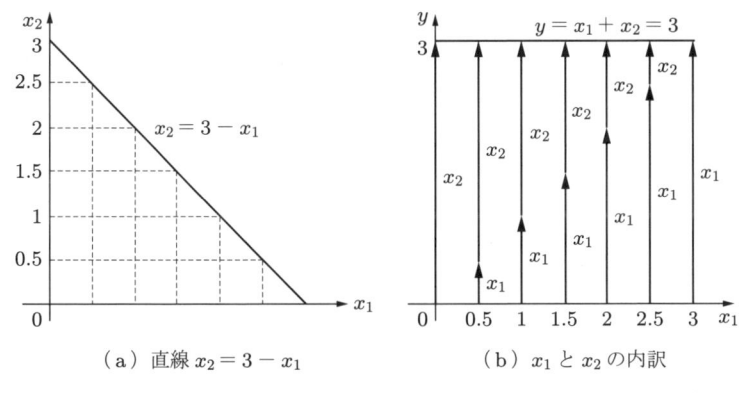

（a）直線 $x_2 = 3 - x_1$ 　　　（b）x_1 と x_2 の内訳

図 7.24 二つの特徴量 x_1, x_2 から総合指標が決まる（交互作用項なし）

「x_1 と x_2 の和」は，x_1 の長さと x_2 の長さを同じ直線上でつなげたものと考えられる．たとえば，x_1 が小さくても x_2 が大きければ，総合指標も大きくなってしまう．

▶▶ 乗　算

次に，二つの特徴量 x_1, x_2 の積の項 $x_1 x_2$ を扱う．カテゴリがこの項だけで決まるとし，さらに，係数も 1 とすると，

$$y = x_1 x_2$$

と簡略化される．この 2 変数関数を図 7.25 にグラフで表す．x_1 を横軸，x_2 を縦軸に割り当て，y を等高線で表示する．

図 7.26(a) は，先の図 7.24(a) と同じく，x_1-x_2 平面における直線 $x_2 = 3 - x_1$ は切片 3，傾き -1 の直線である．この直線上の座標 (x_1, x_2) に対して $y = x_1 x_2$ がどうな

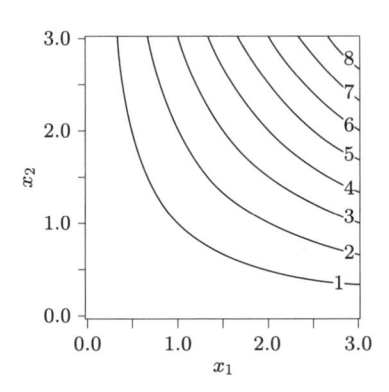

図 7.25 総合指標 y の等高線（交互作用項あり）

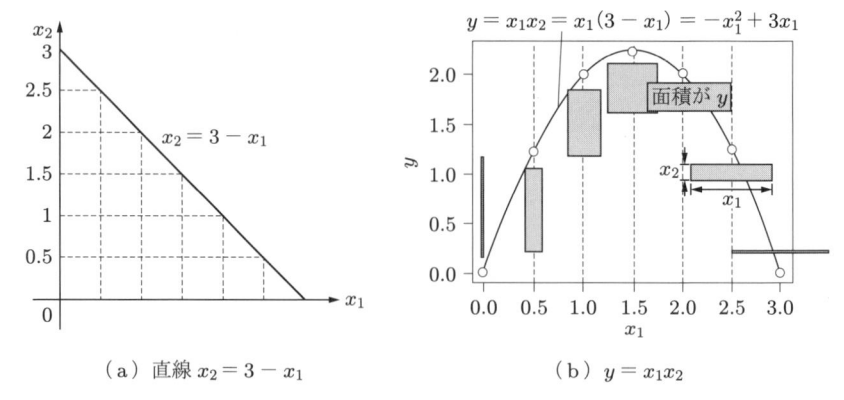

（a）直線 $x_2 = 3 - x_1$　　　　　（b）$y = x_1 x_2$

図 7.26　二つの特徴量 x_1, x_2 から総合指標が決まる（交互作用項あり）

るかを図 7.26(b) に示す.

「x_1 と x_2 の積」は，2 辺の長さが x_1 と x_2 の長方形の面積であると考えられる．以上のように，二つの特徴量の積を使うと，両者がともに大きいときにのみ大きな値をもつ総合指標を作ることができる.

7.8.2 ▶ 交互作用項を追加した場合の判別

交互作用項を入れた線形判別分析を用いて手書き文字認識を行うにあたって，効果を確認するために，あらかじめ問題を難しくして正解率を下げておき，交互作用項を追加した場合の性能向上を評価する．そのために，学習データを 6 万枚から 500 枚に減らす．そこで，これまで使ってきた学習データを格納したデータフレームから 500 画像分のデータをランダム抽出して，新たなデータフレーム letTrain1 を作る．あらかじめ set.seed(1) で乱数の初期設定を行い,

```
letTrain1 <- letTrain[sample(nrow(letTrain), 500), ] # 500 例をランダム抽出
```

で letTrain1 を作成する．次のスクリプトで学習，判別，正解率算出ができる.

```
library(MASS)                            # lda を使うための宣言
w1 <- lda(lettr ~ ., letTrain1)          # 学習
w2 <- predict(w1, letTest)$class         # 判別
sum(letTest$lettr==w2)/nrow(letTest)     # 正解率算出
```

正解率は 84% となり，画像 6 万枚で学習したときの 87% から低下する.

次に，交互作用項を追加して，正解率向上を目指す．交互作用項を追加するためのスクリプトの修正は，関数 lda の第 1 引数で指定するモデル式 lettr を修正することによって行う．たとえば，二つの特徴量，特徴量 1，特徴量 2 の場合,

　　lettr ~ 特徴量1 + 特徴量2 であったものを,

　　lettr ~ 特徴量1 + 特徴量2 + 特徴量1:特徴量2

とすればよい. ここで, 特徴量1:特徴量2 は, 特徴量 1 と特徴量 2 の相互作用である. 特徴量が 16 個あるため, 特徴量を二つずつ組み合わせた式を手作業で記述するのは大変である. そこで, 次のスクリプトを使ってモデル式を表現する文字列 w4 を生成する.

```
w3 <- setdiff(colnames(letTrain), 'lettr') # letTrain の列名から lettr を除く
w4 <- combn(w3, 2) # 列名の組み合わせ
w4 <- paste('lettr ~', paste(w3, collapse = ' + '), '+',
            paste(paste(w4[1,], w4[2,], sep=':'), collapse=' + '))
```

w4 の内容は以下のようになっている.

```
lettr ~ x.box + y.box + width + high + onpix + x.bar + y.bar +
        x2bar + y2bar + xybar + x2ybar + xy2bar + x.ege + xegvy +
        y.ege + yegvx + x.box:y.box + x.box:width + x.box:high +
        x.box:onpix + x.box:x.bar + x.box:y.bar + x.box:x2bar +
        x.box:y2bar + x.box:xybar + x.box:x2ybar + x.box:xy2bar
        + x.box:x.ege + x.box:xegvy + x.box:y.ege + x.box:yegvx
        + y.box:width + y.box:high + y.box:onpix + y.box:x.bar
        + y.box:y.bar + y.box:x2bar + y.box:y2bar + y.box:xybar
        <以下省略>
```

このモデル式 w4 を用いて, 学習, 判別, 正解率算出を行う.

```
w1 <- lda(as.formula(w4), letTrain1)    # 上のモデル式を使って letTrain から学習
w2 <- predict(w1, letTest)$class        # letTest を判別
sum(letTest$lettr==w2)/nrow(letTest)    # 正解率の算出と表示
```

　　正解率は 87% となり, 学習の枚数を 500 枚に減らしても, 交互作用項なしの機械学習と同程度の正解率を達成している.

7.8.3 ▶ さらに特徴量が増えた場合

　　本章で用いる特徴量は最大でも 16 個であるが, この数がさらに多くなると, 交互作用項の組み合わせの数が非常に多くなる. そのようなときは, 性能向上に寄与しない項を削除することによって, 正解率の向上を図ることが有効である. R には, 正解率が高くなるように特徴量を自動選択してくれる関数 stepAIC が用意されている. 次のスクリプトで実行できる.

```
w1 <- lm(as.formula(w4), letTrain1)   # 重回帰分析
stepAIC(w1)                           # 特徴量の自動選択と結果の表示
```

　　実行すると, モデル式が返される. 機械判別は stepAIC によって返されたモデル式を使って, predict をよべばよい. ただし, 今回の条件では, 正解率の向上効果は得ら

れなかった.

7.9 主成分分析を特徴量とした文字認識

これまで述べた方法では,人間が考案した8個ないし16個の特徴量を使用した文字認識を扱った.本節で述べる方法は,多変量解析の分野で従来から知られている**主成分分析**という手法を用いて特徴量を抽出し,その特徴量をもとに線形判別関数によって判別する手法である.

主成分分析は多変量解析の手法なので,本書ではその原理には立ち入らず,アイデアのみ解説する.

7.9.1 ▶ 主成分分析とは

前節までから引き続き,データベース「THE MNIST DATABASE」の文字画像を考える.このデータベースの画像は,$28 \times 28 = 784$ 画素である.図 7.27(a) に示すように,784個の画素ごとに軸を作ると,画像は784次元の空間にプロットされる.

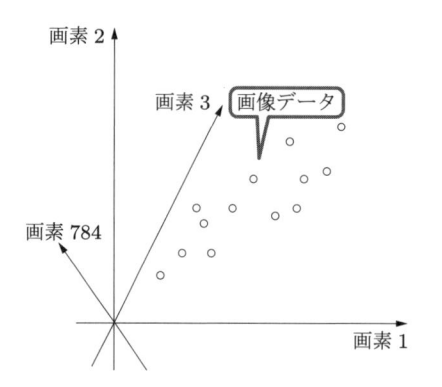
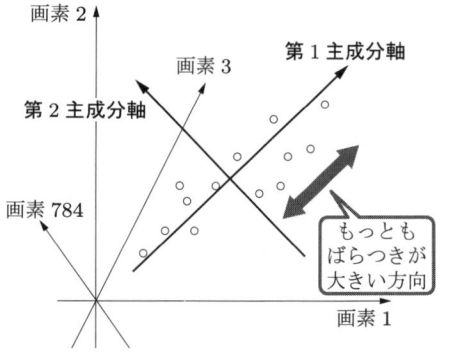

（a）画素ごとに軸を作り画像をプロット　　　（b）ばらつきの大きい方向に主成分をとる

図 7.27 主成分分析

プロットされたデータをみて,もっともばらつきが大きい方向に軸を引き,これを**第1主成分**とする（図 (b)）.次に,第1主成分と直交する軸を考え,2番目にばらつきが大きい方向に軸を引き,これを**第2主成分**とする.以下同様に,第3主成分,第4主成分,…と,主成分を増やしていく.なお,実際には,事前にデータの各次元から平均値を引いて,データが原点回りでばらつくようにしてから,原点を中心に軸を回転させる.

ばらつきが大きくなるようにとられた主成分は,これを軸にして考えると,データどうしの差異がみやすくなる.最終的には全画素数分（上記の文字画像なら784個分）主

成分を考えることができるが，後ろになればなるほどばらつきが小さく，特徴ははっきりしなくなる．これは逆に，一部の主成分軸だけ考えれば十分データの違いを表現できるとも考えられる．このように，ばらつきの大きい順に一部の軸を抜き出して低次元化することを**縮約**といい，縮約によってデータの特徴を調べたり判別を行うことを**主成分分析**という．

この主成分を特徴量とし，これをもとに線形判別関数による判別を行うことができる．前節の特徴量の個数とあわせて，本書では第16主成分までを使用する．

主成分の抽出は，データが与えられれば，統計的な計算によって機械的に行うことができる．また，主成分分析は汎用性が高く，次章で扱う人認識でも，それなりに精度の高い判別を行うことができる．一方で，判別対象に基づいて考えられた判別手法には，正解率は及ばないという欠点もある．

7.9.2 ▶ 画像による実際の計算

処理の流れを図7.28で示す．まず，学習用画像を用いて主成分分析を行う．得られた主成分のうち，主要成分である第1主成分から第16主成分を判別のための特徴量として採用する．

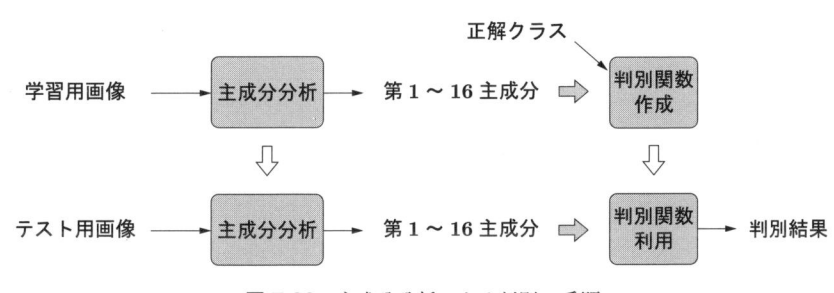

図7.28 主成分分析による判別の手順

なお，実際は，第何主成分までを特徴量に採用するかに関して理論的な最適値が決まるわけではなく，さまざまに変化させて，正解率が高くなる値を探ることになる．その際に，これまで同様，学習用画像と正解率評価用画像を分けて行うオープンテストを採用する必要がある．図7.28も，オープンテストに従っている．

前節までは，画像1枚ごとに特徴量を計算できるため，画像を1枚読んでは特徴量を計算し，計算後，画像データを変数から削除（上書き）していた．それに対し主成分分析では，まず全画像を変数に読み込む必要がある．そこでまず，学習画像データと評価用画像データを直接変数 letTrain0, letTest0 に読み込む．スクリプトを以下に示す．

スクリプト 7.8　データの読み込み　　　　　　　　　　　　　　▶ 7.8.R

```
1   # 学習用データが letTrain0 に入る
2   con <- file('RImageProc/MNIST/train-images-idx3-ubyte','rb')
3   w5 <- readBin(con, integer(), 4, 4,endian='big')
4   w1 <- matrix(0, w5[2], 28*28)
5   for(jj in 1:w5[2]){
6     if(jj %% 10000 ==0) cat('jj=',jj,'\n')
7     w1[jj, ] <- readBin(con, integer(), 784, 1, signed=F)
8   }
9   close(con)
10  ## カテゴリをファイルから読み取って letTrain$lettr, letTest$lettr に入れる
11  con <- file('RImageProc/MNIST/train-labels-idx1-ubyte','rb')
12  w5 <- readBin(con, integer(), 2, 4,endian='big')
13  w2 <- readBin(con, integer(), w5[2], 1, signed=F)
14  close(con)
15  letTrain0 <- data.frame(w1, lettr=w2, stringsAsFactors=F)
16
17  ## 評価用データも同様に行い letTest0 に入れる
18
19  ## スクリプト 7.2と同様に，カテゴリをファイルから読み取って
20  ## letTrain$lettr, letTest$lettr に入れる
```

次に，学習用画像を主成分分析して結果を letTrain0.pc に入れる．主成分分析は，
関数 prcomp を実行することで行うことができる（サンプルスクリプト 7.s3.R 参照）．

```
letTrain0.pc <- prcomp(letTrain0[,1:784])  # 主成分分析，処理時間がかかる
```

学習用画像を使って線形判別関数を作成し，結果を model に入れる．

```
library(MASS)
model <- lda(lettr ~ .,
             data.frame(lettr=factor(as.character(letTrain0[,'lettr']),
             levels=as.character(0:9)), letTrain0.pc$x[,1:16]))
```

次に，学習用画像から得た主成分算出法に基づいて評価用画像の主成分を求める．

```
w4 <- predict(letTrain0.pc, newdata = letTest0[,1:784])[,1:16]
```

最後に，学習用画像から作成した線形判別関数で評価用画像の主成分をクラス判別
する．

```
w5 <- data.frame(lettr=factor(as.character(letTest0[,'lettr']),
                              levels=as.character(0:9)), w4)
w3 <- predict(model, w5)$class
sum(w3==letTest0$lettr)/length(w3)  # 正解率の算出と表示
```

これを実行すると，正解率は 82% となる．先の節で人手による特徴量を用いて判別
した場合の正解率 87% には及ばないものの，対象に依存しない一般的な手法でも，あ

る程度の正解率を達成できることがわかる.

7.9.3 ▶ ヒストグラムの表示

7.4 節や 7.5 節でみたように,各々の特徴量について二つの文字のヒストグラムを表示し,分布がきちんと分離しているかどうかを確認しよう.ここでは,

- 第 1 主成分における「0」と「5」の比較
- 第 2 主成分における「0」と「5」の比較
- 第 8 主成分における「0」と「5」の比較

を考えることにする.

スクリプトは以下のようになる.

スクリプト 7.9　ヒストグラム描画(高度な特徴量,主成分分析)　　　▶ 7.9.R

```
1   # 関数doublehists が定義済み. 変数 letTrain0 が読み込み済み. letTrain0.pc が計算済み
2   ## 第 1主成分に関する「0」と「5」の比較
3   n.comp <- 1
4   doublehists(letTrain0.pc$x[letTrain0[,'lettr']]==0, n.comp],
5               letTrain0.pc$x[letTrain0[,'lettr']]==5, n.comp],200,
6               xlab='PC1', ylab=c('letter 0', 'letter 5'))
7   ## 第 2主成分に関する「0」と「5」の比較
8   n.comp <- 2
9   doublehists(letTrain0.pc$x[letTrain0[,'lettr']]==0, n.comp],
10              letTrain0.pc$x[letTrain0[,'lettr']]==5, n.comp],200,
11              xlab='PC2', ylab=c('letter 0', 'letter 5'))
12  ## 第 8主成分に関する「0」と「5」の比較
13  n.comp <- 8
14  doublehists(letTrain0.pc$x[letTrain0[,'lettr']]==0, n.comp],
15              letTrain0.pc$x[letTrain0[,'lettr']]==5, n.comp],200,
16              xlab='PC8', ylab=c('letter 0', 'letter 5'))
```

結果は図 7.29 のようになる.図 (a) の第 1 主成分は,ヒストグラムが大きく分離している.ばらつきの大きい順に成分を考える主成分分析では,主成分の番号が大きくなるにつれて補助的な特徴量となり,単独での分離能力が下がる傾向にある.そのため,図 (b) の第 2 主成分,図 (c) の第 8 主成分をみると,ある程度の分離はできているものの,ヒストグラムの重なりが大きくなっているのがわかる.

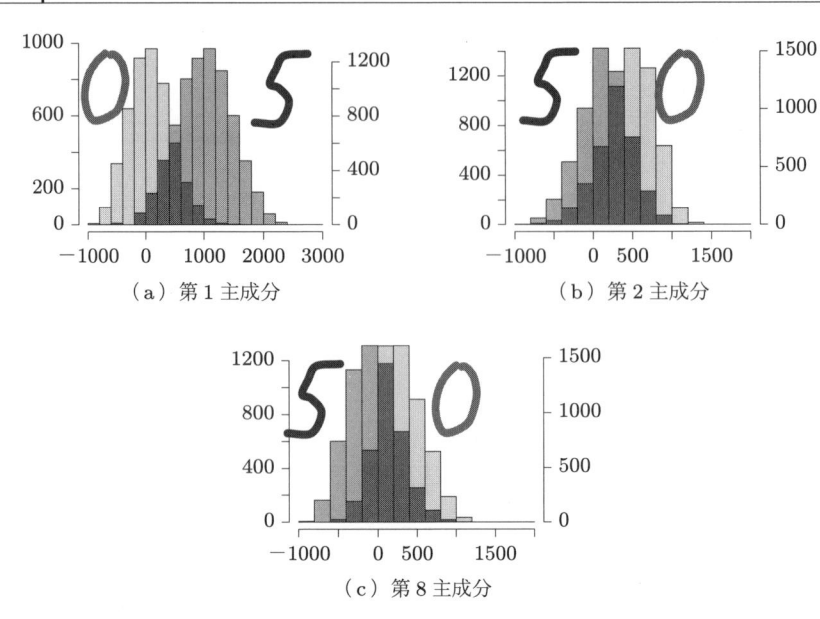

（a）第 1 主成分　　　　　　　　（b）第 2 主成分

（c）第 8 主成分

図 7.29　主成分分析の分布

特徴量に基づく人認識

人認識は，与えられた画像が人であるか人以外であるかを判別する技術である．その応用として，たとえば，自動車に搭載されたカメラで道路前方の歩行者を認識して，緊急時に自動ブレーキを作動させるといったシステムが製品化されている．また，デジタルカメラにおいても，人を認識してピントや色合いを自動調整する機能が搭載されている．本章では，人認識の基本的な技術を学ぶ．

前章に引き続き本章でも，認識手法として特徴量を用いた機械学習による画像認識を扱う．人と人以外を判別するには，人の形状に感度をもつ特徴量を使う必要がある．そこで，そのような特徴量としてよく使われる HOG 特徴量を扱う．また，判別手法では，前章でみた線形判別関数だけでなく，さらに高度な性能をもつサポートベクターマシンの実装方法の解説やニューラルネットワークの紹介も行う．

8.1 データの取得

人認識を行うための画像データとして，歩行者画像データベース「Daimler Pedestrian Benchmark Data Sets†」の中の「Daimler Mono Pedestrian Classification Benchmark Data Set」を用いる（図 8.1）．この中には，縦 32 × 横 16 画素のモノクロ画像として，人物画像が 24000 枚，背景画像が 25000 枚入っている．

本書ではその中から，人画像 2000 枚と背景画像 2000 枚を機械学習用に使い，別の人画像 1000 枚と背景画像 1000 枚を性能評価用に使う．

データベースのディレクトリ構造は，ディレクトリ 1, 2, 3, T1, T2 の中にそれぞれ `ped_examples`（人物画像）と `non-ped_examples`（背景画像）という二つのディレクトリがあり，その中にそれぞれ img_00000.pgm, img_00001.pgm, …というファイル名の画像があるという，3 階層になっている．ディレクトリの数自体も多いため，この構造から直接画像を読み取ろうとすると，スクリプトが複雑になる．

そこで，`RImageProc/Human` の下に学習用画像用の `Train` と評価用画像用の `Test`

---

† http://www.gavrila.net/Datasets/Daimler_Pedestrian_Benchmark_D/daimler_pedestrian
 _benchmark_d.html

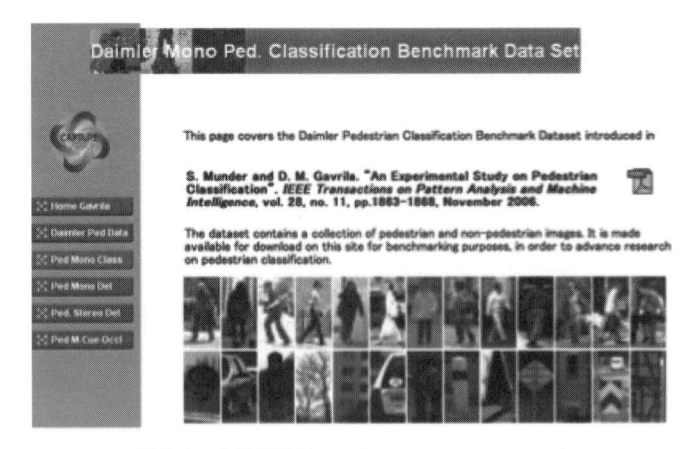

図 8.1　歩行者画像データベースの web ページ

という二つのディレクトリをおき，`Train` には以下のように画像を保存する．

- 五つの `ped_examples` から均等に 400 枚ずつ，合計 2000 枚の人物画像を選び，p0000.pgm～p1999.pgm とファイル名を変えた画像
- 五つの `non-ped_examples` から均等に 400 枚ずつ，合計 2000 枚の背景画像を選び，n0000.pgm～n1999.pgm とファイル名を変えた画像

`Test` の中にも同様にして，人物画像 p0000.pgm～p0999.pgm と背景画像 n0000.pgm～n0999.pgm を保存する．

　画像のダウンロード，解凍，ファイル名の変更を実行するサンプルスクリプト `8.s1.R` を用意しているので，適宜利用されたい．

8.2　HOG 特徴量

8.2.1 ▶ HOG 特徴量の概略

▶▶ HOG 特徴量とは

　人認識の分野では，<u>H</u>istogram of <u>O</u>riented <u>G</u>radients の頭文字をとった HOG 特徴量がよく利用されている．

　人物画像は，髪型や服装，姿勢が多種多様で，前章でみたような特徴量で判別を行うのは難しい．一方で人物画像は，頭や胴体，手足など，形状や輪郭には共通の特徴がみられる．

　HOG 特徴量は，画像内の物体の輪郭を定量的に評価する特徴量である．正確には，画素の**濃度勾配**という濃度の変化の仕方を数値化する．図 8.2(a) に示すように物体の

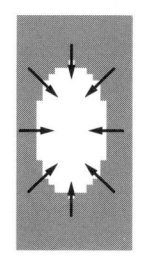
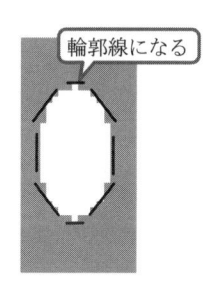

（a）物体の輪郭では　　（b）濃度勾配の大きな　　（c）濃度勾配と直交する
　　濃度勾配が大きくなる　　　箇所を矢印で示す　　　　線分を引く

図 8.2 HOG 特徴量は物体の輪郭を評価する

輪郭では濃度勾配が大きくなる．濃度勾配が大きい箇所に勾配方向へ矢印を引くと，図 (b) のようになり，この矢印と直交する方向に線を引けば，図 (c) のように物体のおおよその輪郭線が浮かび上がる．このように，濃度勾配を求めることによって，画像の形状を求めることができる．

　この特徴量を用いれば，服装などに依存せず，人物画像かそうでないかを判別することができる．また，後述するように，HOG 特徴量は，画像内で物体の位置や姿勢が多少ずれても，特徴量の数値に影響しないという利点もあり，これも人物認識でよく使われる理由の一つとなっている．

▶▶ HOG 特徴量の定義と算出

　HOG 特徴量の定義と算出方法を，図 8.3(a) のような，背景が黒の白い円形の画像を例に解説する．具体的には，以下の手順で算出される．

1　画像をいくつかのブロックに分割する（図 8.3(b)）．
2　濃度勾配を計算する方向の数（分解能）を決める（図 (c)）．
3　ブロック内の各画素について，手順 2 で決めた方向ごとに，濃度勾配の大きさを求める（図 (d)）．
4　ブロック内の全画素について，方向ごとに，濃度勾配の大きさを足し合わせる（図 (e)）．これを HOG 特徴量とする．

　手順 1 において，ブロックの分割を細かくすると認識率は向上するが，原画像の空間分解能を高くしたり学習用のデータを増やす必要があるなど，データ量と処理時間の増加を招く．この項ではわかりやすくするために 2 × 2 の 4 分割で説明しているが，次項からは，認識率を多少犠牲にしつつ計算速度を優先させた，3 × 6 の 18 分割による処理を行っていく．実際の製品では，頭，肩，足などに対応する領域が 1 ブロックになるよ

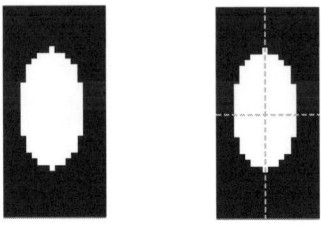 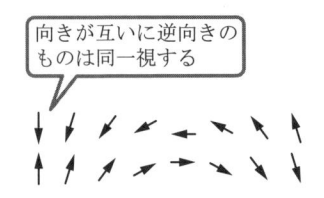

（a）原画像 （b）ブロックを分割する（例：4分割） （c）分解能を決める（例：8方向）

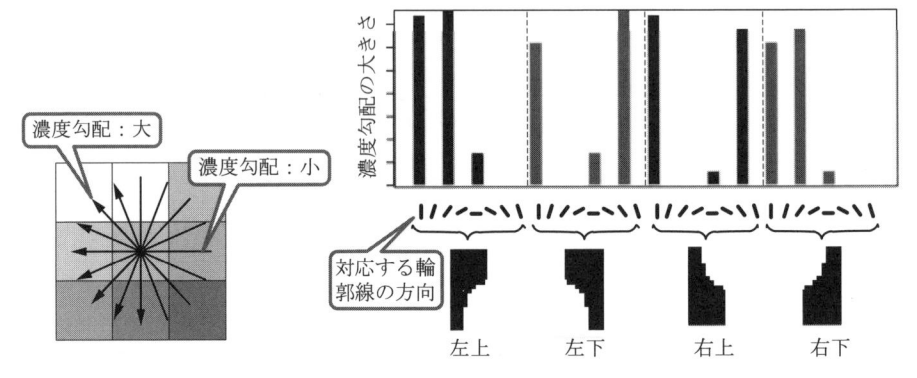

（d）各画素について濃度勾配の大きさを求める

（e）濃度勾配の大きさを足し合わせる

図 8.3 HOG 特徴量の算出

うにブロックを細かく分けることで，認識率を向上させている．

　手順 2 で決める方向の分解能は，8.2.4 項で後述するように，多くしすぎると逆に精度が低下する恐れもある．本書では，8 方向に離散化する．

　手順 3，4 で，ブロック内の濃度勾配を足し合わせることで，物体の位置がブロック内でずれても，HOG 特徴量が変わらないようにしている．これが，物体の位置が多少ずれても HOG 特徴量が変わらない理由である．

　本書で用いる HOG 特徴量は，1 枚の画像に対し，8 方向 × 18 領域 ＝ 144 次元の情報である．画像は縦 36 × 横 18 画素の 648 画素であるから，HOG 特徴量は，約 1/5 に縮約された情報といえる．

▶▶ HOG 特徴量の可視化

　算出した HOG 特徴量を可視化すると，画像の特徴やおおよその形状を知ることができる．図 8.3 でみた，円状の画像を改めて考えよう．

　HOG 特徴量には，ブロックごとに，8 方向の濃度勾配の大きさが数値として保存されている．各濃度勾配について，次のような線を考える．

- 長さ：濃度勾配の大きさに比例する
- 向き：濃度勾配の直交方向（対応する輪郭線の方向）

各ブロックの中心に，上記の 8 本の線を重ねて描くと，図 8.4 のような図ができる．ブロック内のどの画素から得られた輪郭線であるのかはわからなくなるが，図形のおおよその形状を知ることができる．

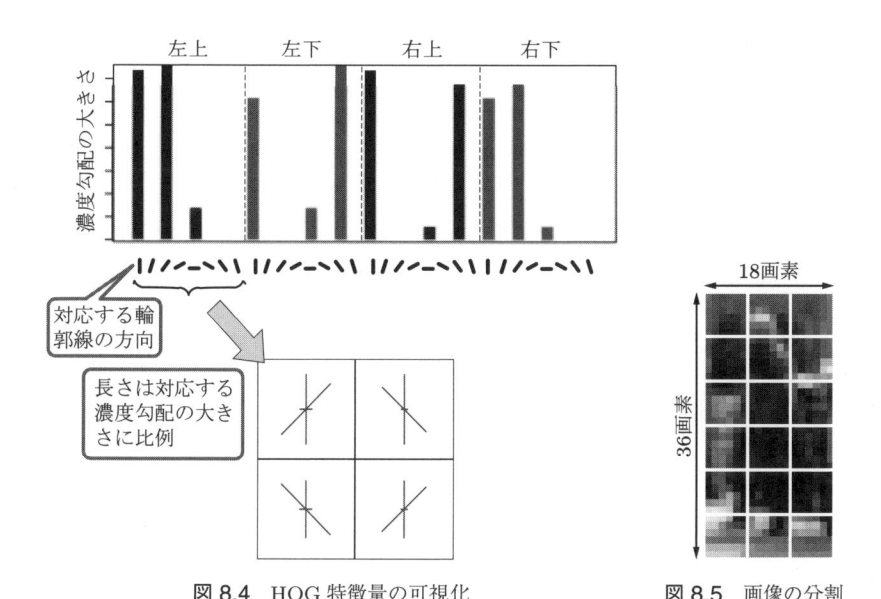

図 8.4　HOG 特徴量の可視化　　　　図 8.5　画像の分割

8.2.2 ▶ 簡易図形で性能を確認する

　以上の計算と可視化を，図 8.5 のような 18 分割のブロックに対して行うスクリプトを示す．HOG 特徴量は，このスクリプトで定義する関数 hog によって計算される．中身の詳細は次の 8.2.3，8.2.4 項で説明する．

スクリプト 8.1　HOG 特徴量の算出　　　　　　　　　　　▶ 8.1.R

```
1  hog <- function(im1, row.div=2, col.div=2){
2    ## im1: 画像が入った行列
3    ## row.div: 縦方向の分割数
4    ## col.div: 横方向の分割数
5
6    w3 <- matrix(0, row.div*col.div, 8,
7               dimnames=list(paste(rep(1:row.div,col.div),
8                 rep(1:col.div,each=row.div),sep=','),NULL))
9    rowStep <- floor(nrow(im1)/row.div)   # 各ブロックの縦方向の画素数
```

```
10    colStep <- floor(ncol(im1)/col.div)    # 各ブロックの横方向の画素数
11    for(j in 1:row.div){
12      for(jj in 1:col.div){
13        w2 <- w1[((j-1)*rowStep+1):(j*rowStep), ((jj-1)*colStep+1):(jj*colStep)]
14          # j 行 jj 列のブロック(rowStep 行 colStep 列)を w2 に入れる
15        u <- w2[2:(rowStep-1),3:colStep]-w2[2:(rowStep-1),1:(colStep-2)]
16        v <- w2[3:rowStep,2:(colStep-1)]-w2[1:(rowStep-2),2:(colStep-1)]
17        mag <- sqrt(u*u + v*v)
18        d.code <- ifelse(u==0 & v==0, NA, ifelse(u==0,4,
19                    ifelse(v/u>=0, round(atan(v/u)*8/pi),
20                      round(atan(v/u)*8/pi)+8)))
21        d.code[d.code==8]<-0
22        w5 <- rep(0,8)
23        for(jjj in 1:8) w5[jjj] <- sum(mag[d.code==jjj-1],na.rm=TRUE)
24        w3[paste(j,jj,sep=','),] <- w5
25      }
26    }
27    ## ヒストグラムを正規化する. 全体のヒストグラムの 2次ノルムで割る
28    w3/sqrt(sum(w3^2))
29  } # end of hog-----------------------------------------------------
```

次に，HOG 特徴量を輪郭線状に可視化する関数 plot.hog を定義するスクリプトを以下に示す．画像 im1 に対して plot.hog(im1) にて im1 の HOG 特徴量が可視化できる．plot.hog の内部で先の関数 hog をよんでいる．

スクリプト 8.2　HOG 特徴量の可視化　　　　　　　　　　　　　　　　▶ 8.2.R

```
1   # 関数hog が読み込まれている
2   plot.hog <- function(im1, row.div=2, col.div=2){
3     ## im1: 画像が入った行列
4     ## row.div, col.div: 画像の分割数
5     w0 <- hog(im1, row.div, col.div)
6     w3 <- -180/8*(0:7) * pi/180 + pi/2    # +pi/2 で濃度勾配から輪郭線に変換
7     for(jj in 1:nrow(w0)){                # ループ変数jj はブロック番号を表す
8       w2 <- w0[jj,]                       # 第jj ブロックの HOG 特徴量を w2 へコピー
9       plot(0, ty='n',xlim=c(-0.5,0.5), ylim=c(-0.5,0.5),
10          xaxt='n',yaxt='n', col='blue')  # グラフの座標系を定義
11      for(jjj in 1:8){
12        x <- w2[jjj]*cos(w3[jjj])
            # 輪郭線の頂点座標を求める. 線の長さをHOG の値に比例させる
13        y <- w2[jjj]*sin(w3[jjj])
14        lines(c(-x,x), c(-y,y),col='blue')  # 点 (-x,-y)と (x,y)を結ぶ直線
15      }
16    }
17  } # end of plot.hog-----------------------------------------------------
```

図 8.6 に示す円などの四つの簡易図形で HOG 特徴量がどうなるかを確認してみよ

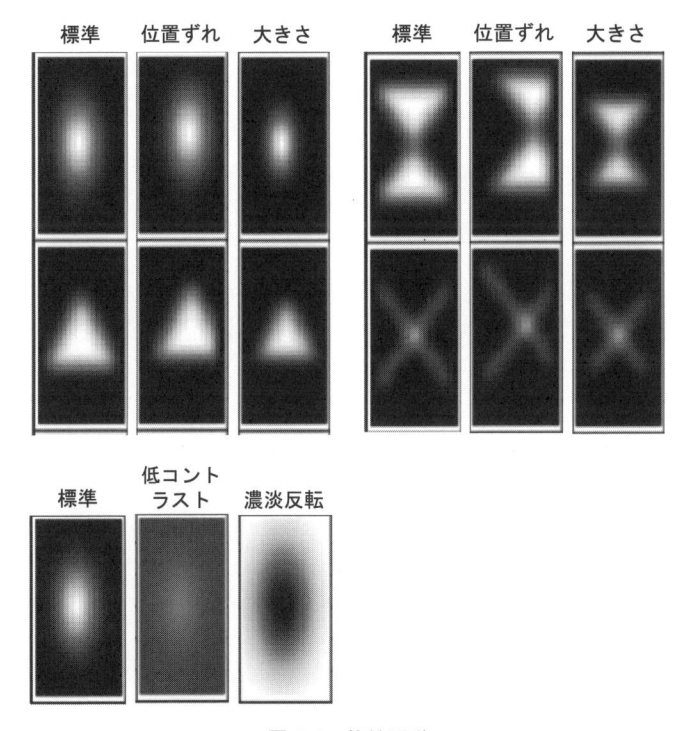

図 8.6 簡易図形

う．この図では，それぞれの図形に対し，位置がずれた場合と，大きさが小さくなった場合についても示している．また，前章の白黒 2 値画像ではなく，濃淡画像にしている．図の一番下に，円図形のもとの図形と，コントラストを下げた画像，濃淡を反転させた画像を示す．濃淡反転は，たとえば，黒い背景に白い服を着た人物がいる場合と，白い背景に黒い服を着た人物がいる場合に相当する．

簡易図形の濃淡画像を生成するスクリプトを以下に示す．円については指数関数を用い，その他の図形については第 3 章で定義した関数 filt を使って，2 値画像をスムージングすることによって濃淡画像を得ている．

スクリプト 8.3　簡易図形の濃淡画像の生成　　　　　　　　　　　　　　▶ 8.3.R

```
1  # 関数filt が読み込まれている．画像が im1 に入る
2  # 円，標準
3  im1 <- matrix(0, 36,18)   # 36行 18列の行列im1 を生成
4  for(j in 1:36)
5    for(jj in 1:18) im1[j,jj] <- exp(-(j-18)^2/100-(jj-9)^2/25)
6    # 2次元正規分布の式に従って楕円状の濃度分布を作成
7      <im1 を表示．以下省略>
8
```

```
 9   # 円, 位置ずれ
10   im1 <- matrix(0, 36,18)
11   for(j in 1:36)
12     for(jj in 1:18) im1[j,jj] <- exp(-(j-18+2)^2/100-(jj-9-2)^2/25)
13     # 2次元正規分布の式で, j に 2を加算, jj から 2 を減算して右上に平行移動
14
15   # 円, 小さい
16   im1 <- matrix(0, 36,18)
17   for(j in 1:36)
18     for(jj in 1:18) im1[j,jj] <- exp(-(j-18)^2/100*2-(jj-9)^2/25*2)
19     # -(j-18)^2/100 および-(jj-9)^2/25を 2倍して幅と高さを縮める
20
21   # 三角形△, 標準
22   im1 <- matrix(0, 36,18)
23   for(j in 10:25) im1[j,ceiling(-0.5*(j-10)+9):floor(0.5*(j-10)+10)] <- 1
24     # 行列im1 に背景が 0 で三角形の内部が 1 のパターンが入る
25   im1<-filt(filt(filt(filt(im1))))   # filt を 4 回繰り返し適用してスムージング
26
27   # 三角形△, 位置ずれ
28   im1 <- matrix(0, 36,18)
29   for(j in (10:25)-2) im1[j,ceiling(-0.5*(j-12)+9):min(18,floor(0.5*(j-4)+10))]
         <- 1
30     # j を 2 減少させ, im1[j, (j による計算)] の (j による計算)を調整して平行移動
31   im1<-filt(filt(filt(filt(im1))))
32
33   # 三角形△, 小さい
34   im1 <- matrix(0, 36,18)
35   for(j in (13:25)-2) im1[j,ceiling(-0.5*(j-12)+9):min(18,floor(0.5*(j-10)+10))]
         <- 1   # 高さを縮める
36   im1<-filt(filt(filt(filt(im1))))
37
38   # くびれ形, 標準
39   im1 <- matrix(0, 36,18)
40   for(j in 6:29) im1[j,floor(0.75*(j-6)+1):ceiling(-0.75*(j-6)+18)]<- 1
41     # 行列im1 に背景が 0 でくびれ形の内部が 1 のパターンが入る
42   im1<-filt(filt(filt(filt(im1))))
43
44   # くびれ形, 位置ずれ
45   im1 <- matrix(0, 36,18)
46   for(j in (6:29-2))
47     im1[j,max(1,min(18,floor(0.75*(j+2)+1))):min(18,ceiling(-0.75*(j-8)+18))]<- 1
48   im1<-filt(filt(filt(filt(im1))))
49
50   # くびれ形, 小さい
51   im1 <- matrix(0, 36,18)
52   for(j in 9:26) im1[j,floor(0.75*(j-6)+1):ceiling(-0.75*(j-6)+18)] <- 1
53   im1<-filt(filt(filt(filt(im1))))
54
55   # X 形, 標準
```

```
56  im1 <- matrix(0, 36,18)
57  for(j in 6:29) im1[j,floor(0.75*(j-6)+1):(floor(0.75*(j-6)+1))] <- 1
58  for(j in 6:29) im1[j,(ceiling(-0.75*(j-6)+18)):ceiling(-0.75*(j-6)+18)] <- 1
59    # 行列im1 に背景が 0 で＼状の値 1 の線のパターンが入る
60    # ／状の値 1の線のパターンが上書きされ, X のパターンができる
61  im1<-2*filt(filt(filt(filt(im1))))
62
63  # X形, 位置ずれ
64  im1 <- matrix(0, 36,18)
65  for(j in (6:29)-2)
66    im1[j,min(18,floor(0.75*(j-4)+3)):min(18,floor(0.75*(j-4)+3))]<- 1
67  for(j in (6:29)-2)
68    im1[j,min(18,(ceiling(-0.75*(j-4)+20))):min(18,ceiling(-0.75*(j-4)+20))]<- 1
69  im1<-2*filt(filt(filt(filt(im1))))
70
71  # X形, 小さい
72  im1 <- matrix(0, 36,18)
73  for(j in 10:25) im1[j,floor(0.75*(j-6)+1):(floor(0.75*(j-6)+1))] <- 1
74  for(j in 10:25) im1[j,(ceiling(-0.75*(j-6)+18)):ceiling(-0.75*(j-6)+18)] <- 1
75  im1<-2*filt(filt(filt(filt(im1))))
76
77  # 円, 低コントラスト
78  im1 <- matrix(0, 36,18)
79  for(j in 1:36) for(jj in 1:18) im1[j,jj] <- exp(-(j-18)^2/100-(jj-9)^2/25)
80    # この段階は「円,標準」と同じ
81  im1 <- 0.3*(im1-0.5)+0.5  # 階調変換におけるコントラストの減少
82
83  # 円, 白黒反転
84  im1 <- matrix(0, 36,18)
85  for(j in 1:36)
86    for(jj in 1:18) im1[j,jj] <- exp(-(j-18)^2/100-(jj-9)^2/25)
87  im1 <- -(im1-0.5)+0.5  # 階調変換の式にマイナスが付いて白黒反転
```

　生成された濃淡画像 im1 に対してスクリプト 8.1, 8.2 で定義した HOG 特徴量を plot.hog(im1,6,3) で可視化すると，結果は図 8.7 のようになる．この図をみると，HOG 特徴量が図形のおおよその形を表しているのがわかる．また，位置や大きさが多少変化したり，濃淡の反転や低コントラスト化が起こっても，HOG 特徴量はあまり変化しないことも確認できる．

　とくに，低コントラストでも HOG 特徴量が変化しないのは，スクリプト 8.1 の行 28 によって，そうなるように値を正規化しているからだが，これについては 8.2.4 項で改めて説明する．

8.2.3 ▶ 濃度勾配の計算の原理

　以下ではスクリプト 8.1 の中身について詳しく説明する．ディジタル画像の濃度は,

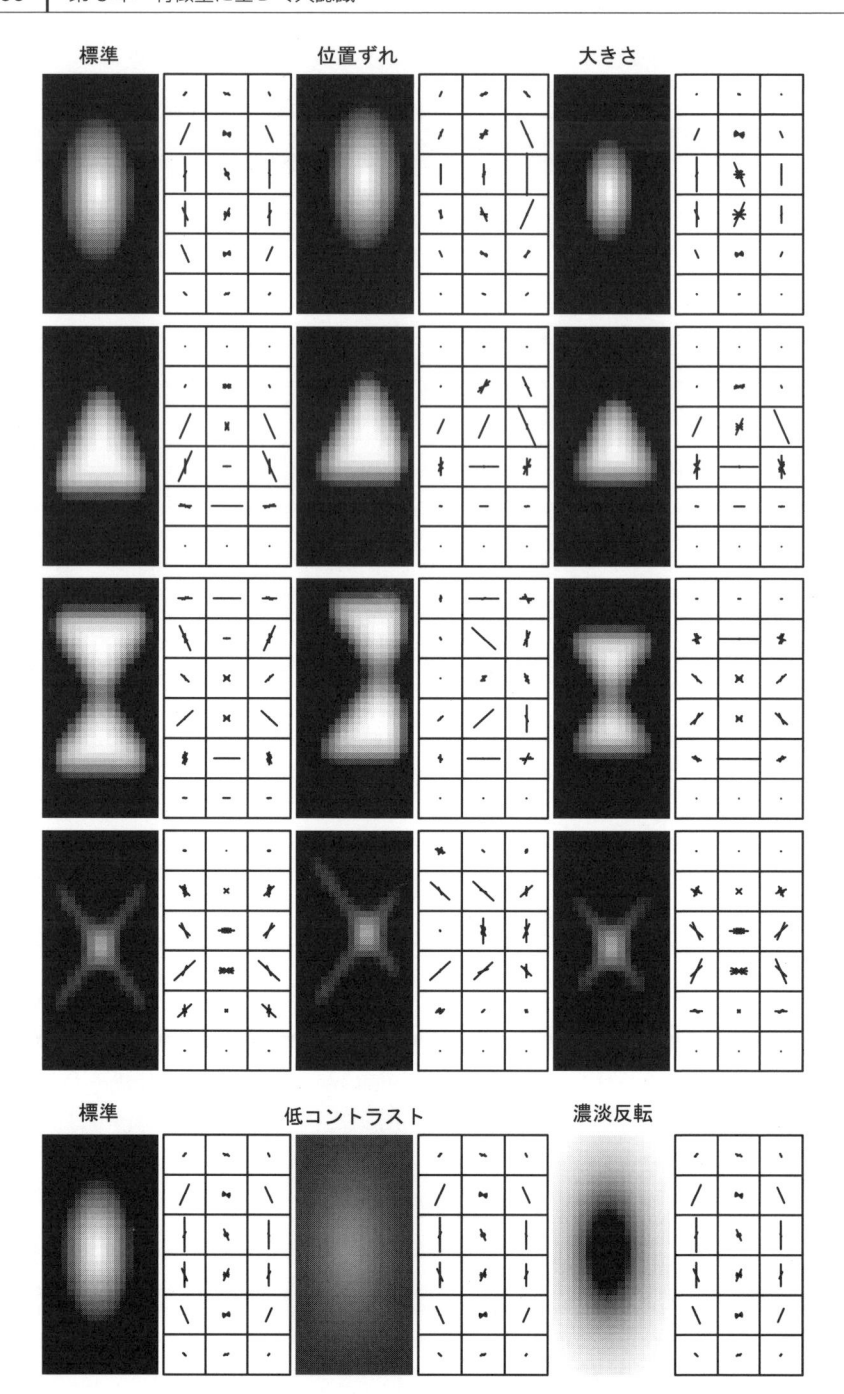

図 8.7　さまざまな簡易図形に対する HOG 特徴量のグラフ

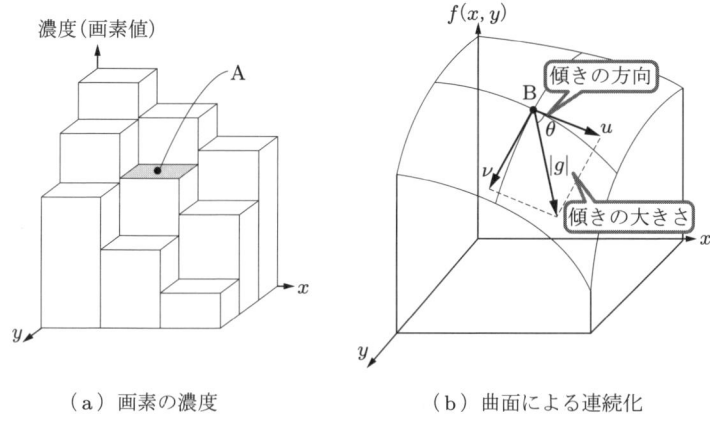

（a）画素の濃度 （b）曲面による連続化

図 8.8 最大傾斜方向の向きと勾配の大きさを求める

図 8.8(a) のように立体的に表すことができる。x-y 平面が画素で作られる面で，縦軸が画素の濃度，つまり画素値である。これを 2 変数関数として与えられた曲面として連続的に表すと，図 (b) のようになる。たとえば，図 (a) の画素 A の濃度勾配は，図 (b) における点 B での傾きに対応する。

2 変数関数の曲面の傾きを求める方法は，偏微分により与えられる。2 変数関数 $f(x, y)$ を x 方向に偏微分して u とする。u は x 方向の勾配（傾き）を表す。また，$f(x, y)$ を y 方向に偏微分して v とする。v は y 方向の勾配（傾き）を表す。u と v から，曲面の最大傾斜方向 θ と最大傾斜方向の傾き $|g|$ が求められる（図 8.8(b)）。

デジタル画像は図 8.8(a) のように離散的なので，上記の微分の演算は，図 8.9 のように勾配を求めたい画素と，その縦横 1 画素となりの 4 画素による差分演算によって置き換わる。(x, y) 座標の画素について，画素値を $f_{y,x}$，x 方向の勾配を $u_{y,x}$，y 方向の勾

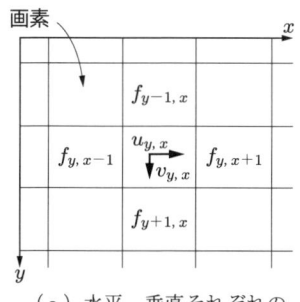
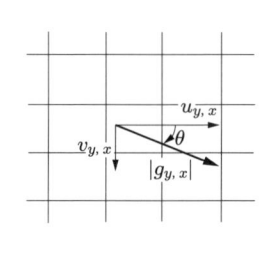

（a）水平，垂直それぞれの 勾配を求める

（b）最大傾斜方向とその 大きさを求める

図 8.9 微分を差分に置き換える

配を $v_{y,x}$ とすると，曲面の最大傾斜方向の大きさ $|g_{y,x}|$ と最大傾斜方向 θ は以下のように計算できる．

$$u_{y,x} = f_{y,x+1} - f_{y,x-1}$$
$$v_{y,x} = f_{y+1,x} - f_{y-1,x}$$
$$|g_{y,x}| = \sqrt{u_{y,x}^2 + v_{y,x}^2}$$
$$\theta = \tan^{-1} \frac{v_{y,x}}{u_{y,x}}$$

混乱の恐れがないときは，下添え字の x, y を省略する．

$\tan^{-1} \theta$ は，$\tan \theta = y/x$ の逆関数であり，y/x から次のように θ を求めることができる．

$$\theta = \tan^{-1} \frac{y}{x}$$

画像のすべての画素について，濃度勾配の大きさと方向を求める（図 8.10(a)）．ただし，画像の端にある画素については，そのとなりには画素値のないところがあるため，濃度勾配は計算できない．画像全体（分割したブロックそれぞれ）で，どの方向の濃度勾配が何画素あるかを求めて，図 (b) のようにヒストグラムにする．

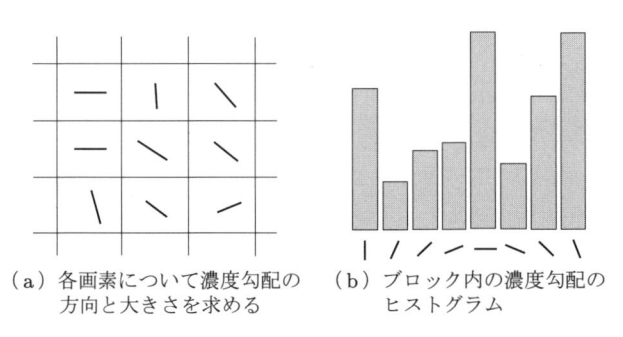

（a）各画素について濃度勾配の　　（b）ブロック内の濃度勾配の
　　　方向と大きさを求める　　　　　　ヒストグラム

図 8.10　各画素について高度勾配の大きさと方向を求める

以下の例で濃度勾配を計算してみよう．

▶▶▶ **例　1**
画素値が次の値のとき，中心点における濃度勾配を求める．

$$0 \quad 1 \quad 0$$
$$1 \quad \boxed{1} \quad 3 \qquad \Longrightarrow$$
$$1 \quad 2 \quad 3$$

$$u = 3 - 1 = 2$$
$$v = 2 - 1 = 1$$
$$|g| = \sqrt{2^2 + 1^2} = \sqrt{5}$$
$$\theta = \tan^{-1} \frac{1}{2} = 26.6°$$

▶▶ **例 2**

画素値が次の値のとき，各点（周辺を除く 4 点）の濃度勾配を求める．

$$0 \quad 1 \quad 0 \quad 1$$
$$1 \quad 1 \quad 3 \quad 2$$
$$1 \quad 2 \quad 3 \quad 0$$
$$0 \quad 1 \quad 2 \quad 2$$

4 点について，それぞれ例 1 と同様の計算をする．

$$0 \quad 1 \quad 0$$
$$1 \quad \boxed{1} \quad 3 \quad \Longrightarrow$$
$$1 \quad 2 \quad 3$$

$$u = 3 - 1 = 2$$
$$v = 2 - 1 = 1$$
$$|g| = 2.2$$
$$\theta = 27°$$

$$1 \quad 0 \quad 1$$
$$1 \quad \boxed{3} \quad 2 \quad \Longrightarrow$$
$$2 \quad 3 \quad 0$$

$$u = 2 - 1 = 1$$
$$v = 3 - 0 = 3$$
$$|g| = 3.2$$
$$\theta = 72°$$

$$1 \quad 1 \quad 3$$
$$1 \quad \boxed{2} \quad 3 \quad \Longrightarrow$$
$$0 \quad 1 \quad 2$$

$$u = 3 - 1 = 2$$
$$v = 1 - 1 = 0$$
$$|g| = 2$$
$$\theta = 0$$

$$1 \quad 3 \quad 2$$
$$2 \quad \boxed{3} \quad 0 \quad \Longrightarrow$$
$$1 \quad 2 \quad 2$$

$$u = 0 - 2 = -2$$
$$v = 2 - 3 = -1$$
$$|g| = 2.2$$
$$\theta = 27°$$

8.2.4 ▶ R による HOG 特徴量の算出

スクリプト 8.1 で定義した関数 hog は，前項の計算を行っている．前節で紹介した人物画像の一つである p0000.pgm を例に処理内容を確認する．

まずは，画像を変数 im1 に読み込む．

```
dirName <- 'RImageProc/Human/Train/'
im1 <- read.pnm(paste(dirName,'p0000.pgm',sep=''))@grey
```

ブロックの分割数については，縦方向の分割数を row.div，横方向の分割数を col.div とする．画像の縦横の画素数 nrow(im1), ncol(im1) を row.div, col.div でそれぞれ割ることで，各ブロックの縦横の画素数 rowStep, colStep が求められる（スクリプト 8.1 の行 9, 10）．

```
rowStep <- floor(nrow(im1)/row.div)    # 各ブロックの縦方向の画素数
colStep <- floor(ncol(im1)/col.div)    # 各ブロックの横方向の画素数
```

縦 j，横 jj 番目のブロックの画像は，以下によって w2 に入れることができる（スクリプト 8.1 の行 13）．

```
w2 <- im1[((j-1)*rowStep+1):(j*rowStep), ((jj-1)*colStep+1):(jj*colStep)]
```

たとえば，画像左上のブロックは，

```
w2 <- im1[1:rowStep, 1:colStep]
```

である．

各ブロック w2 について，前項の式に従い，u, v, $|g|$, θ を計算し，それぞれ変数 u, v, mag, d.code に入れていく．

▶▶▶ u, v, 濃度勾配の大きさ $|g|$ の算出

これまでに説明した $u_{y,x}$ の差分演算の式を再掲する．

$$u_{y,x} = f_{y,x+1} - f_{y,x-1}$$

この式は，各画素で差分演算を行う必要があるが，スクリプト 8.1 では，行 15 の

```
u <- w2[2:(rowStep-1),3:colStep]-w2[2:(rowStep-1),1:(colStep-2)]
```

だけで行うことができる（後述のコラム参照）．また，

$$v_{y,x} = f_{y+1,x} - f_{y-1,x}$$

$$|g_{y,x}| = \sqrt{u_{y,x}^2 + v_{y,x}^2}$$

は，スクリプト 8.1 の行 16 と行 17 の

```
v <- w2[3:rowStep,2:(colStep-1)]-w2[1:(rowStep-2),2:(colStep-1)]
mag <- sqrt(u*u + v*v)
```

で行うことができる．

---- ◀ Column　R の計算が 1 行で完結するしくみ ▶ ---------------------------
　u, v の算出において，R での計算が，ただの 1 行で完結するのは，二つの行列の差を 1 行
で計算できるからである．この処理の内容を図 8.11 に示す．簡単のため，横方向の 1 行分の
みの 1 次元データとしている．

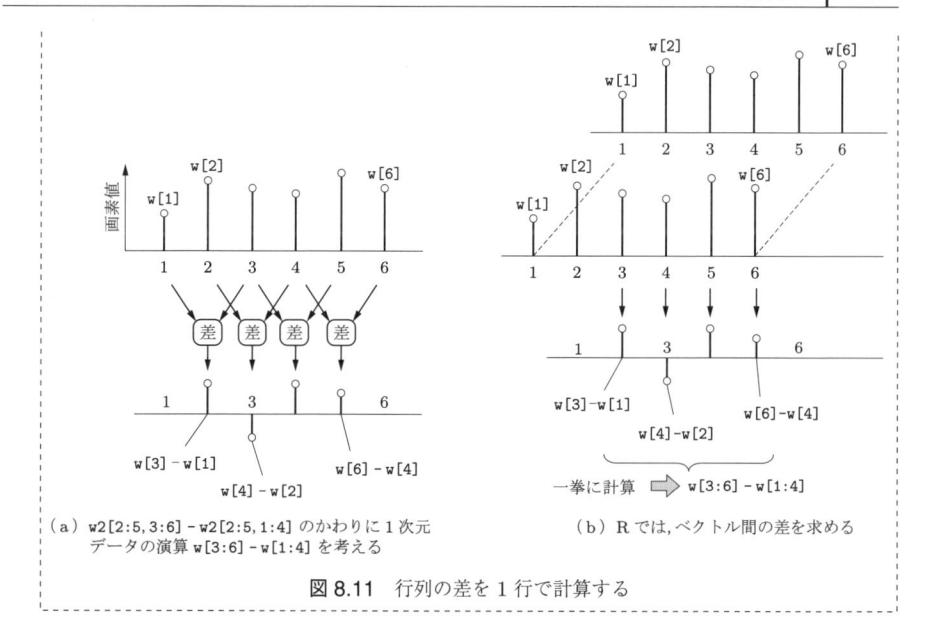

（a）w2[2:5,3:6] - w2[2:5,1:4] のかわりに 1 次元
データの演算 w[3:6] - w[1:4] を考える

（b）R では，ベクトル間の差を求める

図 8.11 行列の差を 1 行で計算する

▶▶▶ θ と勾配方向の算出

θ の差分式を再掲する．

$$\theta = \tan^{-1} \frac{v_{y,x}}{u_{y,x}}$$

R には，$\tan^{-1}$ を求める関数 atan があるので，それを用いて atan(y/x) と表現できる．なお，角度の単位はラジアンである．

$\tan^{-1}$ の関数形は図 8.12(a) に示す形状である．回転方向の正負の関係について説明したのが図 (b) である．y 軸の正の方向は下方向であることに注意しよう．角度 0° は x 軸の正の方向である．角度の正の方向は，数学での座標系が反時計方向であるのと異なり，時計方向になる．

8.2.1 項でみたように，HOG 特徴量は物体の形を輪郭線の方向で表現した特徴量であり，背景が黒で物体が白でも，背景が白で物体が黒でも同じ値になるように作る必要がある．そのため，たとえば図 8.12(b) では，角度 0° と 180° や，90° と −90° などを区別しない．一般的に表現すると，角度 x と $x \pm 180°$ を区別しないということである．

本章では，濃度勾配方向を 8 方向にわけたので，各方向について，図 8.12(c) のように番号をふり，これを方向コードとよぶことにする．各画素について濃度勾配方向を求めたら，この方向コードのどれに属するかを判定する．

また，$\tan^{-1} v/u$ を計算するにあたり，u, v が 0 になる場合，特別な処理を行う必要があり，図 8.12(d) のように定める．勾配方向の分割数を変えるときは，$u = 0$, $v \neq 0$

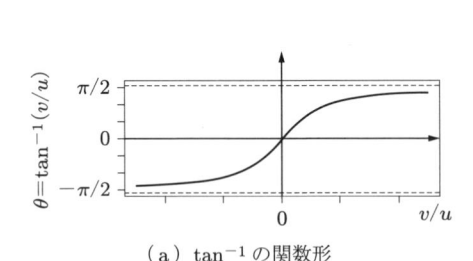

（a）tan⁻¹ の関数形

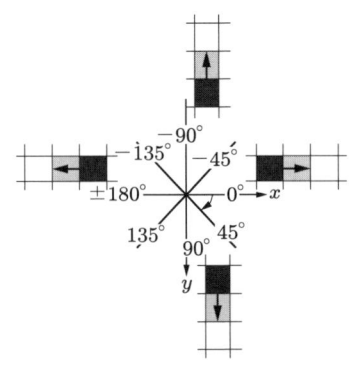

（b）画像処理での座標系に基づく
濃淡勾配の方向と角度の関係

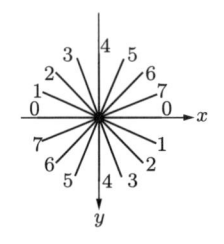

（c）濃度勾配の方向コード

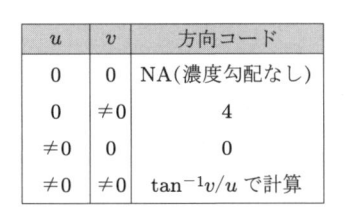

（d）u, v が 0 となる場合に
対する方向コード算出

図 8.12　濃度勾配方向の算出方法

のときは，方向コードを 4，すなわち垂直方向とする．また，$u = 0$，$v = 0$ のときは計算不能であり，そのときの方向コードは NA とする．

以上の計算を，スクリプト 8.1 では，行 18〜20 の

```
d.code <- ifelse(u==0 & v==0, NA, ifelse(u==0,4,
        ifelse(v/u>=0, round(atan(v/u)*8/pi),
            round(atan(v/u)*8/pi)+8)))
```

で行っている．

以上により，各画素に対して，濃度勾配の大きさ mag（$|g|$）と方向コード d.code がわかった．ブロック内の全画素について，方向コードごとに濃度勾配の大きさを足し合わせたものが，HOG 特徴量である．たとえば，mag[d.code==1] と入力することで，方向 1 に関する mag を抽出することができ，これを足し合わせれば，方向 1 の HOG 特徴量になる．

スクリプト 8.1 では，行 21〜23 の

```
d.code[d.code==8]<-0
w5 <- rep(0,8)
for(jjj in 1:8) w5[jjj] <- sum(mag[d.code==jjj-1],na.rm=TRUE)
```

で，上記の計算を行っている．方向コード jjj ごとに，mag を抽出して足し合わせ，変数 w5 に保存している．

これを，各ブロックで計算する．スクリプト 8.1 では，行 11，12 で for ループを回し，行 24

```
w3[paste(j,jj,sep=',',),] <- w5
```

で，すべてのブロックの w5 を変数 w3 に保存している．

この w3 の値は，コントラストが大きい画像では大きな値をとり，コントラストが小さければ小さな値をとる．コントラストの大小で特徴量が大きく変わると判別に使えない．そこで最後に，コントラストの大小の影響を防ぐ工夫として，w3 を自身のばらつき（0 を中心とした標準偏差）で割るという，正規化の処理を行う．スクリプト 8.1 では，行 28

```
w3/sqrt(sum(w3^2))
```

で行っている．この処理を行うことが，先の図 8.7 でみた簡易図形の HOG 特徴量がコントラストが低くても変わらない理由である．

関数 hog の出力データの形式を関数 round を使って表示をみやすくしてみよう．hog の引数 row.div，col.div を指定しない場合，デフォルト値の 2 が適用され，画像が上下左右の 4 領域に分割されて，各領域で HOG 特徴量が計算される．関数値は行列であり，行が領域に対応し，列が方向に対応する．領域を表す名称は，どの領域かを示し，「行番号，列番号」の順である．

```
> round(hog(im1),2)
     [,1] [,2] [,3] [,4] [,5] [,6] [,7] [,8]
1,1 0.18 0.11 0.08 0.13 0.26 0.06 0.03 0.12 ← 左上領域の HOG 特徴量
2,1 0.34 0.19 0.37 0.10 0.28 0.17 0.05 0.15 ← 左下領域の HOG 特徴量
1,2 0.24 0.08 0.13 0.16 0.11 0.29 0.10 0.17 ← 右上領域の HOG 特徴量
2,2 0.17 0.07 0.02 0.16 0.21 0.22 0.10 0.12 ← 右下領域の HOG 特徴量

本来の分割（縦 6 分割，横 3 分割）では
> round(hog(im1,6,3),2)
     [,1] [,2] [,3] [,4] [,5] [,6] [,7] [,8]
1,1 0.01 0.06 0.04 0.01 0.03 0.05 0.00 0.01 ← 左   最上部の HOG 特徴量
2,1 0.09 0.02 0.01 0.01 0.01 0.02 0.01 0.02     :
3,1 0.01 0.09 0.08 0.12 0.28 0.00 0.00 0.15     :
4,1 0.28 0.09 0.08 0.01 0.00 0.00 0.01 0.03     :
5,1 0.10 0.08 0.08 0.06 0.10 0.14 0.04 0.23     :
```

```
6,1 0.00 0.00 0.22 0.07 0.30 0.08 0.01 0.00 ← 左　 最下部の HOG 特徴量
1,2 0.14 0.04 0.00 0.00 0.29 0.12 0.03 0.10 ← 中央 最上部の HOG 特徴量
2,2 0.01 0.00 0.00 0.00 0.03 0.13 0.02 0.17      :
3,2 0.01 0.01 0.01 0.01 0.01 0.00 0.00 0.01      :
4,2 0.03 0.01 0.00 0.01 0.01 0.00 0.00 0.00      :
5,2 0.02 0.02 0.00 0.01 0.04 0.02 0.01 0.01      :
6,2 0.08 0.00 0.16 0.13 0.12 0.11 0.03 0.00 ← 中央 最下部の HOG 特徴量
1,3 0.06 0.03 0.02 0.01 0.01 0.01 0.00 0.04 ← 右　 最上部の HOG 特徴量
2,3 0.17 0.10 0.09 0.11 0.09 0.01 0.01 0.02      :
3,3 0.02 0.02 0.04 0.07 0.00 0.16 0.02 0.03      :
4,3 0.09 0.01 0.01 0.01 0.01 0.02 0.02 0.05      :
5,3 0.03 0.01 0.03 0.00 0.00 0.04 0.01 0.07      :
6,3 0.07 0.00 0.00 0.14 0.27 0.07 0.06 0.10 ← 右　 最下部の HOG 特徴量
```

8.2.5 ▶ 全画像の HOG 特徴量の算出

　ここでは，前節で入手した全画像（学習用人物画像 2000 枚，背景画像 2000 枚，テスト用人物画像 1000 枚，背景画像 1000 枚）の HOG 特徴量を求める．例として，歩行者画像と背景画像をそれぞれ 5 枚ずつ図 8.13 に示す．

歩行者

背景

図 8.13　データベースに含まれる人物画像の例および背景画像の例

　全画像の HOG 特徴量を求め，学習用画像の HOG 特徴量をデータフレーム `hum.tr` に，評価用画像の HOG 特徴量をデータフレーム `hum.te` にそれぞれ入れるスクリプトを以下に示す．これを利用して，次節で判別を行う．

スクリプト 8.4　全画像の HOG 特徴量の算出し，データフレームに入れる　　▶ 8.4.R

```
1  # 関数 hog を読み込んでいる
2  # データフレーム hum.tr, hum.te に全画像のHOG 特徴量が入る
3  w2 <- 144   # HOG 特徴量の次元数(8方向×18ブロック=144)
4  hum.tr <- data.frame(matrix(0, 4000, w2),
5                     class=c(rep('hum', 2000), rep('non', 2000)))
6    # 学習用画像に対するHOG 特徴量を格納する行列
7    # 行が画像,列が特徴量.列の最後に正解のクラスhum（人物）/non（背景）が入る
```

```
 8   hum.te <- data.frame(matrix(0, 2000, w2),
 9                         class=c(rep('hum', 1000), rep('non', 1000)))
10   # テスト用画像に対するHOG 特徴量を格納する行列
11
12   ## 学習用画像のうち, 人画像 2000枚のHOG 特徴量算出
13   dirName <- 'RImageProc/Human/Train/'
14   for(j in 1:2000){   # ループ変数 j は画像番号
15     if(j %% 100==0) cat('train, hum, j=',j,'\n')
16         # 100枚ごとに処理の枚数をプリントして, 進捗状況を知らせる
17     im1 <- read.pnm(paste(dirName,'p',sprintf("%04d",j-1),'.pgm',sep=''))@grey
18         # sprintf("%04d",..)で 0000, 0001など左 0詰めの 4桁整数の文字を生成
19         # paste で文字列 p0000.pgm,...,p1999.pgm を生成
20     hum.tr[j, 1:w2] <- as.vector(t(hog(im1,6,3)))
21         # HOG 特徴量の行列をベクトル(1次元)にして, データフレームの該当する行に格納
22   }
23   ## 学習用画像のうち, 背景画像 2000枚のHOG 特徴量算出
24   for(j in 1:2000){
25     if(j %% 100==0) cat('train, non, j=',j,'\n')
26     im1 <- read.pnm(paste(dirName,'n',sprintf("%04d",j-1),'.pgm',sep=''))@grey
27     hum.tr[j+2000, 1:w2] <- as.vector(t(hog(im1,6,3)))
28   }
29
30   ## 評価用画像について同様の処理を行う
31   dirName <- 'RImageProc/Human/Test/'
32   for(j in 1:1000){
33     if(j %% 100==0) cat('test, hum, j=',j,'\n')
34     im1 <- read.pnm(paste(dirName,'p',sprintf("%04d",j-1),'.pgm',sep=''))@grey
35     hum.te[j, 1:w2] <- as.vector(t(hog(im1,6,3)))
36   }
37   for(j in 1:1000){
38     if(j %% 100==0) cat('test, non, j=',j,'\n')
39     im1 <- read.pnm(paste(dirName,'n',sprintf("%04d",j-1),'.pgm',sep=''))@grey
40     hum.te[j+1000, 1:w2] <- as.vector(t(hog(im1,6,3)))
41   }
```

hum.tr は次のデータ構造となっている. hum は人物, non は背景を表す.

<------------- 領域 (1,1)------------->								<--(2,1)- ..-(6,3)--->		人物/背景
<-----------------------144 次元---------------------------->												
方向0	1	2	3	4	5	6	7	0	1 ..	6	7	
1 0.02	0.09	0.05	0.00	0.31	0.09	0.05	0.08	0.04	0.06 ..	0.05	0.05	hum
2 0.02	0.01	0.00	0.01	0.00	0.00	0.01	0.03	0.01	0.03 ..	0.04	0.09	hum
3 0.05	0.01	0.03	0.04	0.12	0.12	0.17	0.03	0.11	0.05 ..	0.00	0.04	hum
4 0.02	0.01	0.00	0.03	0.02	0.00	0.00	0.03	0.00	0.08 ..	0.01	0.00	hum
:												
3999 0.05	0.0	0.00	0.03	0.09	0.01	0.07	0.08	0.03	0.02 ..	0.01	0.00	non
4000 0.11	0.1	0.03	0.00	0.07	0.02	0.06	0.14	0.32	0.10 ..	0.01	0.02	non

8.3 判 別

前節までで，画像から特徴量を抽出する過程を終えた．本節では，得られた特徴量によって対象を判別する過程を説明する．

8.3.1 ▶ 人物の全画像と背景の全画像で HOG 特徴量の平均値を比較

機械判別に先立って，HOG 特徴量のパターンが人物と背景でどのように異なるかをグラフに表示して調べる．用いるグラフの種類は，先に図 8.4 で説明した，濃度勾配から求められる輪郭線の方向を線の長さで表現したグラフである．前節では，1 枚の画像に対する特徴量を求めたが，ここでは，人物の全 2000 画像（人物カテゴリ）に関する特徴量の平均値と，背景の全 2000 画像（背景カテゴリ）に関する特徴量の平均値を考え，両者を対比させてカテゴリごとの HOG 特徴量の平均を求めて違いを調べる．その計算は次のスクリプトで実行できる．

スクリプト 8.5　人物全画像と背景全画像で HOG 特徴量の平均値を比較　　▶ 8.5.R

```
1   # 変数hum.tr に値が入っている
2   w0 <- apply(hum.tr[hum.tr$class=='hum',1:144],2,mean)    # 人物
3   w1 <- apply(hum.tr[hum.tr$class=='non',1:144],2,mean)    # 背景
4   w2 <- apply(hum.tr[hum.tr$class=='hum',1:144],2,mean) -
5        apply(hum.tr[hum.tr$class=='non',1:144],2,mean)    # 両者の差
```

計算した HOG 特徴量の平均値を図 8.7 のように可視化することを考える．スクリプト 8.5 の行 3，4 で求めた両者の差は，関数 plot.hog をそのまま使って表示すると，人物画像と背景画像のどちらが大きいのかわからない．また，両者の差は人物画像・背景画像と比べて値が小さくなるので，単純に並べて比較すると形がみえにくい．

そこで，人物画像の平均 HOG 特徴量は赤，背景画像の平均 HOG 特徴量は青で表し，両者の差をとるときは大きいほうの色にする．また，両者の差のグラフの長さは，人物画像らのグラフと比べ 4 倍にする．すると，図 8.14 のようなグラフになる．人物画像は人体の各パーツ（頭，体，手足）に応じた輪郭線の特徴をもつため，図 (a) のように，ブロックごとにそれを反映したパターンがかすかに浮き出る．また，両者の差分のグラフである図 (c) をみると，違いが浮き出ているのがわかる．

8.3.2 ▶ 線形判別分析による判別

前章の文字認識同様，判別において，機械学習の枠組みを利用する．人物画像 2000枚，背景画像 2000 枚を用いて機械学習を行い，判別関数を作成する．オープンテストとし，学習用に用いた画像とは異なる人物画像 1000 枚，背景画像 1000 枚を評価用と

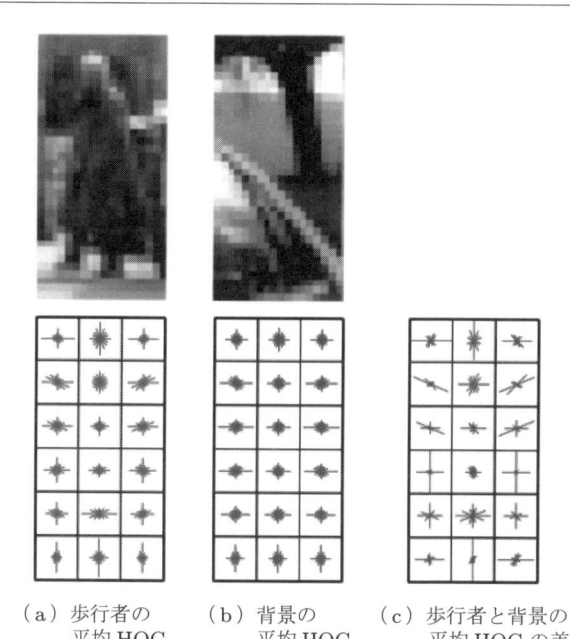

（a）歩行者の　　　（b）背景の　　　（c）歩行者と背景の
　　平均 HOG　　　　　平均 HOG　　　　　平均 HOG の差

図 8.14 平均 HOG 特徴量の比較（口絵 14 参照）

して，判別関数による機械判別を行う．評価用画像は人物画像と背景画像が同数なので
ランダムに判別しても正解率は 50% であり，これをベースラインと定義する．判別関
数は，前章と同様に，R の標準パッケージ MASS に含まれる線形判別分析を行う関数
lda を用いる．

スクリプト 8.6　線形判別関数による人物画像と背景画像の判別　　　　　▶ 8.6.R

```
1  ## 変数 hum.tr, hum.te に値が入っている
2  library(MASS)                     # lda を利用するためのパッケージの使用宣言
3  w1 <- lda(class~.,hum.tr)         # 学習用画像を用いて線形判別分析
4  result <- predict(w1, hum.te)$class          # テスト用画像を判別
5  table(result==hum.te$class)/nrow(hum.te)     # 誤り率と正解率の算出
6  head(result,10)                   # 先頭のテスト用 10画像の判定結果を表示
7  head(hum.te$class,10)             # 先頭のテスト用 10画像の正解クラスを表示
```

機械判別の結果，正解率は 78% となった．

変数 result には評価用画像 2000 枚に対する機械判別の結果が入る．上記スクリプ
トのように，head(result) によって，判別結果を表示できる．

どのような画像で正解し，どのような画像で誤ったのか，図 8.15 に人物画像，背景画
像の正解，不正解をそれぞれ示す．不正解の画像は，背景と同化し輪郭がわかりにくい
人物像や，逆に人物のように輪郭が浮かび上がっている背景画像であることがわかる．

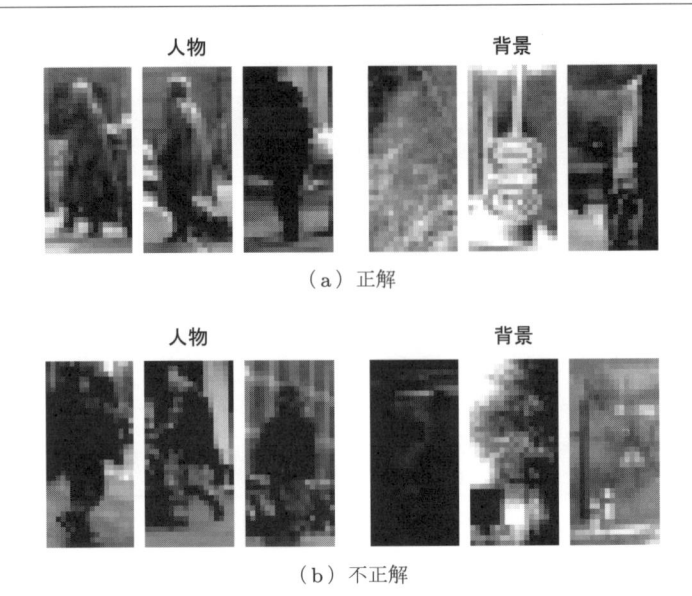

（a）正解

（b）不正解

図 8.15　人物画像，背景画像の正解，不正解

8.3.3 ▶ SVM による判別

　前項では線形判別分析に基づく判別を扱った．本項では，高い認識性能をもつため広く利用されている**サポートベクターマシン**（**SVM**, $\underline{S}$upport $\underline{V}$ector $\underline{M}$achine) を用いた判別を扱う．

　処理の全体の流れは前項までと同じで，判別方法が線形判別法から SVM に変わるだけである．機械学習の手法であるため，SVM の原理は本書では説明せず，パッケージ kernlab を使うのみとする．

　人認識に入る前に，まずは kernlab によって提供される SVM を行う関数 ksvm のデモンストレーションをみてみよう．

```
library(kernlab)
example(ksvm)
```

　これを実行すると，図 8.16 のグラフが表示される．二つの特徴量を横軸と縦軸に対応させた 2 次元平面上（これを特徴空間という）に，データが配置されている．カテゴリは 2 種類あり，各データがどちらのカテゴリに属するかを判別することが課題である．図中の記号はそれぞれ以下の意味をもつ．

- ○印の点と △ 印の点があり，判別されたカテゴリを表す．
- ○印には○と●の 2 種類があり，○は判別結果が正解で，●は不正解を意味する．
- △ 印にも △ と ▲の 2 種類があり，それぞれ正解，不正解を意味する．

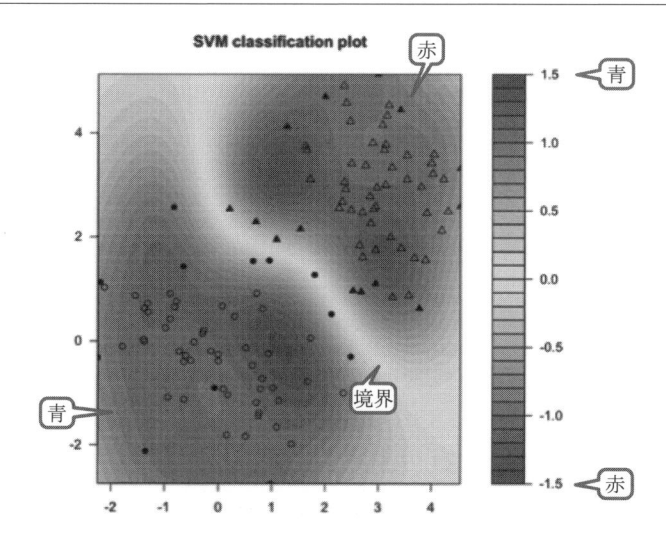

図 8.16 SVM の関数 ksvm で提供されるデモンストレーション結果

特徴空間は赤から青にかけての色が塗られている．青は○ないし●であると判別される
領域を示し，赤は △ ないし ▲ であると判別される領域を示す．青と赤の境界線が，直
線（線形）ではなく曲線（非線形）になっているのがわかる．

　それでは，今回の画像データに対して SVM を用いて判別を行う．学習用に人物画像
2000 枚，背景画像 2000 枚を使い，別の人物画像 1000 枚と背景画像 1000 枚を評価用
に使う．そのスクリプトと判別結果の正解率を以下に示す．関数の使用法は，前章の図
7.3 で述べたとおりの，データフレームに基づく使用法に従っている．

　　スクリプト 8.7　SVM による人物画像と背景画像の判別　　　　　　　　　▶ 8.6.R

```
1  library(kernlab)
2  rbfsvm <- ksvm(class ~ . , dat=ped.train, ty='C-svc', kern='rbfdot')
3  result <- predict(rbfsvm, ped.test)
4  table(result==ped.test$class)/nrow(ped.test)
```

　正解率は 82% となり，前項でみた線形判別分析による判別の正解率 78% を上回った．
　これまでに求めた正解率をグラフにまとめる．ランダムに選んだときの正解率である
ベースラインと，線形判別分析による正解率および SVM による正解率の 3 種類の結果
を図 8.17 に示す．
　次に，前章で行ったエラー解析を兼ねて，画像と HOG 特徴量のグラフを対にしたも
のを図 8.18 に表示する（サンプルスクリプト 8.s2.R 参照）．前項と同様，背景と同化
しかけた人物画像や，人の輪郭のような背景画像で不正解になっていることがわかる．

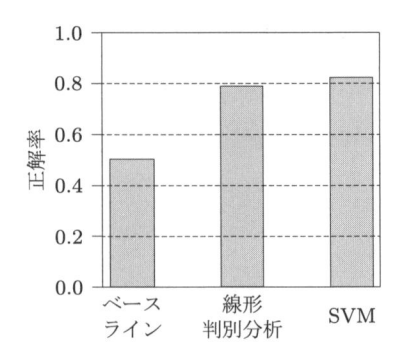

図 8.17　人認識における正解率の比較

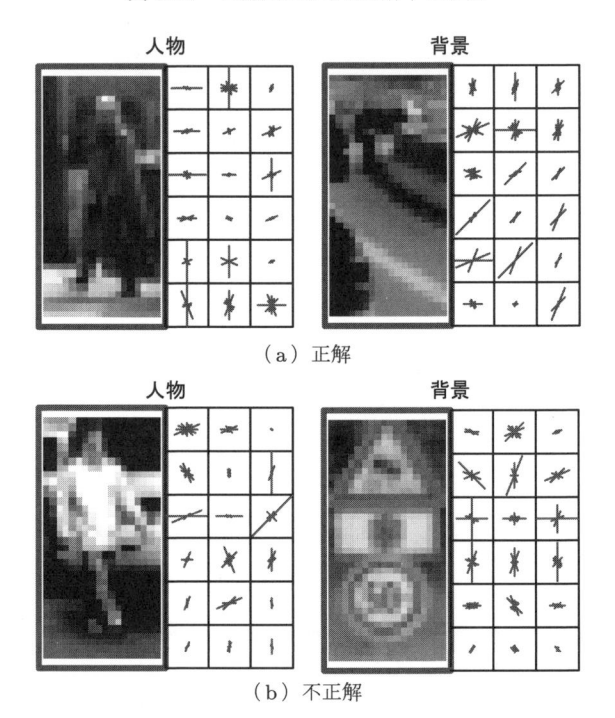

図 8.18　HOG 特徴量と SVM による判別の正誤（口絵 15 参照）

------ ◀ Column　"bag of visual words"　▶ ------------------------------

　本章では HOG 特徴量に基づいて画像認識する方法について説明した．HOG 特徴量は，領域ごとのヒストグラムを利用することにより，形状のバリエーションに対して頑健な判別ができる特徴量である．HOG 特徴量のようにヒストグラムを扱う手法を bag of visual words ないし bag of features とよぶ．自然言語処理の分野では，文書を，どの単語が何回出現したかという各単語ごとの出現回数を成分とする多次元ベクトルで表して文書検索などに応用することが広く行われている．このように，単語の出現回数は文書を特徴づける強力な特徴量であ

り，かつ，文章表現のバリエーションによって変動しないという頑健性をもつ．この考え方が画像認識にも導入され，words が **visual words** に置き換わったという経緯がある．visual words は局所特徴量であり，本章で説明した HOG 特徴量もその一つである．

8.4 ニューラルネットワークによる学習と判別

近年，深い階層のニューラルネットワーク（以下，NN と略記する）を用いた画像認識技術が急速に普及しつつある．本節では，人認識で用いた同じ画像データに対して，NN を用いて画像認識を行うとどの程度の正解率となり，メリットとデメリットが何であるかについて述べる．

さまざまな種類の NN があるが，画像認識では，階層型ネットワークの中の一つである畳み込み NN†（CNN）が標準的に用いられる．階層型では，画素値が複数の層を順に通過していき，前段の階層で局所特徴量が捉えられ，後段の階層に行くに従って，画像全体を表す特徴量にまとめ上げられる．前段から中段にかけて，「畳み込み層」が配置され，たとえばエッジ抽出によってさまざまな方向のエッジが検出される．

R では，パッケージ tensorflow と keras を用いて実装する．両者とも Google によって開発され，広く使われているツールである．先に Python 版が提供された後，R 版も提供されるようになった．

ここでは，畳み込み層とその後段に配置する全結合層をどちらも 2 層配置とする．4000 枚の画像データから学習を 200 回繰り返し，オープンテストで正解率の測定を行うと，筆者の結果では，学習回数 148 回で正解率が最大となり，84% の正解率となった．HOG 特徴量における正解率が 82% であったので，誤り率に置き換えると，HOG 特徴量に比べて誤りが約 1 割減少したことになる．

このように，NN による判別は，認識精度が高い．しかし，学習に時間がかかるため，通常，コンピュータに GPU というハードウェアを搭載して高速化する必要がある．また，学習の際に多くの調整パラメータがあり，性能向上には試行錯誤が必要である．一方で，HOG 特徴量による判別は，認識精度は NN よりもやや劣るが，学習に時間がかからないというメリットがあり，HOG 特徴量も有用であることに変わりはない．

なお，ここで紹介した NN による学習と判別の結果は，サンプルスクリプト `8.s3.R` によって得ている．興味のある読者は自分の手で実行してみてほしい．実行にはいくつかのソフトやパッケージのインストールが必要だが，それについてはヒントとなる情報を README_NN.txt にて提供する．

---

† 第 3 章でみた畳み込み演算と同じアイデアである．

## chapter 9

カラー情報に基づく類似画像検索

第6〜8章で考えてきたデータはすべてモノクロ画像であり,そこから物体の形状に関する情報を取り出していた.

一方,カメラでカラー画像を撮影することは難しくない.すると当然,カラー情報を使った画像認識が考えられる.

- 自動車に搭載されたカメラで前方の道路標識を認識するシステムにおいて,赤い標識を検出したい場合,赤色という情報を使いたい.
- 自動車の前方を認識する問題の中で,街路樹,道路などの領域を認識する際,街路樹なら緑色,道路なら灰色が多いという情報を使いたい.

本章と次章では,このようなカラー情報を利用した画像認識を解説する.

画像データベースの中から,与えられた画像に類似した画像を検索することを**類似画像検索**という.インターネットの普及にともない,情報検索が日常的に利用されている.通常,言葉による検索が行われるが,言葉のかわりに画像を使って類似の画像を検索したいというニーズがあり,類似画像検索の重要性が増している.

類似画像検索の手法はいくつかあるが,その中でよく使われるのが,**カラーヒストグラム**をもとにした類似度を利用する手法である.本章では,カラー画像処理の応用としてこの手法を扱う.また,類似度を求める際の前処理として,カラーヒストグラムに出現する色を大まかにまとめ直す処理を経由するが,それを行うために,多変量解析の中の1手法である**クラスタリング**を用いる.

9.1 問題設定

9.1.1 ▶ データの前処理

類似画像検索を行うには,多数の画像が収められたデータセットが必要である.

本章で紹介する画像検索手法は,以下のような**前処理**がされていれば,どんな画像データに対してもほとんどスクリプトを修正せずに実行できる.

- PPM形式の画像ファイルが,カテゴリごとに単一のディレクトリに格納されてい

ること（スクリプト中の変数 dirName でディレクトリ名を設定できる）.
- 各カテゴリについて最低数十枚は画像が格納されていること.
- ファイル名は，ファイル名のカテゴリ名の後ろに 3 桁の通し番号をつけたものにすること（たとえば，australia001.ppm）．ファイル名の後ろ 7 文字を削除してカテゴリ名を得るので，カテゴリ名のリストをスクリプト内に記述する必要はない.
- 全画像の画像サイズが統一されていること．画像サイズは任意だが，画像サイズが大きく，画像枚数が多いとコンピュータのメモリ使用量が大きくなり，計算時間が長くなる.

本章では，次の URL で示される web ページで提供される風景画像を集めた画像データベースを用いる（図 9.1）.

> http://imagedatabase.cs.washington.edu/groundtruth/
> _tars.for.download/

このデータベースでは，次のように画像が公開されている.
- 大半の画像が JPG 形式で，一部，GIF 形式が含まれる.
- おもに地域名によって，australia, japan などの 21 のカテゴリに分類されている.
- 画像サイズが統一されていない.

この画像に対して上記の前処理を行うのは簡単ではない．そこで，サンプルスクリプト 9.s1.R を用意した．これを実行すると，ファイルをダウンロードし，ファイル形式やファイル名などを以下のように自動で整えるので，適宜活用されたい.
- ファイル形式を PPM 形式に統一する.

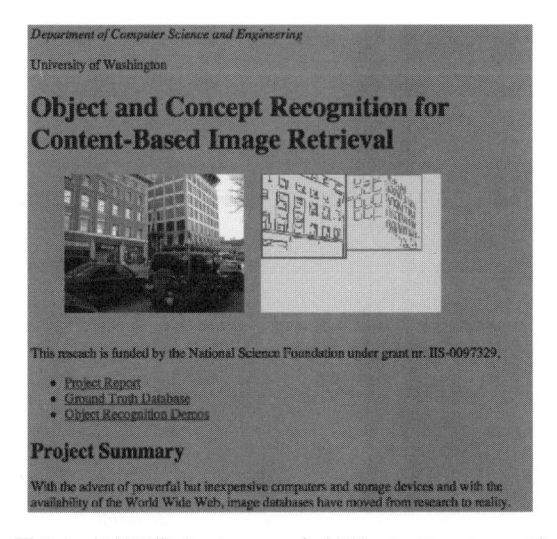

図 9.1 風景画像データベースを公開している web ページ

- カテゴリ名に3桁の通し番号を付けたファイル名にする．
- データベースに barcelona と barcelona2 があり，ファイル名の命名が煩雑なため barcelona2 は扱わないことにする．
- 画像サイズは縦 60 ×横 80 画素に統一する．まず，縦長の画像は除外し，残りの画像を拡大・縮小させて 60 × 80 画素にする．縦横比がこの比率でない場合，そうなるように左右または上下をカットする．このデータベースの場合，左右をカットするもののみである．

　サンプルスクリプトを実行すると，1144 枚の画像ファイルがディレクトリ `RImageProc/Groundtruth/ImagePpm/` 内に格納される．本章で紹介するスクリプトは，このディレクトリ上で処理することを前提にしている．なお，全画像データを R の変数に読み込むには 130 メガバイト（機種に依存する）のメモリを必要する．

9.1.2 ▶ 類似検索の概要

　本章で考える類似画像検索システムでは，以下の処理を考える（図 9.2 参照）．

> 1　入力された画像に対し，それに類似した画像を検索する．
> 2　類似している画像を上位 10 位まで表示する．
> 3　検索対象と同じカテゴリから選ばれることを「正解」とし，上位 10 画像の中の正解数を計算する．

　本章で使う風景画像のように，データベースによって与えられたディレクトリ名を判別すべきカテゴリとすれば，検索結果が正しいのか，間違っているのかが機械的に判断

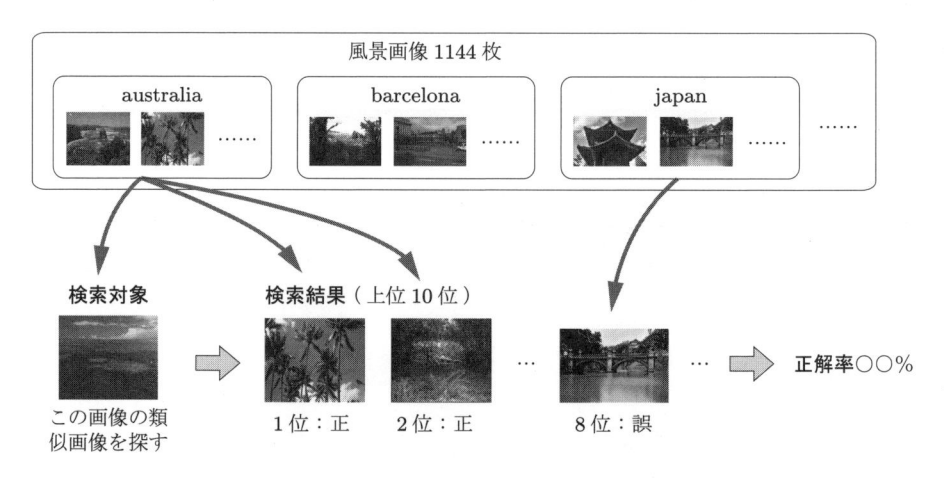

図 9.2　類似画像検索

でき，その集計から正解数を計算できる†.

これは非常に重要な点である．もしもカテゴリが各データに付与されていなければ，類似画像検索結果が正しいか否かを人間が判断しなければならない．その作業を**主観評価実験**という．主観評価結果は評価者によって判断が異なる可能性があるし（評価者間のばらつき），さらに，同じ評価者でも同じ対象を 2 回評価すると，1 回目と 2 回目で判断が異なる可能性がある．そのため，何名かの評価者に主観評価してもらい，また，同じ評価者に同じ評価対象を何回か評価してもらい，**統計解析**を行って，統計的に信頼できる主観評価データを用意するという大変に手間のかかる手順を踏まなければならない．

9.2 類似画像検索の全体の流れ

各処理内容の説明は次節以降で行うこととし，ここでは処理の全体を概観する．類似画像検索は以下の手順で行う（図 9.3 参照）．

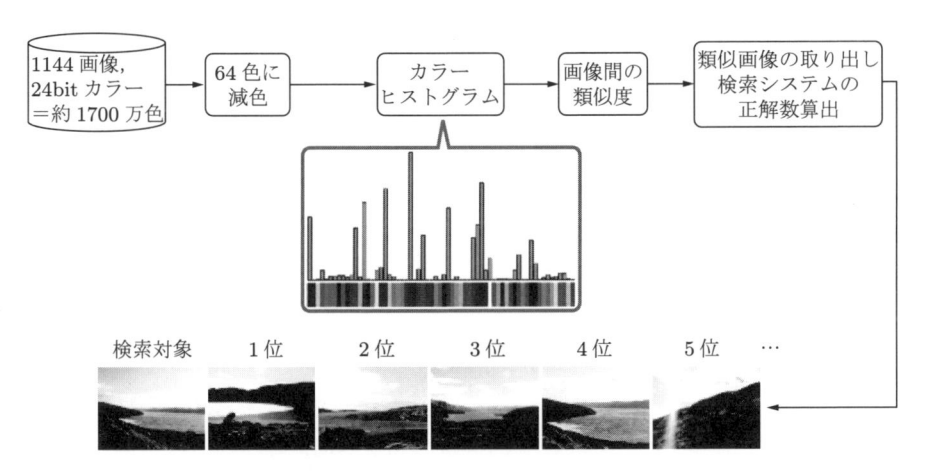

図 9.3 類似画像検索の全体の流れ

---

1 画像ファイルの読み込み

前節で紹介した風景画像を用いる．各画像は，縦 60 ×横 80 画素で，各画素が RGB それぞれ 8 bit からなる（これを 24 bit カラーという）．

---

† 人が感じるカテゴリ分類とディレクトリ名がまったく一致するわけではない．簡便な方法であるが，正確ではない．

2 **減色**

各画素を構成する 24 bit カラー†は，$2^{24} = 16777216$ 色あり，色の種類が膨大であるため，1 色あたりの出現回数は非常に小さくなってしまう．そこで，色の種類を減らして，1 色あたりの出現回数を多くする．これを**減色**という．本書では 64 色にする．

減色には，色の対応表であるカラーパレットが必要である．その作成には，関数 **kmeans** を利用し，多変量解析の手法である**クラスタリング**を用いる．クラスタ（クラスタリングによって分けられるグループのこと）に番号 $1, 2, \ldots, 64$ をふり，これを**クラスタ番号**とよぶ．

3 **カラーヒストグラムの生成**

各画像に対して，減色した 64 色それぞれの出現頻度を計算し，図 9.3 のように**カラーヒストグラム**を生成する．

4 **画像間の類似度とランキング**

検索画像と，それ以外の全 1143 画像とのカラーヒストグラムを比較することで，類似度を計算し，類似度の上位 1 位から 10 位までを求める．

5 **類似画像の取り出しと，検索システムの正解数の算出**

ランキング上位 10 枚の画像が，検索対象の画像と同じカテゴリ（japan など）なら正解とし，別のカテゴリなら不正解とする．

全画像に対して類似検索を行い，正解数を求める．その正解数の平均を，検索システムの正解数とする．

類似画像検索を行い正解数を求めるスクリプトを以下に示す．

スクリプト 9.1　類似画像検索　　　　　　　　　　　　　　　　　　　▶9.1.R

```
1   ## 本スクリプトの出力として得られるグローバル変数(後続のスクリプトでも使用):
2   ## im.all : 1144枚の全画像を収めた行列
3   ##            5491200行あり 1144枚×60×80画素に対応. 3列あり,R, G, B に対応
4   ## clust  : リスト (cluster 成分, center 成分)
5   ##            cluster は 1144 枚×60×80画素に対応した各画素のクラスタ番号
6   ##            center は減色された 64 色の R,G,B を収めた 64 行 3 列の行列
7   ## colhist: 行列 (1144行 65列),行が画像番号,列がカラーヒストグラム,最終列がclass
8   ## ranking: 行列 (1144行 10列),行が画像番号,列が 1位から10位までの類似画像番号
9
10  dirName <- 'RImageProc/Groundtruth/ImagePpm/'
11  w9 <- dir(dirName, '\\.ppm$')  # dirName 内で拡張子がppm のファイル名を得る
12  ## 一つ目の画像ファイルを読んで,横幅と高さを得る.
13  w1 <- read.pnm(paste(paste(dirName, w9[1],sep='')))
14  w1 <- array(c(w1@red, w1@green, w1@blue), c(dim(w1@red), 3),
15              dimnames=list(NULL,NULL,c('R','G','B')))
```

---

† 全画像 1144 枚中，greenland の 255 枚は GIF 形式のため 256 色である（表 1.3 参照）.

```
16  xs <- ncol(w1)   # =80（画像の横幅）
17  ys <- nrow(w1)   # =60（画像の高さ）
18
19  ## 1 全画像ファイルを読んで，行列に格納する
20  cat('全画像ファイルの読み込み中\n')
21  im.all <- matrix(0, xs*ys*length(w9), 3)   # 全画像を収める行列の生成
22  for(j in 1:length(w9)){
23    if(j %% 100 == 1) {cat('j=',j,'/',length(w9),'\n'); flush.console()}
24    w1 <- read.pnm(paste(paste(dirName, w9[j],sep='')))
25    w1 <- array(c(w1@red, w1@green, w1@blue), c(dim(w1@red), 3),
26              dimnames=list(NULL,NULL,c('R','G','B')))
27    im.all[((j-1)*xs*ys+1):(j*xs*ys),] <- w1
28  }
29
30  ## 2 減色
31  w64 <- 64     # 色の数=64
32  cat('クラスタリング実行中\n')
33  set.seed(1)   # クラスタリングに乱数を用いる．初期値を設定し，再現性を確保する
34  clust <- kmeans(im.all, w64, iter.max=50)   # クラスタリング．計算時間がかかる
35    # 引数inter.max：繰り返し計算の回数がこの値を超えたら終了させる
36    # 大きな値にすると精度が向上するが，計算時間がかかる
37
38  ## 3 カラーヒストグラム作成
39  cat('カラーヒストグラム作成中\n')
40  colhist <- data.frame(matrix(0,length(w9),w64),
41                    class=substr(w9,1,nchar(w9)-7))
42    # colhist：各行が各画像のクラスタ番号の頻度分布と，クラス名のデータフレーム
43    # substr(...)：部分文字列を抽出する関数．ファイル名からクラス名を作成する
44  for(j in 1:nrow(colhist)){
45    ww <- table(clust$cluster[((j-1)*xs*ys+1):(j*xs*ys)])
46      # 各クラスタ番号の出現頻度．頻度0のクラスタ番号は欠番になる
47    ## ww から ww2 を作る．ww2 は頻度 0 のクラスタ番号も含めてすべて順に並ぶ
48    ww2 <- rep(0,w64)   # 全クラスタ番号分の領域をもち，0で初期化したベクトルを作成
49    ww2[as.integer(names(ww))] <- ww
50      # names(ww)：ww のインデックスラベルを得る．クラスタ番号になっている
51      # as.integer(names(ww))：インデックスラベルは文字列である．数字に変換する
52      # ww2[as.integer(names(ww))]：ww に含まれるクラスタ番号の成分のみを指定
53    colhist[j,1:w64] <- ww2
54  }
55
56  ## 4 ヒストグラムの類似度による類似画像 1～10位のランキング
57  sim.colhist<-function(colhist){ #-------------------------------------------
58    ## colhist の行間 (=画像間)の類似度をクロス集計した行列を作る
59    ## colhist：各行が各画像のクラスタ番号の頻度分布と，クラス名のデータフレーム
60    ## 関数値：クロス集計結果の行列
61    w64 <- ncol(colhist)-1   # クラスタ番号の数
62    ww3 <- matrix(c(1:nrow(colhist),rep(0,nrow(colhist))), nrow(colhist),2)
63      # 添字行列．1列目（行指定）は第i 行=i に設定．2列目は 0に初期化
64    w7 <- matrix(0, nrow(colhist), nrow(colhist))   # クロス集計結果
```

```
65    for(jj in 2:nrow(colhist)){
66       # jj: 画像番号 x と 画像番号x+jj-1 (x=1,..,nrow(colhist)) の類似度
67       ww1 <- colhist[c(jj:nrow(colhist),1:(jj-1)),]
68         # colhist の列を(jj-1)列 ローテーションしてww1 にコピーする
69         # jj=2    →ww1 の行は，colhist の2行目，3行目,...,最後の行，1行目
70         # jj=3    →ww1 の行は，colhist の3行目，4行目,...,最後の行，1行目,2行目
71         # jj=最後 →ww1 の行は，colhist の最後，1行目,...,最後の行-1行目
72       ww2 <- pmin(colhist[,1:w64],ww1[,1:w64])
73         # 両行列の対応する成分間で小さいほうを選択した行列を作る
74       ww3[,2] <- c(jj:nrow(colhist),1:(jj-1))
75         # 添字行列の 2列目の第i 行を i+jj-1 にする
76       w7[ww3] <- rowSums(ww2)
77         # rowSums は各行について列方向に総和を求める関数である
78         # 二つのヒストグラムの各頻度の小さいほうを総和すると類似度になる
79         # 類似度を添字行列で指定された場所に格納する
80    }
81    ## 行列w7 の対角成分を機械的に埋める
82    ww3[,2] <- 1:nrow(colhist)
83    w7[ww3] <- rowSums(colhist)
84    ## 行列w7 の三角領域をコピーして対称行列にする
85    for(jj in 1:(ncol(w7)-1))
86      w7[(jj+1):nrow(w7),jj] <- w7[jj,(jj+1):ncol(w7)]
87    w7  # 関数値として返す
88 } # End of sim.colhist-----------------------------------------------
89 cat('画像間の類似度を計算中\n')
90 w7 <- sim.colhist(colhist[,-ncol(colhist)])
91
92 ## 5 検索結果の集計と正解数の算出
93 # 各画像に対して，類似度 2位〜11位(自分自身を除く 1位〜10位)の画像番号を求める
94 ranking <- matrix(0, nrow(w7), 10)  # 結果を格納する行列の初期化
95 for(j in 1:nrow(ranking))
96   ranking[j,] <- sort(w7[j,], index.ret=T, dec=T)$ix[2:11]
97     # sort の引数 dec=T により，降順ソートを指定(類似度の大きなものから順にソート)
98     # sort の引数 index.ret=T により，値とインデックスの両者を得る.
99     # $ix により，インデックス成分を指定する.[2:11] は 2位〜11位
100
101 # 各class が，画像番号何番から何番なのかを求め，行列 w1 に格納する
102 w1 <- matrix(0, nlevels(colhist$class), 2,
103             dimnames=list(levels(colhist$class),c('from','to')))
104 for(j in 1:nrow(w1))  # class に関するループ
105   w1[j,] <- range(which(colhist$class==rownames(w1)[j]))
106     # which(...)により，各class の画像番号が得られ，range により
107     # 画像番号の最小と最大 (=from と to)が得られる.
108
109 # 変数ranking に収められた 1位〜10位の画像番号のうち，何枚の画像が正解か
110 w2 <- rep(0,nrow(ranking))
111 for(j in 1:nrow(ranking))
112   w2[j] <- sum(ranking[j,]>=w1[colhist$class[j],'from'] &
113                ranking[j,]<=w1[colhist$class[j],'to'])
```

```
114  mean(w2)  # 平均の正解数の表示
```

実行結果は平均正解数が 5.75 となる.

上記のスクリプトにより，各画像に対する類似画像 10 枚（の画像番号）が変数 ranking の中に格納されるので，ranking を読み込めば類似画像を表示することができる．次のスクリプトを実行すれば，一つの画像に対して図 9.4 のような上位 5 位までの類似画像が表示される.

スクリプト 9.2 　検索結果の表示　　　　　　　　　　　　　　　　　▶ 9.1.R

```
1   ## 変数 im.all に入っている画素値を抽出して使う
2   ## 具体的には, im.all[((画像番号-1)*xs*ys+1):(画像番号*xs*ys),] によって
3   ## 画像 1枚分の画素値を得て, array(..)によって 3次元配列に格納する
4   # スクリプト 9.1が実行済み
5   dev.new(width=4,height=5)
6   par(mfrow=c(10,6),mai=rep(0.01,4))
7   for(j in 1:10){ j <- 636  # j は画像番号. j のとり方によって検索画像が変わる
8     w1 <- array(im.all[((j-1)*xs*ys+1):(j*xs*ys),], c(ys, xs, 3))
9     plot(as.raster(w1), interpolate=F)  # 検索画像を表示
10    for(jj in 1:5){  # 類似画像を 5位まで表示
11      w1 <- array(im.all[((ranking[j,jj]-1)*xs*ys+1):(ranking[j,jj]*xs*ys),],
12                  c(ys, xs, 3))
13      plot(as.raster(w1), interpolate=F)
14    }
15  }
```

検索対象　　　　1 位　　　　　2 位　　　　　3 位　　　　　4 位　　　　　5 位

図 9.4　類似画像の表示（口絵 16 参照）

9.3 　減 色

9.3.1 ▶ 減色の原理

前節で述べたように，各画素を構成する 24 bit カラーを 64 色に減色することで，1色あたりの出現回数を多くする必要がある.

RGB 色空間で 24 bit カラーを表すと，図 9.5(a) のようになる．これを減色する方法としてもっとも単純な方法は，図 (b) のように，RGB 色空間を等間隔に分割する方法である．R，G，B おのおのを等間隔の 4 段階に分割すると，全体で $4^3 = 64$ 分割に

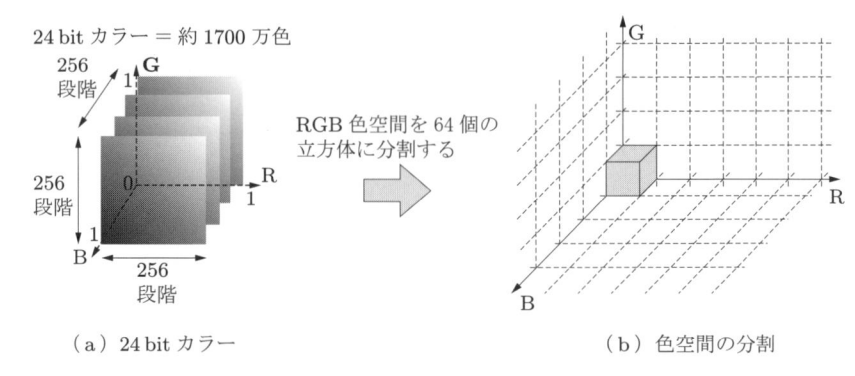

（a）24 bit カラー　　　　　　　　　　　　　　（b）色空間の分割

図 9.5　24 bit カラー約 1700 万色を単純に 64 色に減色する

なる.

　このような減色を行うと，図 9.6(b) に示すように，原画像における空の滑らかなグラデーションが減色後に階段状になってしまい，画質が低下する．これを改善するための手法として，多変量解析の手法の一つである**クラスタリング**を用いて減色を行う方法がある．クラスタリングはデータをお互いの類似度を手がかりにしてグループ分けする手法であり，このグループのことを**クラスタ**という．

（a）原画像　　　　　　（b）単純な減色　　　　　（c）クラスタリング
　　　　　　　　　　　　　　　　　　　　　　　　　　　　による減色

図 9.6　減色の方法による画質の違い（口絵 17 参照）

　クラスタリングによる減色を行えば，図 9.6(c) のように，原画像との画質の違いをごくわずかにできる．

　クラスタリングの原理を図 9.7 に示す．RGB 色空間の中に多くの点がある．各点は画像のある 1 画素の色を表す．クラスタリングを行うと，多くの点が密集している場所が細かく分割され，点がまばらに散らばっている場所は粗く分割される．クラスタリングにより得られた 64 色をカラーパレットで表すと，図 9.8 のようになる（これを描画するスクリプトは本節の最後に示す）．今回の画像データセットは風景画像を集めたものであることから，土や空の色が細かく表現されている様子がみえる．

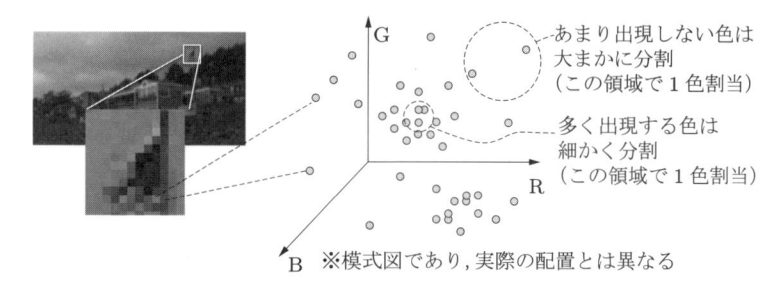

図 9.7 24 bit カラー約 1700 万色をクラスタリングにより 64 色に減色する

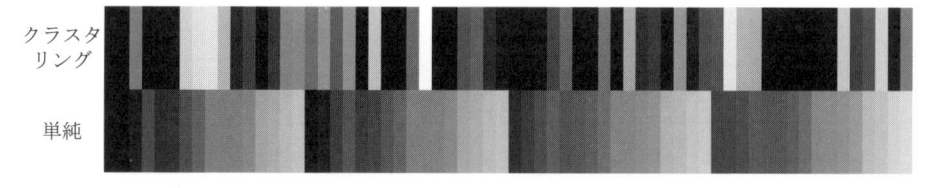

図 9.8 減色のカラーパレット（口絵 18 参照）

前節のスクリプト 9.1 のうち，クラスタリングの部分（行 31〜36）を以下に示す．

```
w64 <- 64      # 色の数=64
cat(' クラスタリング実行中\n')
set.seed(1)    # クラスタリングに乱数を用いる. 初期値を設定し, 再現性を確保
clust <- kmeans(im.all, w64, iter.max=50)  # クラスタリング. 計算時間がかかる
    # 引数 inter.max: 繰り返し計算の回数がこの値を超えたら終了させる
    # 大きな値にすると精度が向上し, 計算時間がかかる
```

標準パッケージ stats に含まれる関数 kmeans をよぶだけで，次項で原理を解説する
k-means 法という手法を用いたクラスタリングを実行できる．第 1 引数にクラスタリ
ングしたいデータを行列の形で与える．1 行が 1 画素にあたり，列が R，G，B 値にあ
たる．第 2 引数はクラスタリングによって分割したいクラスタの数であり，この場合，
64 色に分割したいので，centers=w64 に 64 を与える．第 3 引数 inter.max=50 はク
ラスタリングの内部処理のパラメータであり，計算が収束しなくても 50 回の繰り返し
で打ち切るという指定である．

9.3.2 ▶ k-means 法の原理とクラスタリングの実装

図 9.9 を参照しながら **k-means 法**のアルゴリズムの説明を行う．

なお，図において，横軸は R の値，縦軸は G の値で，単純化するため，B の軸を省
いた．平面上の点は，画素数を表す．

> 1 各画素に対してランダムに 64 個のクラスタを割り当てる（図 9.9(a)）．
>
> 2 各クラスタの中心座標（R, G, B の各値）を求める．その際，R, G, B 成分ごとに平均値を求める（図 (b)）．
>
> 3 各画素について，その画素の属するクラスタの中心座標から，その画素の RGB 色空間における座標までのユークリッド距離を求め，もっとも近い距離のクラスタをその画素が属するクラスタに置き換える（図 (c)）．
>
> 4 上の処理で，再割り当ての必要がなかった場合，あるいは，繰り返し回数の上限（50 回）に達した場合は終了する．そうでなければ手順 2 に戻る．

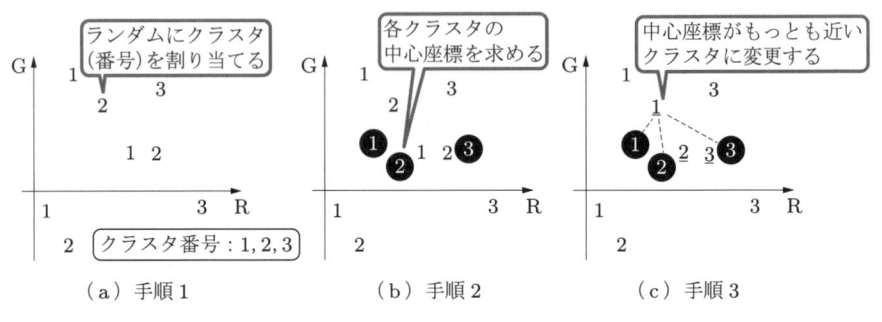

図 9.9 k-means 法によるクラスタリングの原理

クラスタリングがどのように行われるのか，途中経過のグラフを表示して確認しよう．ただし，本章で扱っているデータは色空間上に点が広く分布していないため，グラフがわかりづらい．

そこで，第 7 章の手書き文字のデータベースを利用する．手書き文字「2」「4」「7」「9」の 4 種類（クラスタ番号を順に 1, 2, 3, 4 とする），合計 300 データと特徴量 y2bar，y.ege を考える．ここで，特徴量をそのまま用いるとやはりグラフがわかりづらいので，各特徴量を平均 0，標準偏差 1 に規格化したものを考えることとする．

上記のアルゴリズムに従って計算すると，途中経過は図 9.10 のようになる．図 (a) はアルゴリズムの手順 1 に対応し，ランダムにカテゴリを割り当てた段階である．各クラスタの中心（●■◆▲印）は全データの中心に密集している．図 (b) は手順 2, 3 にて，各データの属するクラスタを更新し，再度，クラスタの中心座標を求め直した結果である．図 (c) は再度手順 3 を繰り返して，各データの属するクラスタとクラスタの中心を更新した結果である．このようにして徐々にクラスタリングされていく様子がわかる．

上記の独自処理のかわりに，関数 kmeans を使ってクラスタリングすると，図 (d) の

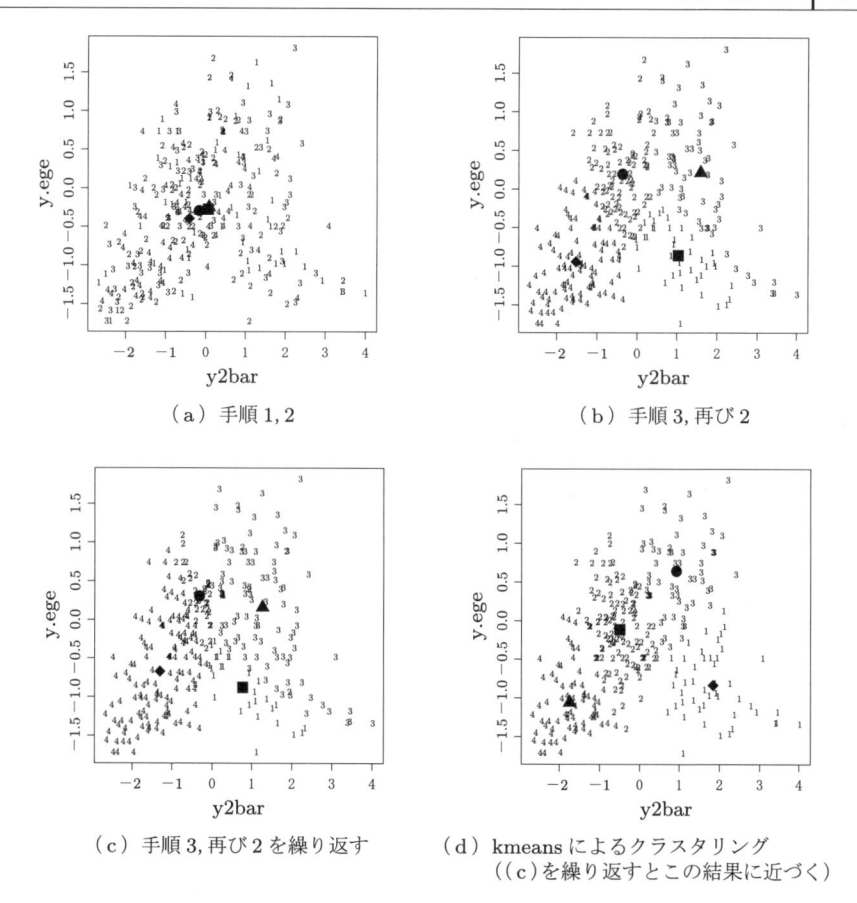

（a）手順 1, 2　　　　　　　　　（b）手順 3, 再び 2

（c）手順 3, 再び 2 を繰り返す　　（d）kmeans によるクラスタリング
　　　　　　　　　　　　　　　　（(c)を繰り返すとこの結果に近づく）

図 9.10　k-means アルゴリズムの途中経過

ようになる．独自処理でも，手順 2, 3 を何度も繰り返すことにより，徐々に図 (d) に
近づいていく．

　この項で紹介した計算処理はサンプルプログラム **9.s2.R** で実行できるので，適宜試
してみてほしい．

9.3.3 ▶ クラスタリングによる減色と単純な減色の違い

　本節の最後に，画像に対してクラスタリングによる減色と単純な減色をそれぞれ行
い，比較しよう．次のスクリプトを実行することで，図 9.6 でもみた画像の比較図を作
成できる．

スクリプト 9.3　減色の比較　　　　　　　　　　　　　　　　　　　　▶ 9.1.R

```
1   # スクリプト 9.1が実行済み
2   ## 原画,単純,クラスタリングの三つを表示し,画質を比較する
3   jj <- 1   # 画像番号.変更すると,その画像について処理する
4   dev.new(width=2*4/3,height=2/2.6)
5   par(mfrow=c(1,3),mai=rep(0,4))
6   w1 <- array(im.all[((jj-1)*xs*ys+1):(jj*xs*ys),], c(ys, xs, 3))
7     # im.all から jj 番の画像を読み出して w1 にコピー
8   plot(as.raster(w1), interpolate=F)   # 画像表示(原画像)
9   ## 単純な減色 (R, G, B それぞれについて,数値範囲を均等に 4 値化する)
10  w1[w1<=0.25] <- 0.125
11  w1[w1>0.25 & w1<= 0.5] <- 0.375
12  w1[w1>0.5 & w1<= 0.75] <- 0.625
13  w1[w1>0.75] <- 0.875
14  plot(as.raster(w1), interpolate=F)   # 画像表示(単純)
15  im <- array(clust$centers[clust$cluster[((jj-1)*xs*ys+1):(jj*xs*ys)],],
                   c(ys,xs,3))
16  plot(as.raster(im1), interpolate=F)   # 画像表示(クラスタリング)
```

また,図 9.8 でみた,2 種類の減色によって作られるカラーパレットは,次のスクリプトを実行すれば作成できる.

スクリプト 9.4　カラーパレットの表示　　　　　　　　　　　　　　　▶ 9.1.R

```
1   # スクリプト 9.1が実行済み
2   dev.new(width=5,height=1)
3   par(mfcol=c(2,1),mai=rep(0,4))
4   im1 <- array(clust$center, c(1,64,3))   # クラスタ中心色を縦 1× 横 64画素の画像に
5   plot(as.raster(im1), interpolate=F, asp=F)   # 画像表示(クラスタリングのパレット)
6   im1 <- array(as.matrix(expand.grid(c(0.125,0.375,0.625,0.875),
7                               c(0.125,0.375,0.625,0.875),
8                               c(0.125,0.375,0.625,0.875))), c(1,64,3))
9     # expand.grid(...): 4値の値をもつ R, G, B 3成分の全組み合わせを得る
10    # as.matrix(expand.grid(...)): データフレームexpand.grid を行列に変換
11    # array(as.matrix(expand.grid(...))): 画像の 3次元配列に変換
12  plot(as.raster(im1),interpolate=F, asp=F)   # 画像表示(単純減色のパレット)
```

9.4　カラーヒストグラム間の類似度

9.4.1 ▶ Histogram Intersection

　この節では,カラーヒストグラムを利用した類似度の原理と算出方法を解説する.画像間の類似度を計算するのに,第 6 章では,cos 類似度を用いた.それに対し,本章で用いる類似度は,ヒストグラムを対象とした **Histogram Intersection** という手法であ

る[†]．ヒストグラムは，各画像に対して減色した 64 色それぞれの出現頻度を求めて棒グラフにしたものである．さて，この手法は，比較する二つのヒストグラムの重なる部分の総和をカラーごとに計算する．値が大きいほど，類似度は高い．図 9.11 は，画像 A に対して，画像 a と画像 B との類似度を求める模式図である．重なりが多い画像 a のほうが，画像 A との類似度が高いと判断される．

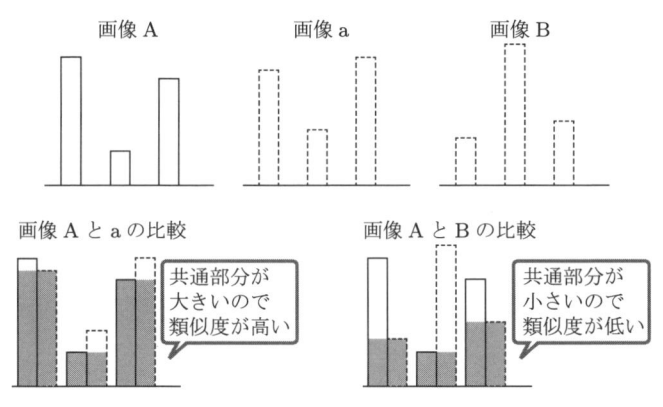

図 9.11 類似するほどカラーヒストグラムの重なる部分が大きくなる

　類似している画像と類似していない画像のカラーヒストグラムの重なり方の違いの模式図を，図 9.12 に示す．ヒストグラムの重なる部分の総和が類似度として利用できることがわかる．

　R で二つのヒストグラムの共通部分を計算するには，二つのベクトル間や二つの行列間の，対応する成分どうしの最小値を求める関数 `pmin` を使えばよい．たとえば，`pmin(c(1,3,2), c(3,1,5))` は，各成分の小さいほうからなるベクトル `c(1,1,2)` が

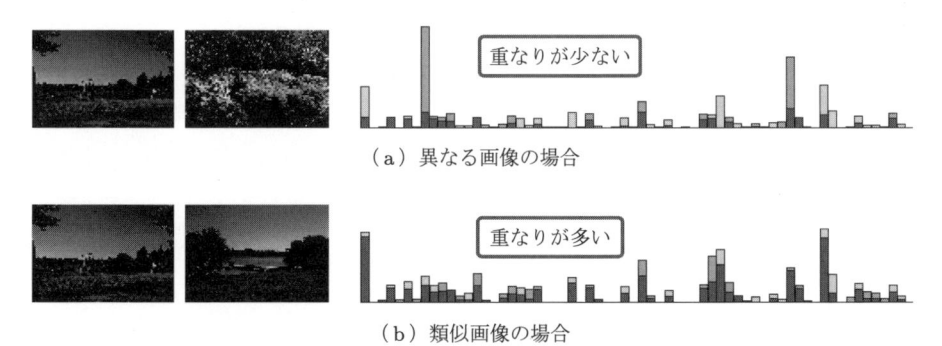

図 9.12 二つの画像とカラーヒストグラム（口絵 19 参照）

[†] Michael J. Swain and Dana H. Ballard: Color indexing, International Journal of Computer Vision, Vol. 7, pp. 11–32(1991)

返される.

　先のスクリプト 9.1 では，画像の組に対し，行 57～88 で定義した関数 `sim.colhist`
内で，関数 `pmin` を使ってカラーヒストグラムの共通部分を求めている．この関数に
よって生成される変数 `w7` の一部（1～10 番目）までの画像を，`w7[1:10,1:10]` を実行
してみよう．

```
w7 <- sim.colhist(colhist[,-ncol(colhist)])
w7[1:5,1:5]
##      [,1] [,2] [,3] [,4] [,5]
## [1,] 4800 2130 1402 2534 2514
## [2,] 2130 4800 1991 2164 2936
## [3,] 1402 1991 4800 1942 2383
## [4,] 2534 2164 1942 4800 2542
## [5,] 2514 2936 2383 2542 4800
```

　たとえば，1 番目の画像と 2 番目の画像の類似度は，2130 となる．また，同じ画像ど
うしは，全 $60 \times 80 = 4800$ 画素の画素値が一致するため，上記の出力結果の対角成分
は最大値 4800 をとる．

9.4.2 ▶ 類似度の高い順に画像をソートする

　各画像について，自身を除いた画像の中でもっとも類似度が高い画像が類似度 1 位と
なる．2 位以降も同様で，類似度の高い順に画像をソートすれば，類似画像の順位をつ
けることができる．スクリプト 9.1 では，行 93～99 の

```
# 各画像に対して，類似度 2 位～11 位（自分自身を除く 1 位～10 位）の画像番号を求める
ranking <- matrix(0, nrow(w7), 10)  # 結果を格納する行列の初期化
for(j in 1:nrow(ranking))
  ranking[j,] <- sort(w7[j,], index.ret=T, dec=T)$ix[2:11]
    # sort の引数 dec=T により，降順ソートを指定（類似度の大きなものから順にソート）
    # sort の引数 index.ret=T により，値とインデックスの両者を得る.
    # $ix により，インデックス成分を指定する．[2:11] は 2 位～11 位
```

によって，各画像の類似画像が 1 位～10 位までが `ranking` に保存されている．
`head(ranking)` で `ranking` の一部を表示すると，データの構造を次のように確認
できる．

```
      [,1] [,2] [,3] [,4] [,5] [,6] [,7] [,8] [,9] [,10]
[1,]    21   41   22   45   20   38  493   42   43   488
[2,]    15 1041   33 1038   28   10   24   12   19  1021
[3,]  1068 1028 1033 1043 1029 1066 1039 1042  347  1044
[4,]  1065  345   31   37 1031   19 1118 1113 1071    81
[5,]    28 1071 1041 1038 1065   23   36  122   37   379
[6,]    32 1033  909  415  898  915 1030  420 1097     7
```

たとえば，1番目の画像に類似しているのは，順に，21, 41, 22, ⋯ 番目の画像であることがわかる．

9.4.3 ▶ 類似画像のカラーヒストグラムの描画

前項までで得られた検索画像と類似画像のカラーヒストグラムを見比べてみよう．

データベースから抜き出した1枚の画像に対して，9.2節のスクリプト9.1によって類似度が1位となる画像を求め，各画像のカラーヒストグラムとあわせたものが，図9.13である．画像どうしよく似ており，かつ，ヒストグラムどうしもよく似ていることがわかる．このカラーヒストグラムを描画するスクリプトを以下に示す．

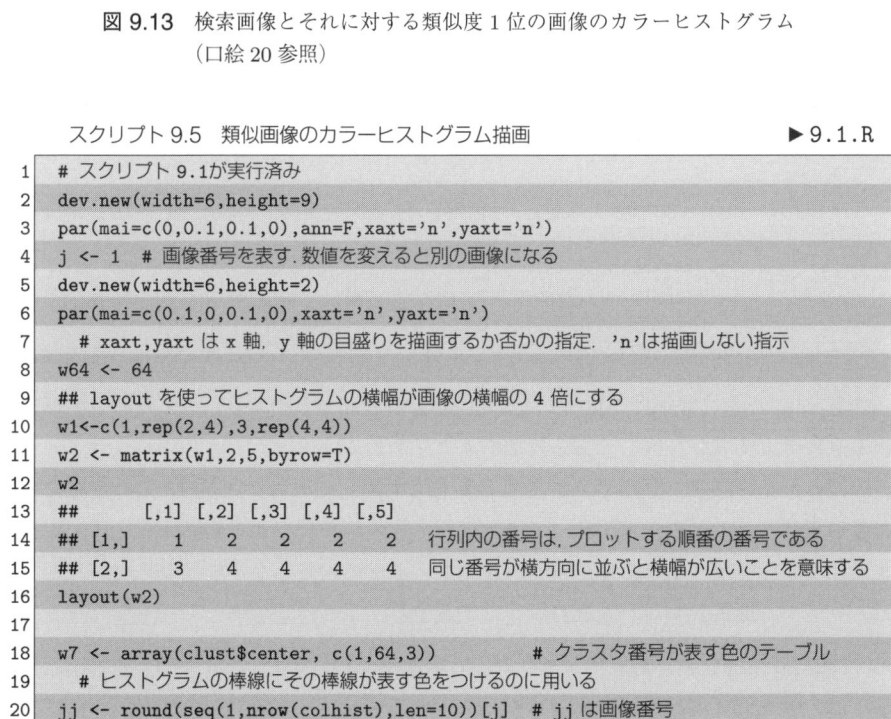

図 9.13 検索画像とそれに対する類似度1位の画像のカラーヒストグラム
（口絵 20 参照）

スクリプト 9.5　類似画像のカラーヒストグラム描画　　　　　　▶ 9.1.R

```
 1  # スクリプト 9.1が実行済み
 2  dev.new(width=6,height=9)
 3  par(mai=c(0,0.1,0.1,0),ann=F,xaxt='n',yaxt='n')
 4  j <- 1  # 画像番号を表す.数値を変えると別の画像になる
 5  dev.new(width=6,height=2)
 6  par(mai=c(0.1,0,0.1,0),xaxt='n',yaxt='n')
 7    # xaxt,yaxt は x 軸，y 軸の目盛りを描画するか否かの指定．'n'は描画しない指示
 8  w64 <- 64
 9  ## layout を使ってヒストグラムの横幅が画像の横幅の 4 倍にする
10  w1<-c(1,rep(2,4),3,rep(4,4))
11  w2 <- matrix(w1,2,5,byrow=T)
12  w2
13  ##       [,1] [,2] [,3] [,4] [,5]
14  ## [1,]    1    2    2    2    2  行列内の番号は，プロットする順番の番号である
15  ## [2,]    3    4    4    4    4  同じ番号が横方向に並ぶと横幅が広いことを意味する
16  layout(w2)
17
18  w7 <- array(clust$center, c(1,64,3))        # クラスタ番号が表す色のテーブル
19    # ヒストグラムの棒線にその棒線が表す色をつけるのに用いる
20  jj <- round(seq(1,nrow(colhist),len=10))[j]  # jj は画像番号
```

```
21  w1 <- array(im.all[((jj-1)*xs*ys+1):(jj*xs*ys),], c(ys, xs, 3))
22    # im.all から対応する画素値を読み出して 3 次元配列にして w1 に格納
23  plot(as.raster(w1), interpolate=F)          # 画像表示
24  barplot(as.numeric(colhist[jj,1:w64]),
25        col=rgb(w7[1,,1],w7[1,,2],w7[1,,3]))
26    # colhist に入っているカラーヒストグラムを棒グラフとしてプロットする
27    # col=...にて, 棒に対応するクラスタ番号の表す色を付ける
28    # rgb(R, G, B)は R, G, B 値から 色の名称に変換する関数
29
30  jjj<-1  # 類似度 1位
31  w1 <- array(im.all[((ranking[jj,jjj]-1)*xs*ys+1):(ranking[jj,jjj]*xs*ys),],
32        c(ys, xs, 3))
33  plot(as.raster(w1), interpolate=F)
34  barplot(as.numeric(colhist[ranking[jj,jjj],1:w64]),
35        col=rgb(w7[1,,1],w7[1,,2],w7[1,,3]))
```

9.5　検索結果の評価

　スクリプト 9.1 で実行した検索結果の図 9.4(c) をみると, うまく類似画像が検索されているのがわかる. 9.2 節で述べたように, 本章では, 検索システムの正解数を,

> 「検索された上位 10 画像の中における正解数を, 検索対象全 1144 画像に対して平均したもの」

として計算していた. スクリプト 9.1 における該当箇所は, 行 109〜114 の次の部分である.

```
# 変数 ranking に収められた 1 位〜10 位の画像番号のうち, 何枚の画像が正解か
w2 <- rep(0,nrow(ranking))
for(j in 1:nrow(ranking))
  w2[j] <- sum(ranking[j,]>=w1[colhist$class[j],'from'] &
            ranking[j,]<=w1[colhist$class[j],'to'])
mean(w2)  # 平均の正解数の表示
```

　変数 ranking に類似度上位 10 位までの画像番号が入っており, それらのカテゴリが検索対象のカテゴリと同じである枚数をカウントしている.

　上記の計算の結果, 5.75 枚という数値が得られる. これは, 上位 10 位のうちの半数程度が正解したことを意味する. この数値が大きいのかどうかを判断するには, 比較対象, すなわちベースラインを何らかの考え方によって定義しなければならない. ここでは, ランダム選択, すなわち次のように定義する.

> 「類似画像検索のかわりに, ランダムに画像を 10 枚選択した場合に, その中に同じカテゴリの画像が何枚あるか」

　ベースラインの値を求めよう．画像の総数を N とし，カテゴリ i に属する画像枚数を n_i とすると，ランダムに選択した画像1枚が検索対象と同じカテゴリに属す確率は，

$$\frac{n_i - 1}{N - 1}$$

である．ここで，分子と分母でそれぞれ1を引いているのは，1枚が検索対象として使われているため，その1枚を除いた $N-1$ 枚の中から，1枚をランダムに抽出し，i 番目のカテゴリの画像枚数 $n_i - 1$ 枚に合致する確率を計算するためである．したがって，カテゴリ i の画像について，各検索対象画像ごとに10枚ずつ選択すると，その中の正解数の平均は

$$\frac{10(n_i - 1)}{N - 1}$$

となる．i について総和を求め，画像総数 N で割れば，ランダムに画像を10枚選択した場合に，同じカテゴリの画像が平均何枚あるかが求められる．

$$\frac{\sum_i n_i \dfrac{10(n_i - 1)}{N - 1}}{N} \tag{9.1}$$

この計算は，以下のスクリプトで実行できる

　　スクリプト 9.6　ランダム選択の正解数　　　　　　　　　　　▶ 9.1.R

```
1  # スクリプト 9.1が実行済み
2  ## ランダムに選択した場合，10枚中,何枚が正解か
3  w3 <- table(colhist$class)
4  ww <- sum(w3 * 10*(w3-1)/(nrow(colhist)-1))/nrow(colhist)  # 式 (9.1)
5  ww  # 平均の正解数の表示
```

　計算結果は，0.81枚である．本章で作成した類似画像検索の性能は，ベースラインであるランダム選択に対して7倍程度高いことになる．正解数をヒストグラムで比較すると図9.14のようになる．

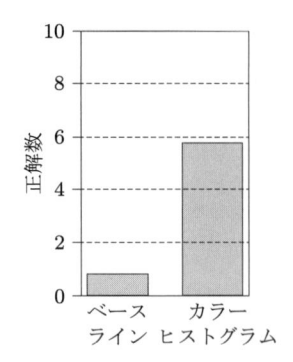

図 9.14 類似画像検索の性能評価結果

画像認識における
L*a*b*色空間の利用

　カラー情報を利用した画像認識を行う際に注意すべき点として，屋外に置かれた物体の色の数値が，人が視認する色の数値とかけ離れることが頻繁に起こるという問題がある．この原因は，図 10.1 に示すように，光源によって光の波長が違うからである．

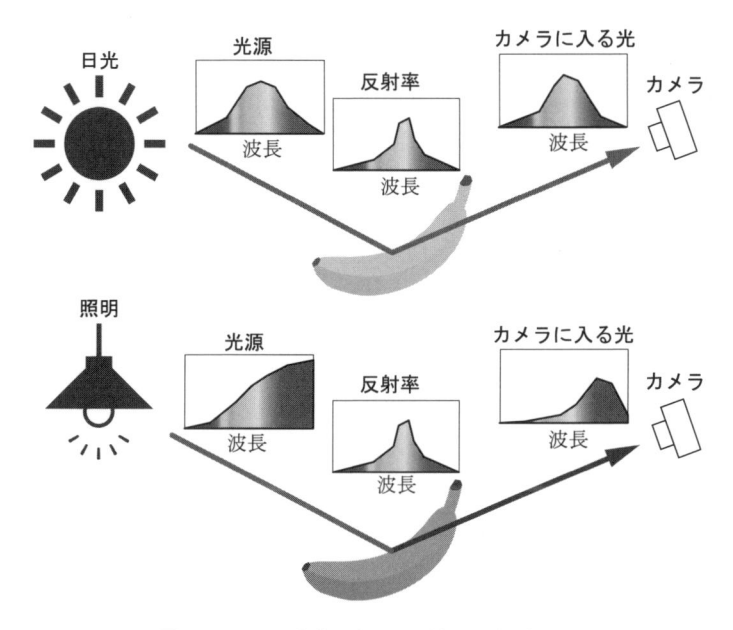

図 10.1　同じ物体の色が照明光により異なる

　屋外の物体をカメラや人間の目で捉える場合，カメラや人間の目に飛び込む色は，物体の色ではなく，照明光の色が物体の反射特性（分光特性という）を受けて変換された色である．照明光の色は，太陽光の場合，時間帯や天候によって大きく異なるし，屋内光の場合，電灯の種類によって異なる．そのため，同じ物体でも照明光によって大きく色が異なることになる．

　L*a*b*色空間を使えば，色の数値を照明光の影響を受けにくいものにすることができる．ただし，画像認識への利用には，色差による補正処理をさらに行う必要がある．

本章では，風景画像を用いて，照明光の影響で色の数値がどの程度変わるか，そして，L*a*b*色空間やその補正処理でどれだけ安定するかを実際に確かめる．また，前章でみた類似画像検索への L*a*b*色空間の利用方法とその結果も解説する．

10.1　準　備

この節では，照明条件が変わることによって，同じ物体の色がどのように変わるかを調べる．その題材として街の景観画像を用いて，照明条件の変化を撮影時間帯と天候の違いによって表現する．本章を通じて調べることを以下に整理する．

- 照明条件によって，同じ物体の色の数値がどの程度変化するか
- 色空間として，何を使うと物体の色を区別しやすいか
- さらにはっきり区別するための補正方法はないか

10.1.1 ▶ カラー画像の入手と表示

本章を通して，1.5.2 項で示した URL からダウンロードできる以下のファイルを利用する．

- **town1.jpg〜town17.jpg**

  17 枚の景観画像ファイル．サイズはすべて縦 1296 × 横 1728 画素であり，JPEG 形式である．

- **10.s1.R**

  上記の景観画像の中の，特定の箇所とその色情報を保存するためのサンプルスクリプト．実行すれば，変数 town に情報が行列として保存される．

この景観画像を R で読み込むのには，パッケージ jpeg を使う．17 枚のうちの 2 枚，town8.jpg と town16.jpg を表示して，照明条件による違いをみてみよう．JPEG 画像を読み込む関数 readJPEG の使い方は，次のとおりである．

```
im1 <- readJPEG(ファイル名)
```

読み込まれた画像データが入る im1 は 3 次元配列であり，各次元は im1[縦位置，横位置，色番号] で，色番号には 1，2，3 があり，それぞれ R，G，B を表す．配列の値は 0 から 1 の範囲である．モノクロ画像を表示するのと同様に，この配列を画像表示関数 as.raster に渡せばカラー画像表示できる．

図 10.2 に，表示される二つの画像を示す．時間帯によって，同じ物体でも色が変わることがわかるだろう．

なお，JPG 画像を保存するのは，以下を実行すればよい．

（a）town8.jpg: 昼間　　　　　　　　　　　（b）town16.jpg: 夕方

図 10.2　別の時間帯に撮影した同じ場所の風景画像（口絵 21 参照）

---

writeJPEG(行列または 3 次元配列，ファイル名)

> ┈┈ ◀ Column　色の恒常性 ▶ ┈┈┈┈┈┈┈┈┈┈┈┈┈┈┈┈┈┈┈┈┈┈┈┈
> 　人間の色覚には，**色の恒常性**という特性があり，同じ物体であれば，照明光の色の違いにより目に飛び込む色が異なっていても，その違いをキャンセルして，物体の反射特性から色を知覚することができる．
> 　しかし，人間と違い，カメラは色の恒常性の機能をもたないため，照明光の影響を受けると，同じ物体の色でもさまざまな色の数値を示すことになる．

10.1.2 ▶ 色の違いを調べる箇所の指定

　この画像の中で色の違いを調べる対象箇所として，図 10.3 に示すビルの壁や看板などの 5 箇所を選定する．

　同じ場所を撮影しているが，精密撮影機材を使用していないため，多少の位置ずれが生じている．図 10.4 に，town1.jpg と town3.jpg の 2 枚の画像の，中心付近の青い看板がある位置（縦 430〜520，横 890〜980 画素）を表示するが，実際に看板がずれているのが確認できる．

　そこで，17 枚の画像それぞれで，対象の 5 箇所がどの座標になるかを調べ，整理したデータが，前項で紹介した行列 town である．town は 17 行あり，各行が画像 1 枚に対応する．各画像（各行）について，x1，y1，x2，y2 の四つの数値で矩形領域を指定する．x1，x2 は横方向の左端，右端座標である．y1，y2 は縦方向の上端，下端座標である．5 箇所は，おのおのの色名である，Yellow，Blue，Red，Pink，Orange の頭文字を使って，y，b，r，p，o と表す．town の列名は「色の頭文字.座標名」で構成され，たとえば，"y.x1，y.y1，y.x2，y.y2" は Yellow の矩形領域を意味する．つまり，合計 20 列の座標データがある．

図 10.3　色を計測する対象 5 箇所の位置を示す

（a）town1.jpg　　　　（b）town3.jpg

図 10.4　2 枚の画像で位置ずれが生じている

town[1:3,1:20] で行列 town の内容の一部を表示できる．行が最初の 3 枚の画像に対応し，列が画像中の 5 箇所の矩形領域を指定する 4 座標，計 20 個の座標値を表す．

```
> town[1:3,1:20]
      y.x1 y.y1 y.x2 y.y2 b.x1 b.y1 b.x2 b.y2 r.x1 r.y1 r.x2 r.y2 p.x1 p.y1
[1,]   312  675  468  780  927  470  938  486 1424  322 1494  334  522  962
[2,]   304  686  460  793  920  480  930  496 1416  332 1483  346  512  972
[3,]   304  678  457  783  913  476  924  490 1408  328 1474  341  516  968
      p.x2 p.y2 o.x1 o.y1 o.x2 o.y2
[1,]   638  992  418  326  460  446
[2,]   632 1000  416  344  454  458
[3,]   621  992  413  338  444  450
```

行列 town が，対象の 5 箇所を正しく表していることを確認しよう．次のスクリプト

を実行すれば，図 10.3 のような，風景画像の対象箇所が赤枠で囲まれた画像が表示できる．

スクリプト 10.1 　計測対象 5 箇所の位置を矩形で画像に重畳表示 　　　　▶ 10.1.R

```
1   # サンプルスクリプト 10.s1.R を実行して，変数 town が設定済み
2   library(jpeg)
3   dirName <- 'RImageProc/Etc/ColorSensing/'
4   dev.new(width=10,height=7)
5   par(mai=rep(0,4))
6   j <- 1   # 数字は画像番号を示す．1〜17の範囲で数字を変えると画像がかわる
7   w1 <- readJPEG(paste(paste(dirName, 'town',j,'.jpg',sep='')))
8   plot(as.raster(w1), interpolate=F)   # 画像表示
9
10  ## 四角形を描画する関数 rect(xleft, ybottom, xright, ytop,...) の
11  ## 座標を与える引数xleft,... に 五つの四角形の座標をベクトルで与える．
12  ## ytop, ybottom は，画像の下端が 0 で上方向が正のため，nrow(w1)-y 座標にする
13  x1 <- town[j, paste(c('y','b','r','p','o'),'.x1',sep='')]
14  y2 <- nrow(w1) - town[j, paste(c('y','b','r','p','o'),'.y2',sep='')]
15  x2 <- town[j, paste(c('y','b','r','p','o'),'.x2',sep='')]
16  y1 <- nrow(w1) - town[j, paste(c('y','b','r','p','o'),'.y1',sep='')]
17  rect(x1, y2, x2, y1, border='red', lwd=2)
```

10.1.3 ▶ 照明条件の影響の確認

　以上で準備を終えた．それでは，照明条件の異なる 17 枚の画像で，5 箇所の色がどの程度変化しているのかを一覧表示してみよう（サンプルスクリプト 10.s2.R 参照）．縦方向に上から下にかけて，town1.jpg〜town17.jpg を対応させ，横に対象箇所 1〜5 を対応させて矩形領域の画像を配置したものを図 10.5 に示す．5 箇所の画像サイズはもともと異なるが，一覧表示においては，同じ大きさにしている．

　たとえば，town16.jpg の青 (blue) は，青の色相からかなり逸脱しているし，town6.jpg の赤 (red) も，赤の色相からかなり逸脱している様子が見受けられる．

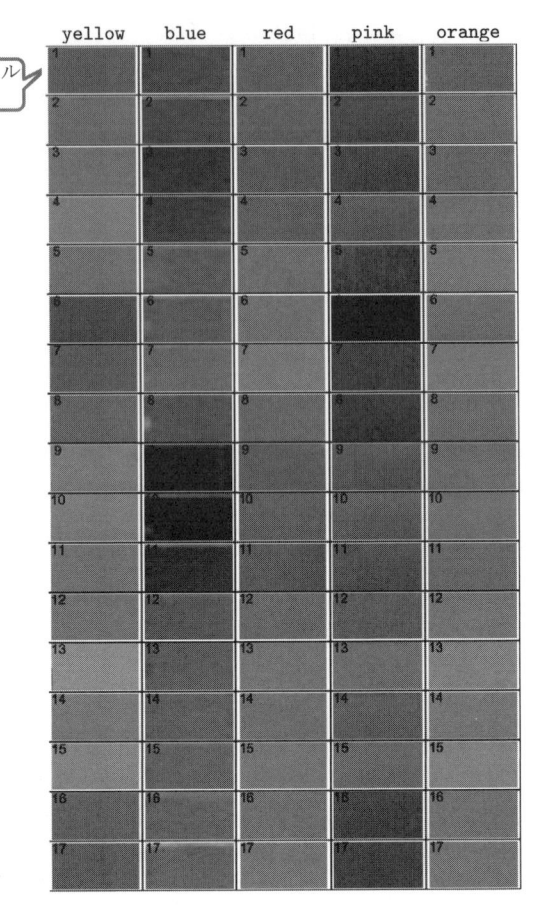

図 10.5　town1.jpg〜town17.jpg の 5 箇所の色の違い（口絵 22 参照）

10.2　色の計測

前節で，照明条件によって物体の色が大きく変わることをみた．画像認識に利用するには，図 10.6 のように，照明条件が変わっても同じ物体なら近くに配置されるような色空間で処理を行う必要がある．これを実現する色空間が，L*a*b*色空間である．

10.2.1 ▶ 各色空間での色の数値

色空間の違いをみるために，まずは town の 17 画像について，各 5 箇所の色の値の平均を，RGB 色空間，HSI 色空間，L*a*b*色空間の色の数値で town の行成分 21〜65 に追記するスクリプトを考えよう．

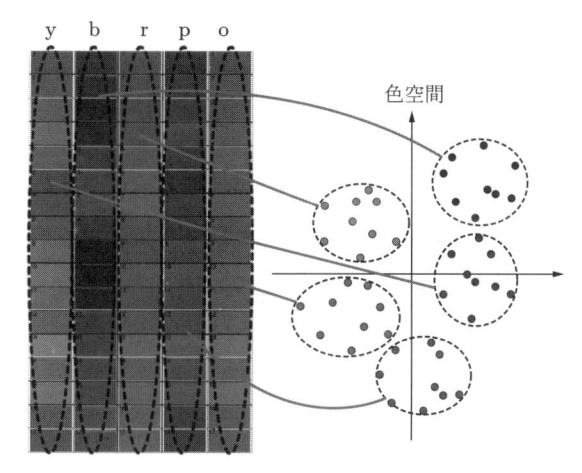

図 10.6 照明条件が異なっても同じ物体の色が色空間上で近くに配置されることが望ましい

計算結果は，行列 town に y.r から o.bs までの列を設け，そこに格納しよう．RGB 色空間の値は，y.r, y.g, y.b がそれぞれ Yellow の R, G, B 値であり，以下 Orange の B 値 o.b まで同様である．HSI 色空間の値は，y.h, y.s, y.i がそれぞれ Yellow の H, S, I 値であり，以下 Orange まで同様である．L*a*b*色空間の値は，y.ls, y.as, y.bs がそれぞれ Yellow の L*, a*, b*値であり，以下 Orange まで同様である．なお，L*a*b*色空間の変換のために，パッケージ colorspace を利用する．

スクリプトを以下に示す．

スクリプト 10.2　17 画像，各 5 箇所の色情報の算出　　　　　▶ 10.2.R

```
1   # サンプルスクリプト 10.s1.R を実行して，変数 town が設定済み
2   # 関数 rgb2hsi を読み込んでいる（1.7節参照）
3   # 本スクリプトの実行により town に数値が追記される
4   library(colorspace); library(jpeg)
5   for(j in 1:nrow(town)){
6     w1 <- readJPEG(paste(paste(dirName, 'town',j,'.jpg',sep='')))
7     for(w3 in c('y','b','r','p','o')){  # ループ変数w3 に 5 色の頭文字を入れて繰り返す
8       town[j,paste(w3,'.r',sep='')] <-
9         mean(w1[town[j,paste(w3,'.y1',sep='')]:town[j,paste(w3,'.y2',sep='')],
10               town[j,paste(w3,'.x1',sep='')]:town[j,paste(w3,'.x2',sep='')],1])
11       # R 値の平均値
12       town[j,paste(w3,'.g',sep='')] <-
13         mean(w1[town[j,paste(w3,'.y1',sep='')]:town[j,paste(w3,'.y2',sep='')],
14               town[j,paste(w3,'.x1',sep='')]:town[j,paste(w3,'.x2',sep='')],2])
15       # G 値の平均値
16       town[j,paste(w3,'.b',sep='')] <-
17         mean(w1[town[j,paste(w3,'.y1',sep='')]:town[j,paste(w3,'.y2',sep='')],
18               town[j,paste(w3,'.x1',sep='')]:town[j,paste(w3,'.x2',sep='')],3])
```

```
19        # B 値の平均値
20      w2 <- RGB(R=town[j,paste(w3,'.r',sep='')],
21              G=town[j,paste(w3,'.g',sep='')],
22              B=town[j,paste(w3,'.b',sep='')])
23        # colorspace 用に RGB オブジェクトにする
24      town[j,paste(w3,c('.h','.i','.s'),sep='')] <-
25        rgb2hsi(array(w2@coords,c(1,1,3),
26                   dimnames=list(NULL,NULL,c('R','G','B'))))
27        # 関数rgb2hsi を使って RGB 色空間から HSI 色空間に変換
28      town[j,paste(w3,c('.ls','.as','.bs'),sep='')] <- coords(as(w2,'LAB'))[1,]
29        # colorspace の関数を使って RGB 色空間から L*a*b*色空間に変換
30    }
31  }
```

round(town[1:3, 21:65],2) を実行すれば，最初の 3 枚の画像について算出された色の情報を確認できる．

```
> round(town[1:3, 21:65],2)
        y.r   y.g   y.b   y.h   y.s   y.i   y.ls   y.as   y.bs   b.r   b.g   b.b
[1,]   0.56  0.46  0.24 41.68  0.42  0.43  74.03  -0.79  25.52  0.29  0.31  0.48
[2,]   0.58  0.51  0.26 47.16  0.45  0.42  76.34  -3.28  26.15  0.24  0.30  0.56
[3,]   0.65  0.53  0.21 44.27  0.46  0.54  77.93  -2.55  35.07  0.18  0.23  0.50
        b.h   b.s   b.i   b.ls   b.as   b.bs   r.r   r.g   r.b   r.h   r.s   r.i
[1,] 232.98  0.36  0.20 63.46   4.91 -17.44  0.63  0.40  0.37  5.73  0.47  0.21
[2,] 229.74  0.37  0.34 62.25   6.11 -26.40  0.64  0.39  0.37  3.94  0.46  0.21
[3,] 232.76  0.30  0.40 55.76   9.58 -31.21  0.69  0.35  0.28  8.69  0.44  0.36
        r.ls  r.as  r.bs   p.r   p.g   p.b    p.h   p.s   p.i  p.ls p.as  p.bs
[1,]   72.61 13.44  8.35  0.36  0.30  0.31 350.19  0.32  0.07 62.92 5.13  0.43
[2,]   72.16 14.84  8.04  0.38  0.34  0.40 282.04  0.37  0.09 65.66 5.29 -5.13
[3,]   70.79 19.27 15.94  0.42  0.34  0.35 351.22  0.37  0.09 66.17 6.92  0.76
        o.r   o.g   o.b   o.h   o.s   o.i   o.ls   o.as   o.bs
[1,]   0.50  0.44  0.42 12.43  0.45  0.07  72.76   3.18   3.00
[2,]   0.53  0.46  0.45 12.12  0.48  0.07  74.58   3.23   2.98
[3,]   0.57  0.45  0.40 17.16  0.47  0.16  74.17   5.55   7.54
```

10.2.2 ▶ RGB 色空間での配置

前項で town に格納した色データを，まずは基本的な RGB 色空間上で配置してみよう．RGB 色空間は 3 次元空間である．R の標準関数 pairs を使うと，立体を 3 方向からみた図形を表示してくれる．以下のスクリプトを実行すれば，図 10.7 に示すように，17 画像で各画像中の 5 箇所，計 85 点が描かれるグラフが表示される．RGB 色空間では異なる物体が同じ場所に混在してしまうことがわかる．

スクリプト 10.3　17 画像，各 5 箇所の色（RGB 色空間）　　　　　　▶ 10.3.R

```
1   # スクリプト 10.s1.R および 10.2.R を実行して，変数 town が設定済み
2   # 次の行列にデータを入れて関数pairs をよぶと，R,G,B から二つを選ぶ 6 通りの
3   # 組み合わせ (R-G, R-B,...,G-B) について,散布図を描画する.
4   #          R   G   B
5   # データ 1 値  値  値
6   #   :       :   :   :
7   # データ n 値  値  値
8   # 引数 pch, col はプロットする各点の 文字記号,色である
9   dev.new()
10  pairs(matrix(c(town[,'y.r'],town[,'y.g'],town[,'y.b'],
11              town[,'b.r'],town[,'b.g'],town[,'b.b'],
12              town[,'r.r'],town[,'r.g'],town[,'r.b'],
13              town[,'p.r'],town[,'p.g'],town[,'p.b'],
14              town[,'o.r'],town[,'o.g'],town[,'o.b']),
15          c(nrow(town)*5,3),byrow=T,
16          dimnames=list(NULL,c("R","G","B"))),
17      pch=c(rep('Y',nrow(town)), rep('R',nrow(town)),
18          rep('B',nrow(town)), rep('P',nrow(town)),rep('O',nrow(town))),
19      col=c(rep('black',nrow(town)),rep('red',nrow(town)),
20          rep('blue',nrow(town)),
21          rep('darkgreen',nrow(town)),rep('orange',nrow(town))))
```

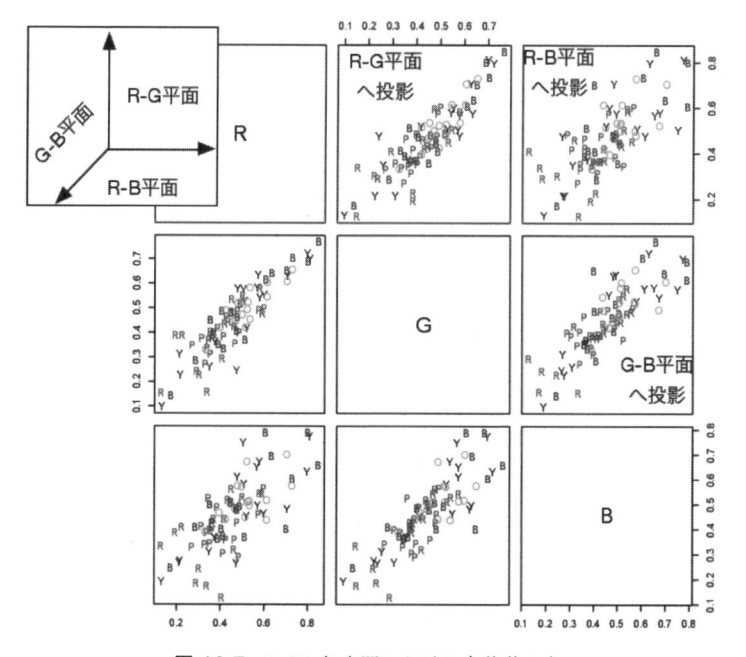

図 10.7　RGB 色空間における各物体の色

10.2.3 ▶ HSI 色空間での配置

次に，HSI 色空間上の配置を調べる．色合いに着目するため，色相（H），彩度（S），明度（I）のうち，明度は不要である．そこで，H-S 平面上に投影した表示を行う．17 画像，5 箇所の色を H-S 平面上に配置する．スクリプトを以下に示す．

スクリプト 10.4　17 画像，各 5 箇所の色（H-S 平面）　　　▶ 10.4.R

```
1  # スクリプト 10.s1.R および 10.2.R を実行して，変数 town が設定済み
2  # plot(x 座標のベクトル，y 座標のベクトル，...) にて散布図を描画
3  # 引数bg で点の色を指定し，col で輪郭線の色を指定する
4  plot(c(town[,'y.h'],town[,'b.h'],
5          town[,'r.h'],town[,'p.h'],town[,'o.h']),
6       c(town[,'y.s'],town[,'b.s'],
7          town[,'r.s'],town[,'p.s'],town[,'o.s']),
8       xlab='Hue',ylab='Saturation', pch=21,
9       bg=c(rep('yellow',nrow(town)), rep('blue',nrow(town)),
10          rep('red',nrow(town)), rep('pink',nrow(town)),
11          rep('orange',nrow(town))),
12       col=c(rep('black',nrow(town)),rep('black',nrow(town)),
13          rep('red',nrow(town)),rep('blue',nrow(town)),
14          rep('darkgreen',nrow(town))))
```

実行結果のグラフ（図 10.8）をみると，RGB 色空間の場合に比べ，分離の程度が向上しているが，以下の問題点が見受けられる．

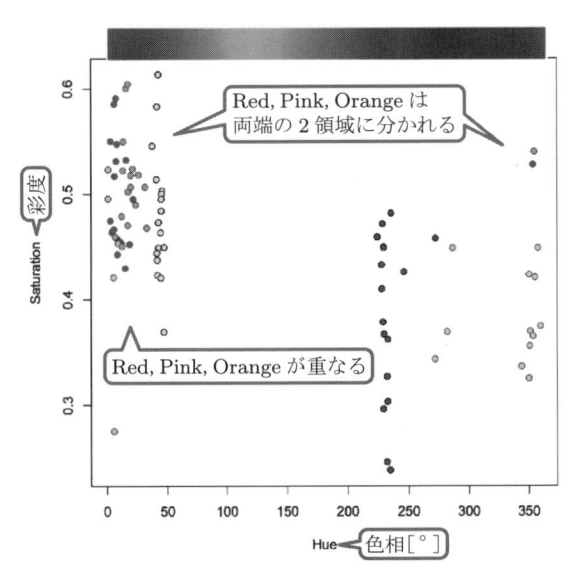

図 10.8　HSI 色空間における H-S 平面上の各物体の色の位置（口絵 23 参照）

- Red, Pink, Orange は同じ領域に混在する.
- Red, Pink, Orange は, 色相の小さい領域と大きい領域の 2 箇所に分かれる.

2 番目の問題点は, 色相は環状であり, 本来 0° と 360° が連続しているものを切断して H-S 平面を構成したためである.

10.2.4 ▶ L*a*b*色空間での配置

続いて, L*a*b*色空間上の配置を調べる. 前項の HSI 色空間のときと同様に考え, 明度を表す L*は考えず, a*-b*平面上に表示する. スクリプトも前項と同様で, `town[,'y.as']` や `town[,'y.bs']` を関数 `plot` によって表示すればよい (サンプルスクリプト `10.s3.R` 参照).

L*a*b*色空間上の配置を図 10.9 に示す. 1.4.3 項で述べたように, L*a*b*色空間は均等色空間であり, 色相が分断されることがないという特徴がある. このため, 前項の H-S 平面上では赤系統の色が H の両端で二つに分断されていたが, その問題が解消されている. また, 前項と比べ, Red, Pink, Orange がかなり分離している様子がわかる.

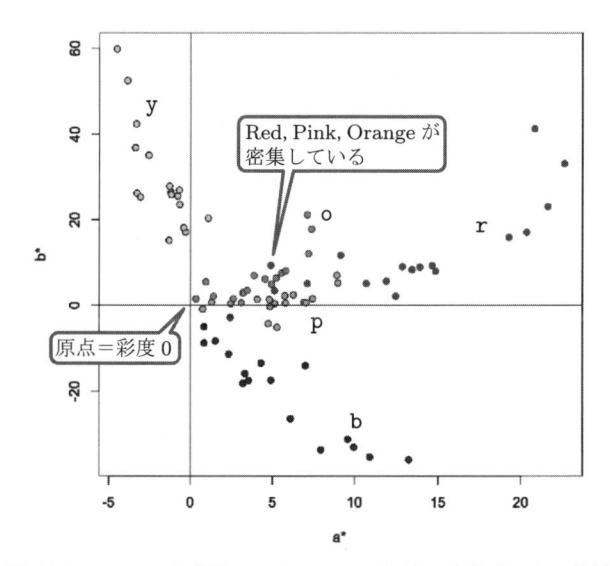

図 10.9 L*a*b*色空間における a*-b*平面上の各物体の色の位置

以上により, 三つの色空間の中で L*a*b*色空間がもっとも照明光の影響を受けにくい座標配置をできることがわかった. しかし, まだ 3 物体 Red, Pink, Orange が密集した領域があり, 画像認識で分類を行うにはまだ心もとない. 次節では, この密集を解消するような補正方法を解説する.

10.3　平均色による補正

　前節で，カラー画像の画像認識への利用には，L*a*b*色空間を用いるのがよいが，図 10.9 では物体 Red，Pink，Orange が密集した領域があり，何らかの**補正**が必要であることがわかった．

　図 10.9 について，a*が 0 から 25，b*が −10 から 45 の領域を拡大したものを，図 10.10 に示す．三つの物体が混在しているが，以下の補正処理を行うことで，物体ごとに配置を分けることができる．

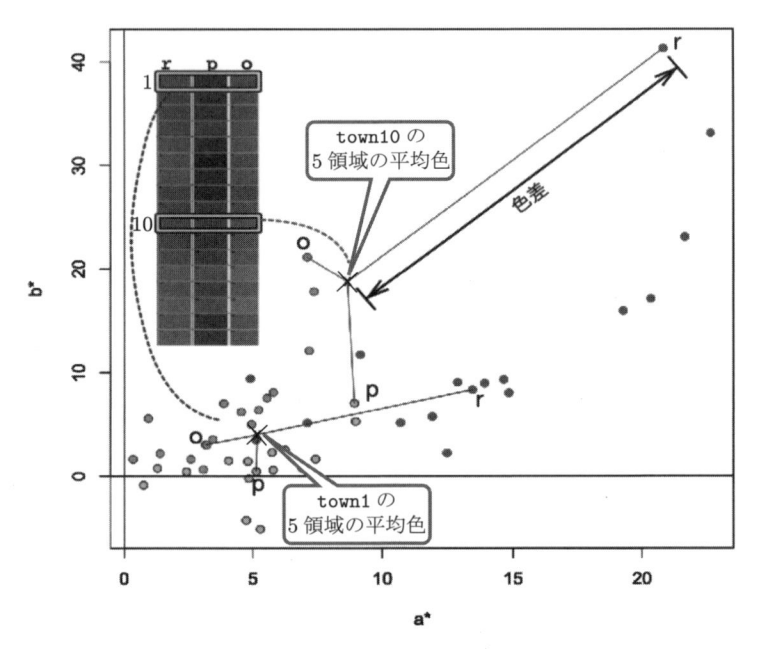

図 10.10　a*-b*平面上の 3 物体 (r, p, o) の色の位置（拡大図）

　各画像の 5 色について，その平均の色の点を求める．画像によって平均色は当然違ってくるが，その違いは，照明条件が異なる影響である．そこで，図 10.11 のように，各画像の Red，Pink，Orange について，平均色が原点にくるように点をずらして補正すること（つまり，各色から平均色引いているので，平均色からの色差を求めていることになる）で，画像ごとに照明条件が異なる影響を減らすことができる．

　改めて，図 10.10 をみてみよう．1 枚目の画像では，5 領域の色の平均点は，左下の×印にある．この画像の各領域の色は，×印が原点と重なるように補正される．また，10 枚目の画像の 5 領域の平均色は，グラフの中央付近の×印であり，同様に補正される．

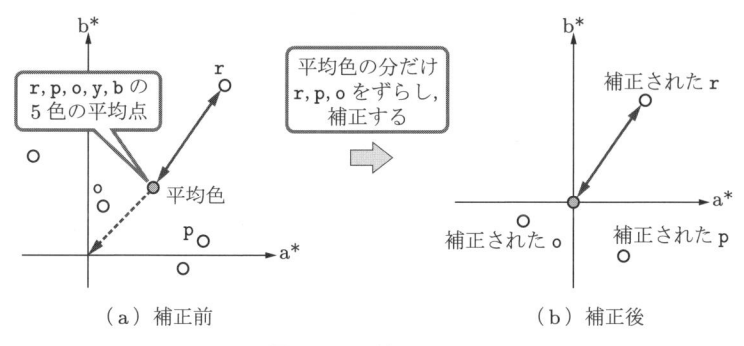

（a）補正前　　　　　　　　　　　　　　（b）補正後

図 10.11　補正の原理

　平均色を計算して各色を補正し，プロットするスクリプトを以下に示す．平均色を求めるのには，関数 rowMeans を用いる．

スクリプト 10.5　a*値，b*値に関する各画像の 5 色からの色差　　　　　▶ 10.5.R

```
1   # スクリプト 10.s1.R および 10.2.R を実行して，変数 town が設定済み
2   # 引数bg で点の色を指定し，col で輪郭線の色を指定する
3   plot(c(town[,'r.as']-rowMeans(town[,c('y.as','b.as','r.as','p.as','o.as')]),
4       town[,'p.as']-rowMeans(town[,c('y.as','b.as','r.as','p.as','o.as')]),
5       town[,'o.as']-rowMeans(town[,c('y.as','b.as','r.as','p.as','o.as')])),
6       c(town[,'r.bs']-rowMeans(town[,c('y.bs','b.bs','r.bs','p.bs','o.bs')]),
7       town[,'p.bs']-rowMeans(town[,c('y.bs','b.bs','r.bs','p.bs','o.bs')]),
8       town[,'o.bs']-rowMeans(town[,c('y.bs','b.bs','r.bs','p.bs','o.bs')])),
9       xlab='a* (relative)',ylab='b* (relative)', pch=21,
10      bg=c(rep('red',nrow(town)),
11        rep('lightcoral',nrow(town)),rep('orange',nrow(town))),
12      col=c(rep('red',nrow(town)),
13        rep('blue',nrow(town)),rep('darkgreen',nrow(town))))
14  abline(h=0,v=0)   # a*座標=0での縦線とb*=0での横線を引く
```

　結果のグラフは図 10.12 のようになる．この図をみると，Red, Pink, Orange がお互いに重なり合うことなく分離されていることがわかる．
　以上の処理により，L*a*b*色空間で平均色による補正処理を行えば，同じ色の点は色空間上の位置が近くなり，別の色は離れた位置になることがわかる．

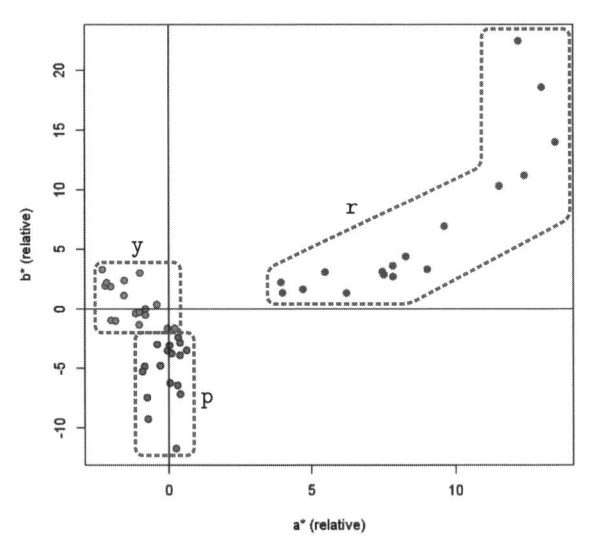

図 10.12　a*値，b*値に関する各画像の 5 色からの色差

10.4　L*a*b*色空間での類似画像検索

　前章でみたカラー画像の類似画像検索を L*a*b*色空間で行うと，どの程度性能が上がるかみてみよう．

　処理方法は，RGB 色空間で検索するスクリプト 9.1 とほとんど変わらない．画像ファイルを im.all に読み込んだ後，coords(as(im.all, 'LAB')) によって L*a*b*色空間へ変換すれば，その後はスクリプトをほとんど変えることなくランキングを作成できる．

　具体的には，スクリプト 9.1 の行 28 の後ろに，以下の文を加えればよい．

```
im.all <- RGB(R=im.all[,1], G=im.all[,2], B=im.all[,3])
im.all <- coords(as(im.all, 'LAB'))  # RGB 色空間から L*a*b*色空間へ変換
```

　結果の正解数は 6.44 となり，前章の RGB 色空間での結果 5.75 よりも上昇する．

　減色やカラーパレット，検索結果について，RGB 色空間での処理との比較を図 10.13 に示す（サンプルスクリプト 10.s4.R 参照）．なお，画像を表示するときは，RGB 色空間に再び変換する必要がある．

原画像　　　　RGB ベース　　　L*a*b*ベース
　　　　　　　の減色　　　　　　の減色

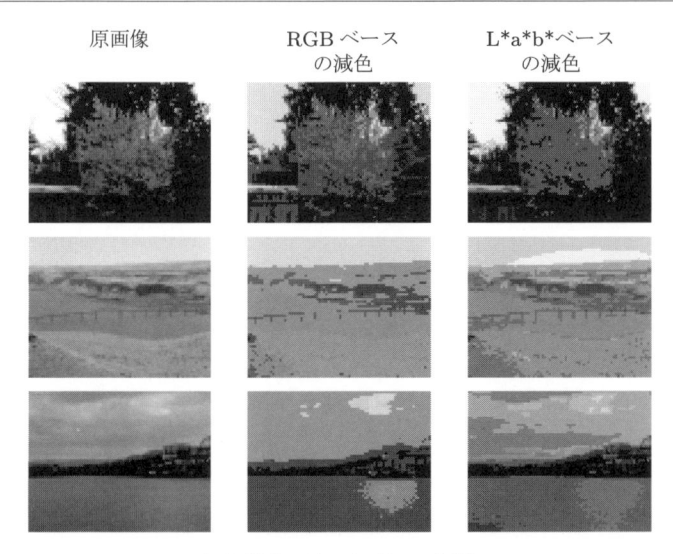

（a）減色の違い（口絵 23 参照）

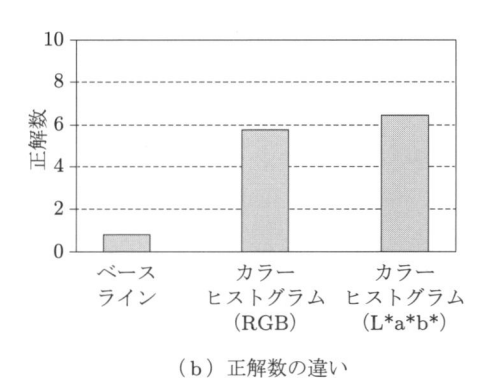

（b）正解数の違い

図 10.13　色空間による結果の違い

C++ 言語との連携

R はインタプリタゆえに，プログラミングが容易である反面，実行速度が遅いという欠点がある．高速化を考えないでプログラミングすると，C++ 言語に比べて 1/100 程度低速になることもあり，大規模な処理の場合，何分も待たされる．

for ループを避けて，ベクトル演算を使うことによる高速化手法もあるが（本書では，たとえばスクリプト 4.1 で利用した），たとえば，条件分岐が複雑な処理になると，データをベクトルにまとめて演算できなくなり，高速化できなくなる．

このような場合に C++ 言語の力を借りる方法がある．パッケージ Rcpp[†1]は，R スクリプトの中に C++ 言語のコードを埋め込むことを可能にする．そこで，本体を R で作成し，高速化の必要な箇所のみ，C++ 言語に任せるようにする方法について，空間フィルタの高速化法を例に説明する．

パッケージ Rcpp を使うと，C++ 言語用のライブラリをよぶことも可能である．すると，C++ 言語用の画像処理ライブラリ OpenCV を使うことができる．OpenCV はカメラからのビデオ画像の入力や動画像表示など，豊富な画像入出力機能をもつとともに，高速な画像処理の関数を備えている．この付録では，OpenCV との連携による静止画像や動画像の表示，OpenCV で提供される輪郭抽出用フィルタの例も紹介する．

A.1 パッケージ Rcpp の利用

処理を高速化したい場合，上述したように C++ 言語の力を借りる方法がある．パッケージ Rcpp は，R スクリプトの中に C++ 言語のコードを埋め込むことを可能にする．

A.1.1 ▶ スクリプトの記法

▶▶ "Hello World!" の表示

例として，"Hello World!" を表示する C++ 言語のコードを R のスクリプトに埋め込む方法を以下に示す[†2]．

Rcpp と OpenCV を利用するにあたり，いくつかのソフトのインストールと環境設定が必

---

†1 https://cran.ism.ac.jp/web/packages/Rcpp/index.html
†2 C++ 言語は C 言語の文法を拡張した言語であり，C 言語に対して上位互換性をもつ（C 言語の文法を包含する）．本書で C++ 特有の文法を使わなければならない部分以外は C 言語の文法で記述する．

要となる．ヒントとなる情報を README_Rcpp_OpenCV.txt にて提供する．

スクリプト A.1　C++ 言語との連携による "Hello world!" の表示　　　　　　　▶ A.1.R

```
1   library(Rcpp)
2   # 変数src に C++言語のソースコードを格納
3   src <- '
4   int fun(){                      // 関数値としてint 型の値を返す関数 fun の定義
5     printf("Hello world!\\n");   // 文字を出力する関数 printf
6     return 0;                     // 関数値として 0を返す
7   }
8   '
9   cppFunction(src,rebuild=T)   # src をコンパイルして R からよべる関数 fun を作成
10  fun()                          # 関数fun を実行
```

実行すると，以下の出力結果が得られる．

```
Hello world!
[1] 0
```

C++ 言語のソースコードを文字列変数 src に格納して Rcpp の関数 cppFunction を実行
すると，ソースコードに記載された関数がコンパイルされ，R からよべる関数として生成され
る．ソースコードの記述（行 4～7）は，通常の C++ 言語の文法と同じである．なお，ソー
スコード内で改行をバックスラッシュ二つにするのは，R が，バックスラッシュ一つだとエス
ケープと認識し，二つだとバックスラッシュ文字と認識するからである．

cppFunction の引数 rebuild=T の意味は，生成した関数と同じ名称の関数が既に存在する
場合に上書きするかどうかの指示であり，TRUE にすれば上書きされる．本書では使用していな
いが，引数に verbose=TRUE を加えればコンパイルの実行結果の詳細が表示されるので，プロ
グラムのデバッグの際に有効である．

関数名 fun を main に変更してテキストファイルに書き出し，これを単体の C++ のソース
コードとみなしてコンパイル，リンクすれば，Hello world!を表示する単体の実行プログラム
となる．

また，サブ関数（サブルーチン）を使用したい場合，メイン関数（以下における fun）をま
ず定義し，その後でサブ関数（以下における sub_fun）を定義する．"Hello world!" の表示でサ
ブ関数を使用する場合の例を以下に示す．結果はスクリプト A.1 と同様である．

スクリプト A.2　"Hello world!" の表示（サブ関数を使用する場合）　　　　　▶ A.2.R

```
1   library(Rcpp) # パッケージRcpp の使用宣言
2   # 変数src に C++言語のソースコードを格納
3   src <- '
4   int fun(){              // 関数値としてint 型の値を返す関数 fun の定義
5     void sub_fun();      // fun の内部で使用する関数 sub_fun の宣言
6     sub_fun();           // 関数 sub_fun をよぶ
7     return 0;            // 関数値として 0を返す
8   }
```

```
 9   void sub_fun() {              // 関数sub_fun の定義
10     printf("Hello world!\\n");  // 文字を出力する関数 printf
11   }
12   '
13   cppFunction(src,rebuild=T)  # src をコンパイルして R からよべる関数 fun を作成
14   fun()                       # 関数fun を実行
```

#define 文を利用したい場合は，cppFunction の引数 includes に#define 文を格納すれ
ばよい．"Hello world!" を表示した後に#define 文で定義した定数 "1" と "2" の表示を行う
スクリプト例を以下に示す．

スクリプト A.3　"Hello world!" の表示（#define 文を利用する場合）　　　　▶ A.3.R

```
 1   # 変数src に C++言語のソースコードを格納
 2   library(Rcpp)  # パッケージRcpp の使用宣言
 3   src <- '
 4   int fun(){  // 関数値としてint 型の値を返す関数 fun の定義
 5     printf("Hello world! %d %d\\n", CONST1, CONST2);  // 文字を出力する関数 printf
 6     return 0;
 7   }
 8   '
 9   cppFunction(src,rebuild=T, includes=c("#define CONST1 1", "#define CONST2 2"))
10   fun()  # 関数fun を実行
```

結果は以下のようになる．

```
Hello world! 1 2
[1] 0
```

▶▶ 行列の計算

画像処理の演算は行列計算が基本なので，R の行列を C++ 言語に渡し，C++ 言語で処理
をしてから R の行列に戻すことが多い．例として，R で与えられた行列（画像）im1 の全成分
に対して C++ で，1 を加算してから R の行列 im2 として出力するスクリプトを以下に示す．

スクリプト A.4　行列の各成分に 1 を加えて返す　　　　　　　　　　　　　　▶ A.4.R

```
 1   ## 行列im1 を受け取り，行列の全成分に 1 を加えてから行列を返す
 2   library(Rcpp)
 3   src <- '
 4   NumericMatrix fun(NumericMatrix im1){
 5     // 引数として実数行列im1 を受取り，関数値として実数行列を返す関数 fun
 6     int nrows = im1.nrow();     // im1.nrow() で行列im の行数が得られる
 7     int ncolumns = im1.ncol();  // im1.ncol() で行列im の列数が得られる
 8     NumericMatrix im2(nrows, ncolumns);  //
 9        nrows 行，ncolumns 列の実数行列 im2 を確保
 9     printf("nrow=%d, ncol=%d\\n", nrows, ncolumns);
10
```

```
11    for(int i=0; i<ncolumns; i++){  // 列i に関するループ
12      for(int j=0; j<nrows; j++){   // 行j に関するループ
13        im2(j,i) = im1(j,i)+1;      // im(行番号，列番号)にて行列の成分を指定
14      }
15    }
16    return im2;  // 行列im2 を関数値として返す
17  }
18  '
19  cppFunction(src,rebuild=T)   # src をコンパイルして R からよべる関数 fun を作成
20  fun(matrix(1:4,2,2))         # 引数に成分が 1,2,3,4の 2×2行列を与え関数fun を実行
```

　関数 fun の引数を NumericMatrix im1 としている（行 4）．NumericMatrix は，Rcpp で定義された，R の実数行列を収めるためのデータ型である．この実数行列が im1 という変数名で C++ 言語の関数 fun に渡される．行列の行数と列数はそれぞれ nrow()，ncol() で得られ，上記では im1.nrow() と im1.ncol() で取得している（行 6, 7）．行列 im1 の j 行 i 列成分を取得するためには im1(j, i) と記述すればよい．フィルタリング処理に応じて新たな実数行列 im2 を確保するとき，NumericMatrix im2(nrows, ncolumns); と記述すれば，im1 と同じ大きさの実数行列 im2 を確保できる（行 8）．なお，行番号，列番号が R では 1 始まりなのに対し，C++ 言語では 0 始まりである点に注意しよう．行 16 の return 文にて im2 を関数値として返し，R で実数行列を関数値として受け取ることができる．

　行 20 で，引数 im1 に成分が 1, 2, 3, 4 の 2 × 2 行列を与え，関数 fun を実行している．実行結果は次のようになる．

```
nrow=2, ncol=2
      [,1] [,2]
[1,]    2    4
[2,]    3    5
```

　実数行列の型 NumericMatrix に対し，NumericVector を使えば，ベクトルを R から C++ へ渡すこともできる．この場合は vect[成分番号] によってベクトルの成分にアクセスできる．また，新たに実数ベクトルを確保するには NumericVector vect(成分数); とすればよい．次節では文字列ベクトルを扱う型 CharacterVector を説明する．ほかにも Rcpp では，さまざまなデータ型が定義されている．R から C++ 言語の関数へ複数の引数を受け渡したい場合は，関数定義の際に，複数の引数を指定すればよい．たとえば次のようになる．

```
NumericMatrix fun(NumericMatrix im1, int a, double b){
```

A.1.2 ▶ 画像処理の例

　以上の基礎知識をもとに，実用的な画像処理の例として，第 3 章で扱ったエッジ抽出を行うラプラシアンフィルタを考える．まずは，第 3 章で説明したのと同じ方法で実装しよう．行列 im1 に画素値が入っているとして，3 行 3 列の重み係数 w1 による畳み込み演算を行って，im1 と同じ大きさの行列 im2 に格納するスクリプトを以下に示す．

スクリプト A.5　ラプラシアンフィルタ（第 3 章の方法）　　　　　　　▶A.5.R

```
1   # 画像がim1 に入っている. 処理結果を im2 に入れる
2   w2 <- proc.time()  # 計算時間の計測のスタート
3   w1 <- matrix(c(-1,-1,-1,
4                  -1, 8,-1,
5                  -1,-1,-1), 3,3, byrow=T)
6   im2 <- matrix(0, nrow(im1), ncol(im1))
7   for(jjj in 1:300){  # フィルタ処理を 300回繰り返す
8     for(j in 2:(nrow(im2)-1))
9       for(jj in 2:(ncol(im2)-1))
10        im2[j,jj]<- sum(w1 * im1[(j-1):(j+1), (jj-1):(jj+1)])
11  }
12  print(proc.time() - w2)  # 計算時間の表示
13
14  im2[im2<0]<-0                    # 0未満の画素を 0に制限
15  im2[im2>1]<-1                    # 1を超えるの画素を 1に制限
16  plot(as.raster(im2), interpolate=F)  # 処理画像表示
```

実行すると，処理画像の図 A.1 が表示される．ここで，わざと計算時間を遅くするために，同じ処理を 300 回繰り返すようにしている．for(jjj in 1:300){ の 300 の値を，コンピュータの性能に応じて調整してほしい．なお，MacBook(Early 2016)1.3GHz Intel Core m7 では処理時間が 499 秒かかった．

図 A.1　ラプラシアンフィルタによる処理画像

次に，スクリプト A.5 の処理の中心部分である行 7〜11 を C++ で行うスクリプトを以下に示す．

スクリプト A.6　空間フィルタ　　　　　　　　　　　　　　　　　　　▶A.6.R

```
1   # 画像がim1 に入っている. 処理結果を im2 に入れる
2   library(Rcpp)
3   src <- '
4   NumericMatrix fun(NumericMatrix im1, NumericMatrix w){
5     int nRow = im1.nrow();  // im1 の行数
6     int nCol = im1.ncol();  // im1 の列数
```

```
7    NumericMatrix im2(nRow, nCol);  // nrows 行, ncolumns 列の実数行列 im2 を確保
8
9    if(w.nrow()!=3 || w.ncol()!=3){   // 重み係数が 3×3行列以外ならエラー
10     printf("Error nrow(w)=%d, ncol(w)=%d\n", w.nrow(), w.ncol());
11     printf("row(w) must be 3 and ncol(w) must be 3\\n");
12     return w;   // 与えられた行列を関数値として返して終了
13   }
14   int j, jj, j3, j4;
15   for(j=1; j< nRow-1; j++)       // ループ変数j は行番号(周辺の 1画素は扱わない)
16     for(jj=1; jj< nCol-1; jj++)  // ループ変数jj は列番号(同上)
17       for(j3=-1; j3<=1; j3++)    // ループ変数j3 は w の行番号(j3=-1,0,1)
18         for(j4=-1; j4<=1; j4++)  // ループ変数j4 は w の列番号(j4=-1,0,1)
19           im2(j,jj) += im1(j+j3, jj+j4) * w(j3+1, j4+1);  // 積和演算
20     return im2; // 行列im2 を関数値として返す
21   }
22   '
23   cppFunction(src, rebuild=T)
24   w <- matrix(c(-1,-1,-1,
25                 -1, 8,-1,
26                 -1,-1,-1), 3,3, byrow=T) # 重み係数
27   library(pixmap)
28   dirName <- "RImageProc/Etc/"
29   im1 <- read.pnm(paste(dirName,'lena.pgm',sep=''))@grey  # im1 に画像を読み込む
30   w2 <- proc.time()                      # 計算時間の計測のスタート
31   for(jjj in 1:300)                      # フィルタ処理を 300回繰り返し
32     im2 <- fun(im1, w)                   # C++言語で作成した関数を実行
33   print(proc.time() - w2)                # 計算時間の表示
34   im2 <- im2/2+0.5                       # みやすくなるように階調変換
35   im2[im2<0]<-0; im2[im2>1]<-1           # 0未満,1を超える画素を 0から 1に制限する
36   dev.new(width=3,height=3); par(mai=rep(0,4))
37   plot(as.raster(im2), interpolate=F)  # 処理画像を表示
```

　実行すると，先ほどのと同じコンピュータで実行した場合では，4.1 秒と，約 120 倍速度が向上した．なお，3.2.2 項で高速処理として説明したアルゴリズムを使うと，この差は縮まる．実測してみると 23.5 秒となり，約 6 倍高速となった．

A.2　OpenCV との連携：静止画像と動画像の読み込みと表示

　本節では，C++ 言語の画像処理ライブラリ OpenCV を使って，ファイルから静止画像や動画像を取り込み，画面に表示したり画像データを R に受け渡したりすることを，Rcpp を介して R で実行する方法を説明する．

　OpenCV は，オープンソースの画像処理ライブラリとして非常に普及したライブラリである．ビデオカメラからのビデオ画像の入力，動画像表示，画像の変換や認識などの高速な画像処理の関数を豊富に備えている．OpenCV との連携によって，高速画像処理に関するさまざま

なアプリケーションプログラムを作成することができる.

以下, OpenCV がインストール済みであるとして説明する.

OpenCV で画像を扱う際に, 以前は **IplImage 構造体**というデータ型が用いられていたが, その後, OpenCV で画像を扱う新たな方法である **cv::Mat オブジェクト**を用いる方法も普及している. IplImage 構造体を利用する方法が推奨される場合もいまだに多く, どちらも利用され続けているため, 本書では, IplImage 構造体を利用する方法で説明し, cv::Mat を利用する方法はサンプルスクリプトを提供するにとどめる.

A.2.1 ▶ OpenCV による画像の表示

IplImage 構造体を用いたプログラムでは, 以下の関数を使う.

- `cvNamedWindow`　　　画像表示用ウィンドウを作成する関数
- `cvShowImage`　　　画像表示する関数

これらのほか, 画像表示ウィンドウがアクティブなときにキーボードが入力されたらウィンドウを閉じて終了するようにするために, 次の三つの関数も使用する.

- `cvWaitKey`　　　　キーボード入力待ちをする関数
- `cvDestroyWindow`　　ウィンドウを閉じる関数
- `cvReleaseImage`　　メモリ確保された画像メモリを解放する関数

以上の関数を利用して, R で OpenCV（IplImage 構造体）のプログラムを呼び出して lena 画像を表示するスクリプトを以下に示す. 実行すると図 A.2 のように lena 画像が表示される. 画像表示のウィンドウをクリックしてアクティブにしてからキーボードで何かのキーを入力すると, ウィンドウが閉じてプログラムが終了する.

スクリプト A.7　OpenCV による画像表示（IplImage 利用）　　　▶ A.7.R

```
1   library(Rcpp)
2   src <-'
3   int fun(CharacterVector fname){
4     IplImage *image;                      // 画像用のIplImage 構造体を用意する
5     image = cvLoadImage(fname[0], CV_LOAD_IMAGE_COLOR);
6       // 画像ファイルを読んで image に格納する
7     cvNamedWindow("Display Image", CV_WINDOW_AUTOSIZE );
8       // ウィンドウを開く. "Display Image"と名付け,後で参照できる
9     cvShowImage("Display Image", image );  // 画像表示
10    cvWaitKey(0);   // キーボードが押されるまで待つ
11    cvDestroyWindow("Display Image");      // ウィンドウを閉じる
12    cvReleaseImage(&image);                // image のメモリ領域を開放する
13    return 0;
14  }
15  '
16  cppFunction(src,includes=c("#include <opencv2/opencv.hpp>"),rebuild=T)
17  fun('RImageProc/Etc/lena.pgm')
```

図 A.2 OpenCV を用いた画像表示例

　ファイル名の文字列を R から C++ 言語の関数 **fun** に渡すのに **fun** の引数 **CharacterVector fname** を使用する（行 3）．データ型 CharacterVector は R の文字列ベクトルを C++ 言語へ受け渡すために Rcpp で定義されたデータ型である．関数 **fun** の中で **fname[0]**（行 5）とすると，文字列ベクトルの第 1 成分が指定され，R で関数 **fun** を呼び出す際（行 17）にセットされたファイル名の文字列が受け渡される．

　cv::Mat オブジェクトを用いる C++ 言語の単体プログラムは，IplImage 版と比べて，処理の流れはほぼ同じであるが，OpenCV の関数名などで，少々異なる点がある（サンプルスクリプト **A.s1.R** 参照）．

A.2.2 ▶ 画像ファイルを関数値として R に戻す

　次に，読み込んだ画像ファイルを画像表示せず，関数値として R に戻すことを考える．まずは，lena 画像を関数値として読み込む IplImage 版のスクリプトを以下に示す．

スクリプト A.8　OpenCV による画像ファイル読み込み（IplImage 利用）　　　▶ A.8.R

```
 1  library(Rcpp)
 2  src <-'
 3  NumericMatrix fun(CharacterVector fname){
 4      // NumericMatrix(実数行列)型の関数値をもつ関数 fun で,
 5      // 引数は CharacterVector(文字列ベクトル)型のfname
 6      IplImage *image;  // IplImage 構造体へのポインタを確保する
 7      int j,jj;         // ループ変数 j, jj を確保する
 8      image = cvLoadImage(fname[0], CV_LOAD_IMAGE_GRAYSCALE);
 9          // fname[0]で与えられるファイル名の画像ファイルをimage に読み込む
10          // カラー画像が与えられても,モノクロ画像に変換して読む
11          // カラー画像のまま扱うのであれば,CV_LOAD_IMAGE_COLOR に変更する
12          // さらに, 下の文 CV_IMAGE_ELEM(image, uchar, j, jj) の最後の引数を
13          // jj*3+色番号（色番号 0, 1, 2が B, G, R 値に対応）に変更する.
14          // 色の順がR, G, B ではなく, B, G, R であることに注意.
```

```
15      NumericMatrix im(image->height, image->width);
16         // image->height 行, image->width 列の実数行列 im を確保する
17      for(j=0; j<image->height; j++)        // 行に関するループ
18        for(jj=0; jj<image->width; jj++)   // 列に関するループ
19        im(j, jj) = CV_IMAGE_ELEM(image, uchar, j, jj);
20           // CV_IMAGE_ELEM(image, uchar, j, jj) は 画素にアクセスするマクロ
21           // である. モノクロ画像image の j 行, jj 列の画素にアクセスする
22           // im(j, jj): 実数行列im の j 行 jj 列を指定する
23      cvReleaseImage (&image);   // cvLoadImage が確保したメモリ領域を開放
24      return im;                 // 関数値として im を返す
25   }
26   ,
27   cppFunction(src,includes=c("#include <opencv2/opencv.hpp>"),rebuild=T)
28   im1 <- fun('RImageProc/Etc/lena.pgm')
```

　このスクリプトでは, C++ 言語のソースコード内で NumericMatrix im を確保し, 画像ファイルから読み込まれた画素値の入った IplImage 構造体の変数 image から行列 im へ画素値をコピーし, return im; にて関数値として返している. ここで, IplImage *image の画素にアクセスするには, OpenCV で提供されたマクロ† CV_IMAGE_ELEM(image, uchar, row, col) を用いる (行 19). 引数の image は IplImage 構造体へのポインタである. uchar は C++ 言語で定義された unsigned char の短縮形を OpenCV で定義したデータ型であり, モノクロ画像の画素が 8 ビット符号なし整数であることを意味する. row と col は, 画像を行列とみなしたときの行番号と列番号で, ともに 0 始まりである. R の添字が 1 始まりのため注意を要する.

　画像の行数, 列数を得るには, IplImage 構造体のメンバ height と width を読めばよい. 具体的には, 構造体へのポインタからメンバをアクセスする C++ 言語の文法に従って image->height, image->width とする (行 15).

　上記のスクリプトを実行すると lena 画像のファイルが読み込まれ, 関数値として画素値の入った行列 im1 が返される. 左上の 6 行 6 列を表示すると次のようになる. 画素値は 0 から 255 の整数値で表される.

```
> im1[1:6,1:6]
      [,1] [,2] [,3] [,4] [,5] [,6]
[1,]  162  162  162  161  162  157
[2,]  162  162  162  161  162  157
[3,]  162  162  162  161  162  157
[4,]  162  162  162  161  162  157
[5,]  162  162  162  161  162  157
[6,]  164  164  158  155  161  159
> range(im1)
[1]  25 245
```

　cv::Mat オブジェクトを用いた処理は, サンプルスクリプト A.s2.R を参照してほしい.

---

† マクロの使い方は, 関数をよぶ場合と同じで, マクロ名 (引数 1, 引数 2, ...) のように使う. しかし, 関数ではなくいくつかの命令文に直接置き換えられる. そのため, 関数に比べて実行速度が早い.

A.2.3 ▶ 動画ファイルの読み込みと表示

動画像ファイルを読み込んで表示するスクリプトを考える．IplImage 版のスクリプトを以下に示す（cv::Mat 版はサンプルスクリプト **A.s3.R** 参照）．

スクリプト A.9　OpenCV による動画の読み込み　　　　　　　　　　　　　▶ A.9.R

```
1   library(Rcpp)
2   src <- '
3   int fun(CharacterVector fname){  // int を返す関数 fun，引数は文字列ベクトル
4     CvCapture *capture = 0;          // CvCapture 構造体のポインタを確保
5     IplImage *frame = 0;             // 1フレームの画像用にIplImage 構造体のポインタを確保
6     int c;
7
8     Rcpp::CharacterVector fn(fname);        // ファイル名を引数から得てfn にセット
9     capture = cvCreateFileCapture (fn[0]);  // File からの入力
10    if(capture==0) return 1;
11       // ファイルがない等のエラー→ 関数値を 1として終了
12    cvNamedWindow ("Capture", CV_WINDOW_AUTOSIZE);
13       // "Capture"という名称でウインドウを開く
14
15    for(;;) {  // 無限ループ
16      frame = cvQueryFrame (capture);   // ファイルから 1フレームの画像を取り込む
17      if(frame==NULL) break;
18      cvShowImage ("Capture", frame);  // 1フレームの画像を画像表示
19      c = cvWaitKey (2);  // キーボード入力を 2msec 間待つ．入力がなければ次へ進む
20         // 通常 2～10msec にする．マシンスペックとスムーズな表示との兼ね合いで決める
21      if (c == '\\x1b') break;         // Esc キーが押されていれば 無限ループを抜ける
22    }
23    printf("ビデオ画像のウインドウをアクティブにして,何かキーを入力すると終了する\\n");
24    cvWaitKey(0);                     // キーイン待ち
25    cvReleaseCapture (&capture);  // capture を閉じる
26    cvDestroyWindow ("Capture");  // ウインドウを閉じる
27    return 0;                      // 関数値 0で終了する
28  }'
29  cppFunction(src,includes=c("#include <opencv2/opencv.hpp>"),rebuild=T)
30  fun('RImageProc/Etc/test.m4v') # Esc キーを押すと終了する
```

　この例では，R に関数値として何らデータを返していないため，R に C++ 言語を埋め込む意味が薄い．実際のアプリケーションでは，たとえば，各ビデオフレームの画素値から平均値などの統計量を計算して，それをベクトルや行列に格納して関数値として返す処理が想定される．それを行うには，スクリプト A.8 で示した方法で行列に統計量をセットして，関数値として返せばよい．

　スクリプトを実行した後で，

```
fun(ファイル名)
```

と入力すれば，動画を表示できる．なお，読み込み可能なビデオファイルの形式は，OS やイン

ストールされているライブラリなどに依存する.

A.3　OpenCV との連携：Canny フィルタ

本節では，OpenCV で提供される空間フィルタである **Canny フィルタ**を使った空間フィルタについて説明する.

第 3 章にて，輪郭線を抽出するフィルタとしてラプラシアンフィルタと sobel フィルタを学んだ. ここで紹介する Canny フィルタも輪郭線を抽出するフィルタであり，ノイズに強く，きれいな輪郭線が抽出できるとして，非常によく用いられる. 本節では，Canny フィルタの原理には立ち入らず，フィルタ処理の実行例とその結果を紹介する.

C 言語から Canny フィルタをよぶときの仕様は，「OpenCV 2.2 C++ リファレンス[†]」に次のように記述されている.

```
void Canny(const Mat& image, Mat& edges, double threshold1,
    double threshold2, int apertureSize=3, bool L2gradient=false)
```

- **image**　　　8 ビット，シングルチャンネルの入力画像.
- **edges**　　　出力されるエッジのマップ. image と同じサイズ，同じ型です.
- **threshold1**　ヒステリシスが存在する処理の，1 番目の閾値.
- **threshold2**　ヒステリシスが存在する処理の，2 番目の閾値.
- **apertureSize** Sobel() オペレータのアパーチャサイズ.
- **L2gradient**　画像勾配の強度を求めるために，より精度の高い L_2 ノルム $=$ $\sqrt{(dI/dx)^2 + (dI/dy)^2}$ を利用するか，L_1 ノルム $= |dI/dx| + |dI/dy|$ で十分（**L2gradient=false**）かを指定します.

以上を踏まえて，前節で行った OpenCV への画像の読み込みと表示のスクリプト A.7 を改変し，Canny フィルタのスクリプトを作成する（cv:Mat 版はサンプルスクリプト **A.s4.R** 参照）.

スクリプト A.10　Canny フィルタ（IplImage 利用）　　　▶ A.10.R

```
1   ## IplImage 版 #########################
2   library(Rcpp)
3   src <-'
4   int fun(CharacterVector fname){
5     IplImage *image, *cannyImg;  // 画像用のIplImage 構造体を用意する
6     image = cvLoadImage(fname[0], CV_LOAD_IMAGE_GRAYSCALE);
7       // 画像ファイルを読んで image に格納する
8     cannyImg = cvCreateImage(cvGetSize(image), IPL_DEPTH_8U, 1);
9       // image と同じ大きさの IplImage 型の画像のメモリ領域を確保する
10    cvCanny(image, cannyImg, 50.0, 200.0, 3);
11      // image に canny フィルタをかけて cannyImg に結果を格納する
12      // 50.0, 200.0, 3 はフィルタ特性に関するパラメータである
```

[†] http://opencv.jp/opencv-2svn/cpp/feature_detection.html#cv-canny

```
13  cvNamedWindow( "Display Image", CV_WINDOW_AUTOSIZE );
14    // ウインドウを開く. "Display Image"と名付け, 後で参照できる
15  cvShowImage( "Display Image", cannyImg );  // 画像表示
16  cvWaitKey(0);                               // キーボードが押されるまで待つ
17  cvDestroyWindow ("Display Image");          // ウインドウを閉じる
18  cvReleaseImage (&image);                    // image のメモリ領域を開放する
19  cvReleaseImage (&cannyImg);                 // cannyImg のメモリ領域を開放する
20  return 0;
21  }
22  '
23  cppFunction(src,includes=c("#include <opencv2/opencv.hpp>"),rebuild=T)
24  fun('RImageProc/Etc/lena.jpg')
```

　実行に際して，画像ファイル lena.jpg がワーキングディレクトリに置かれているとする．Canny フィルタの出力画像を図 A.3 に示す．輪郭線がうまく抽出されているのがわかる．

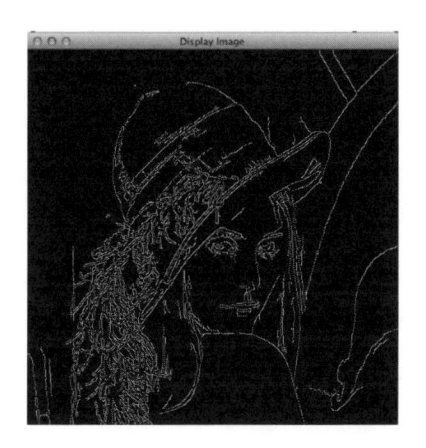

図 A.3　Canny フィルタによる輪郭線抽出結果

　この付録では，OpenCV と R との連携について説明した．OpenCV では，画像認識関係の多くの関数が提供されている．たとえば，CAMSHIFT 物体追跡アルゴリズムを行う camshift などがある．これら OpenCV の豊富な機能については，多くの良書が刊行されているので，そちらを参照してほしい．

関連パッケージの紹介

B.1 画像ファイルの読み込み

静止画像の画像ファイルのフォーマットにはさまざまなものがある．その中で，本書では
PGM，PPM 形式の画像ファイルの読み込みにパッケージ pixmap の関数 read.pnm を用い
た．また，JPEG 形式のファイルの読み込みにパッケージ jpeg の関数 readJPEG を用いた．

その他の代表的なフォーマットに PNG 形式がある．PNG 形式の画像を読み込むにはパッ
ケージ png を用いる方法がある．使い方の例を示す．

```
library(png)              # パッケージ png がインストールされていること
w1 <- readPNG('test.png') # ワーキングディレクトリに test.png があること
dim(w1)                   # 画像サイズを表示する
```

また，PNG 画像を保存するのは，以下を実行すればよい．

```
writePNG(行列または 3 次元配列，ファイル名)
```

上記以外にも，非常に多くの画像フォーマットが存在する．フォーマットごとに専用の
パッケージをインストールするかわりに，フリーの画像処理ソフト ImageMagick のコマン
ド convert を使って，convert でサポートされるさまざまな画像フォーマットから PPM，
PGM，JPEG 形式などに変換してから，read.pnm，readJPEG で R に読み込む方法がある．
ImageMagick には UNIX 版，Mac 版，Windows 版がある．

なお，動画像ファイルの読み込みに関しては，付録 A の A.2 節で述べた．

B.2 パターン認識関係

本書では画像を判別するタスクにおいて，線形判別手法を扱い，パッケージ MASS に含ま
れる関数 lda を扱った．また，非線形判別手法として，パッケージ kernlab に含まれる関数
ksvm を扱った．その他の非線形判別手法の中の代表的なものをここでは紹介する．いずれも，
教師あり学習方式である．

- qda

  パッケージ MASS の関数 `qda` は，2 次式による非線形のパターン判別手法である．

- rpart

  パッケージ rpart の関数 `rpart` は，決定木とよばれるものである．2 値判別ルールを複数組み合わせて用いる非線形のパターン判別手法である．

- adabag

  パッケージ adabag の関数 `bagging`, `boosting` は，集団学習によるパターン判別手法である．集団学習とは，必ずしも精度の高くない判別機能を複数組み合わせて精度を高める手法である．

本書では，パターン分類手法として，標準パッケージ stats 中の関数 `kmeans` を扱った．`kmeans` は非階層的クラスタリングとよばれるものである．クラスタリング手法には階層的クラスタリング手法がある．階層的クラスタリング手法として，標準パッケージ stats に関数 `hclust` がある．

各手法や関数の詳細は，R の入門書などを参照されたい．

最後に，画像処理用のパッケージについて触れる．生命情報学（バイオインフォマティクス）に役立つ R のパッケージを集めた web サイト Bioconductor から，画像処理パッケージ EBImage が提供されている[†1]．このパッケージは，画像ファイルの読み込み，表示，画像処理のさまざまな関数を提供している．

ほかの画像処理用パッケージとして，imager がある．このパッケージもさまざまな形式の画像ファイルの読み書き，表示，空間フィルタなどのさまざまな画像処理の関数を提供している．

ほかにも，CRAN から提供されるパッケージについての解説ページ CRAN Task View の中の Medical Image Analysis[†2] の中で，医用画像処理を中心とした数多くの画像処理パッケージが紹介されている．

[†1] `http://bioconductor.org/packages/release/bioc/html/EBImage.html`
[†2] `http://cran.r-project.org/web/views/MedicalImaging.html`

▶▶▶ 索 引

著者略歴

梅村　祥之（うめむら・よしゆき）

2007 年　豊橋技術科学大学大学院工学研究科電子・情報工学専攻博士
　　　　　後期課程 修了
1981 年　東京芝浦電気株式会社入社
1988 年　株式会社豊田中央研究所入社
（2008 年〜2009 年　豊橋技術科学大学メディア科学リサーチセンター
　　　　　客員准教授）
2010 年　広島工業大学情報学部情報工学科 教授
　　　　　現在に至る
　　　　　博士（工学）

編集担当　太田陽喬（森北出版）
編集責任　藤原祐介（森北出版）
組　　版　ウルス
印　　刷　エーヴィス
製　　本　協栄製本

Rによる画像処理と画像認識
動かしながらしくみを理解する　　　　　　　　　© 梅村祥之　2018

2018 年 7 月 18 日　第 1 版第 1 刷発行　　【本書の無断転載を禁ず】

著　　者　梅村祥之
発 行 者　森北博巳
発 行 所　森北出版株式会社

　　　　　東京都千代田区富士見 1–4–11（〒102–0071）
　　　　　電話 03–3265–8341 ／ FAX 03–3264–8709
　　　　　http://www.morikita.co.jp/
　　　　　日本書籍出版協会・自然科学書協会　会員
　　　　　JCOPY ＜（社）出版者著作権管理機構　委託出版物＞

落丁・乱丁本はお取替えいたします.

Printed in Japan／ISBN978-4-627-88501-1

MEMO

MEMO

MEMO